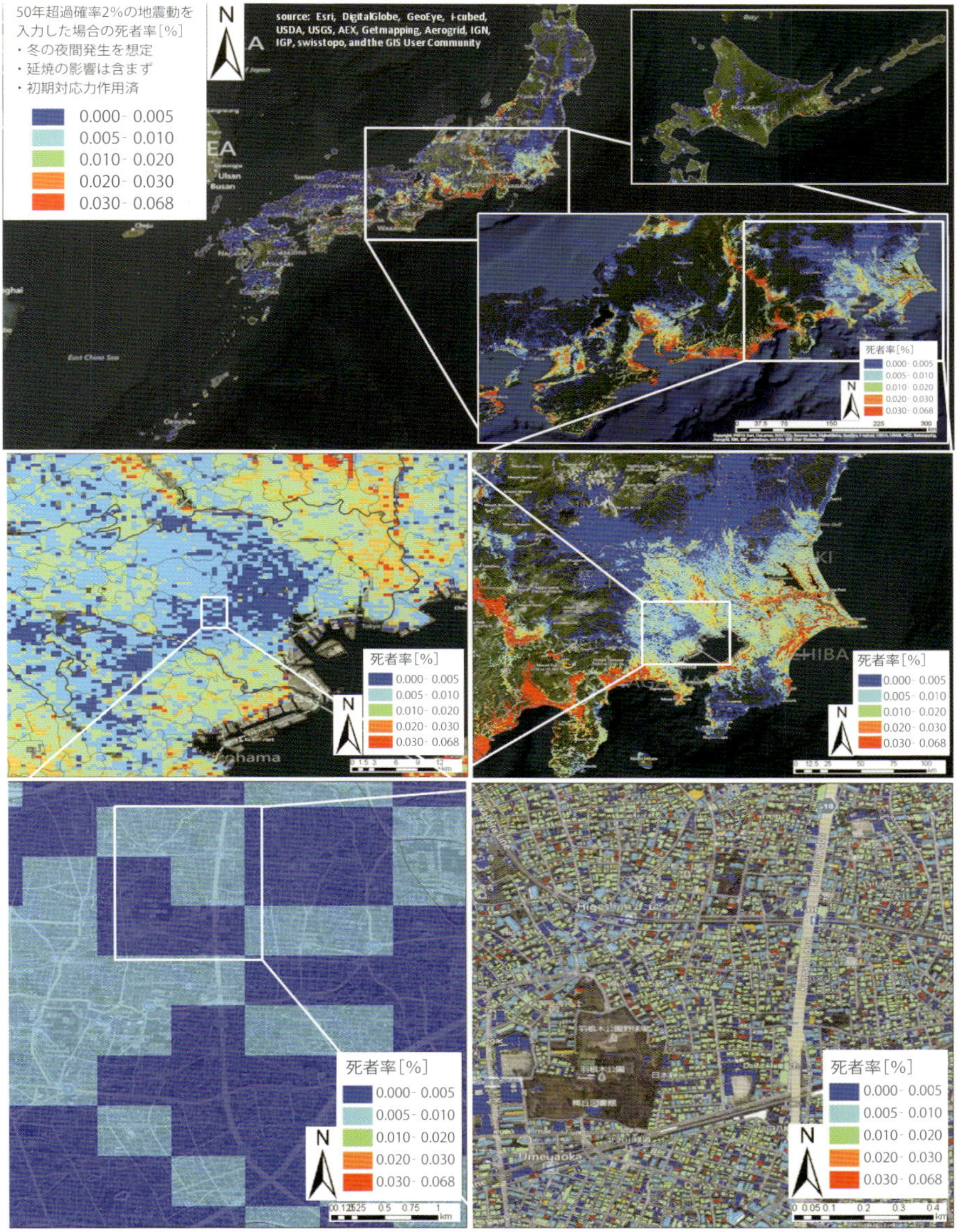

マイクロジオデータを用いた大規模地震発生による被害推定結果の例

広域での被害推定結果はメッシュなどで集計された形で表示できる。例えば上図（国土スケール）では 1km 四方、中右図・中左図（都市スケール）では 500m 四方で表示されている。またこのデータはマイクロジオデータ（建物単位で計算・推定されたデータ）で作成されているため、下図（建物スケール）のように拡大することで建物単位の被害推定結果も表示することができる。©All Satellite image sources: Esri, Digital Globe, Geo Eye, i-cubed, USDA, USGS, AEX, Getmapping, Aerogrid, IGN, IGP, swisstopo, and the GIS User Community

2011 年東日本大震災の際の津波痕跡調査
約 150 を超える機関の研究者・技術者が連携して実施された。写真は 2011 年 4 月 11 日、岩手県釜石市における調査風景である。高さ 5.6m の海岸堤防を乗り越えた津波は、集落を破壊し、崖の上に残された漂流物から、津波の高さが 14.1m であることが確認された（第 4 章 2 参照）。

大規模盛り土施工による復興工事（陸前高田 2014 年　渡辺満久 東洋大学教授提供）
東日本大震災の復興は場所によって様々な方法が模索・検討されている（第３章１参照）。

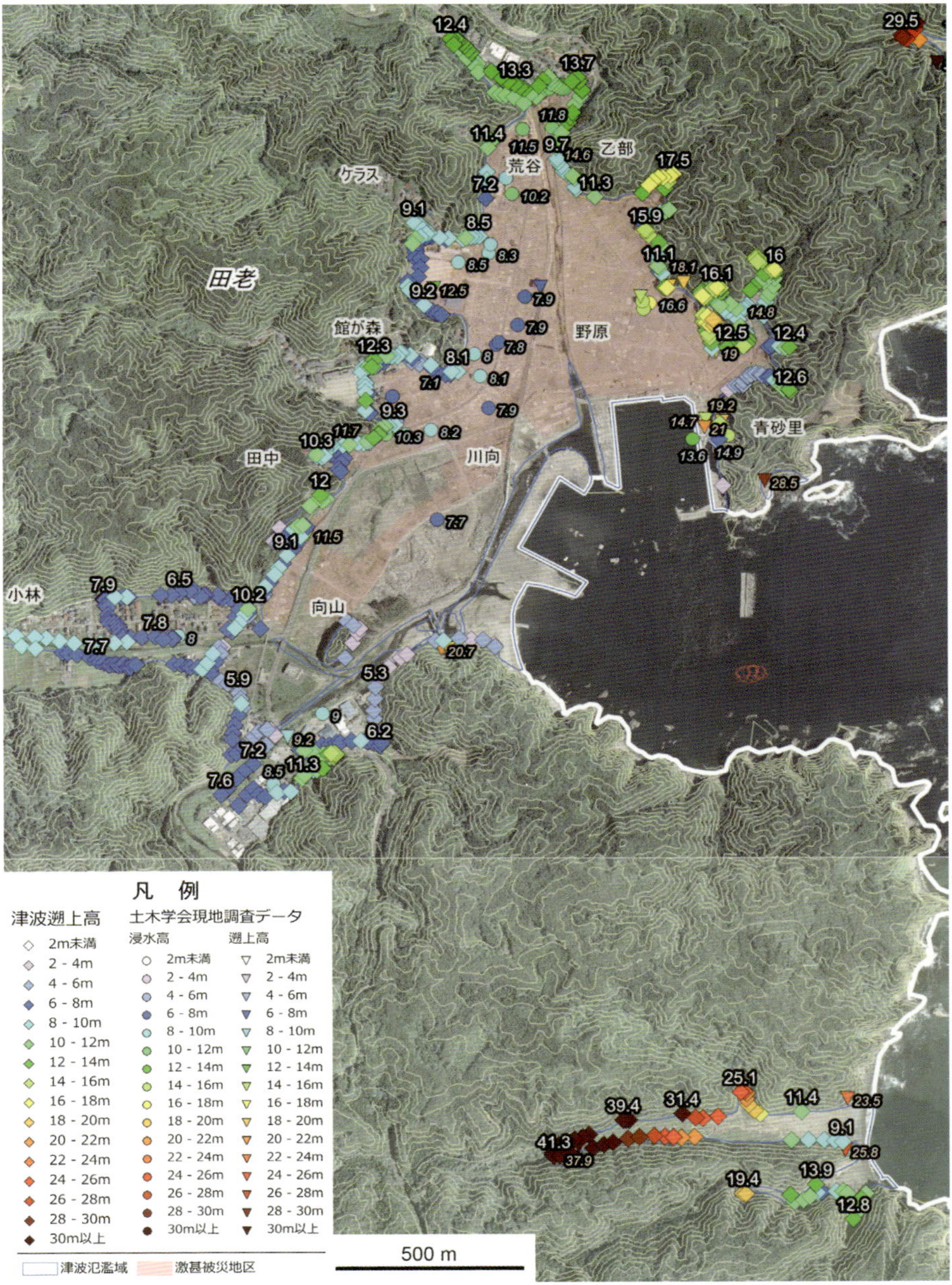

岩手県宮古市、田老地区の津波遡上高分布図

詳細な航空写真判読により正確な遡上ラインを認定し、標高データと照合して遡上高の分布図を描いた。田老地区における遡上高は北方で高い。市街地から約 1.5km 南方の谷では約 40m にも達している（第 4 章 1 参照）。

2012 年 7 月九州北部豪雨による土砂災害の様子（資料提供：九州大学 笠間清伸准教授）
写真（左）は熊本県阿蘇市坂梨地区で発生した土砂崩れ。国道 57 号線付近の民家まで達している。
写真（右上下）は南阿蘇村立野地区で発生した土砂崩れ。土砂や倒木が民家近くまで達している。

2013 年台風ハイアンによるフィリピンの被害（バランガイ 87 番自治区）
沿岸部で被災した鉄筋コンクリートの家屋と基礎の洗掘が見られる（第 3 章 4 参照）

バンコクの交通渋滞（スクンヴィット通り）
手前の交差点の渋滞後尾が、次の交差点をブロックしている（第 2 章 3 節 5 参照）

津波情報アーカイブスの表示画面

2011年東北津波の痕跡調査などの2万点を超える画像・動画をWebGISにアーカイブし、インターネット公開。津波挙動の実態を長期にわたり保管・提供し得る津波情報アーカイブスが構築された（第4章2参照）。

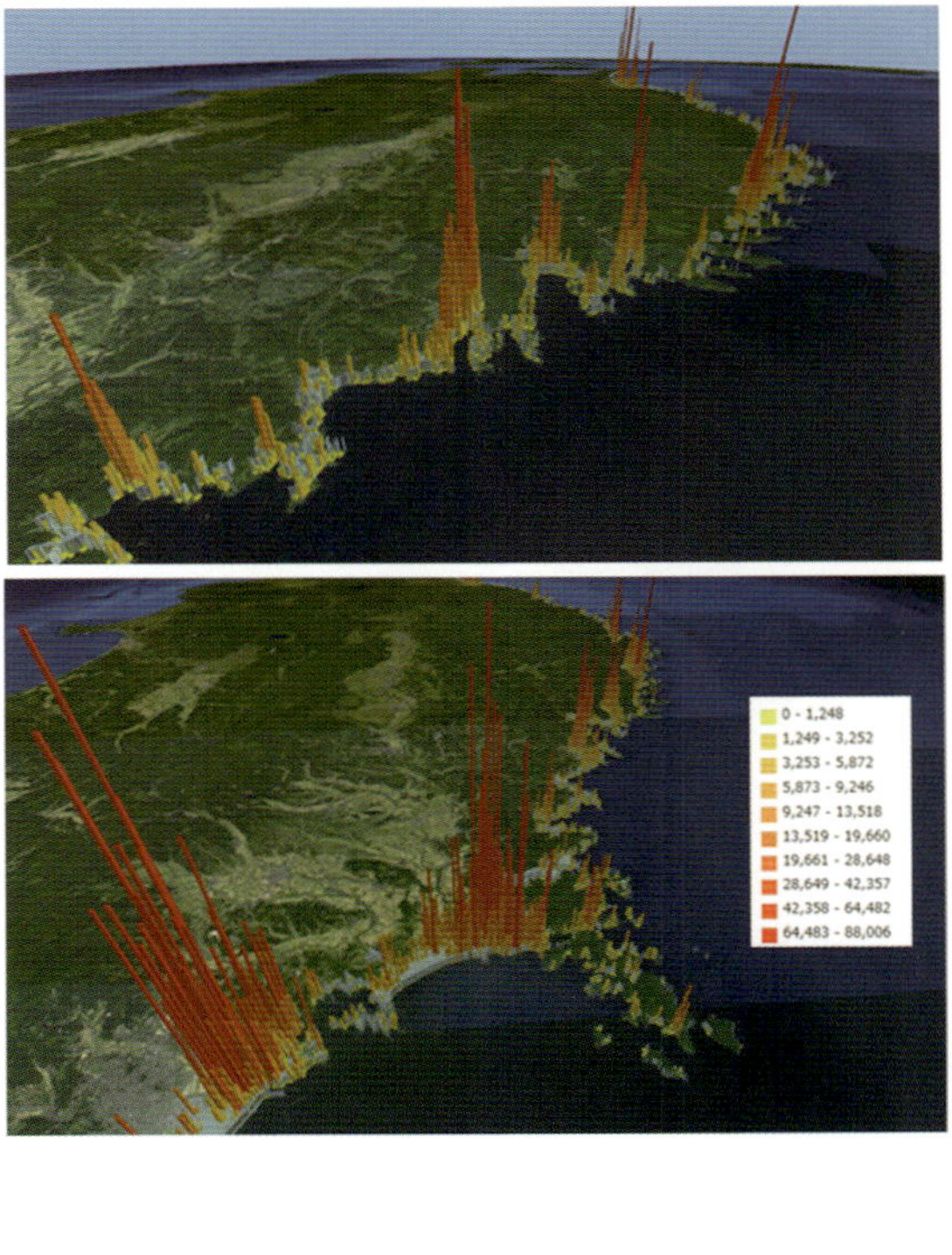

震災で失われたストック量の分布

（上）三陸沖、（下）宮城県石巻市周辺。仙台市街のみでなく石巻、宮古、気仙沼で多い（第4章3参照）。

解体したゲル（移動式住居）をラクダの背に載せて引っ越しをする遊牧民（モンゴル・フブスグル県にて）（第３章５参照）

急激な人口集中に伴い、ビル群後方の丘陵地に延々と拡がり続けるゲル地区（ウランバートル）（第３章５参照）

インカの遺跡マチュピチュの全景。石組みの壁は地震に強い構造になっている（第３章６参照）

ピスコの地震で倒壊したカトリック教会（2007年８月、ペルー）（第３章６参照）

日本における木造住宅建設に必要とされる力

災害により被害を受けた場合の「木造住宅復元力」は、材料供給力と大工供給力で決まる。材料と人の重み付けを、そこに投資される費用（単価）によるものとして、総額を算定した。復元力が不足している県は、日常時、災害時ともに他の地域に依存しなければならない（第3章2参照）。

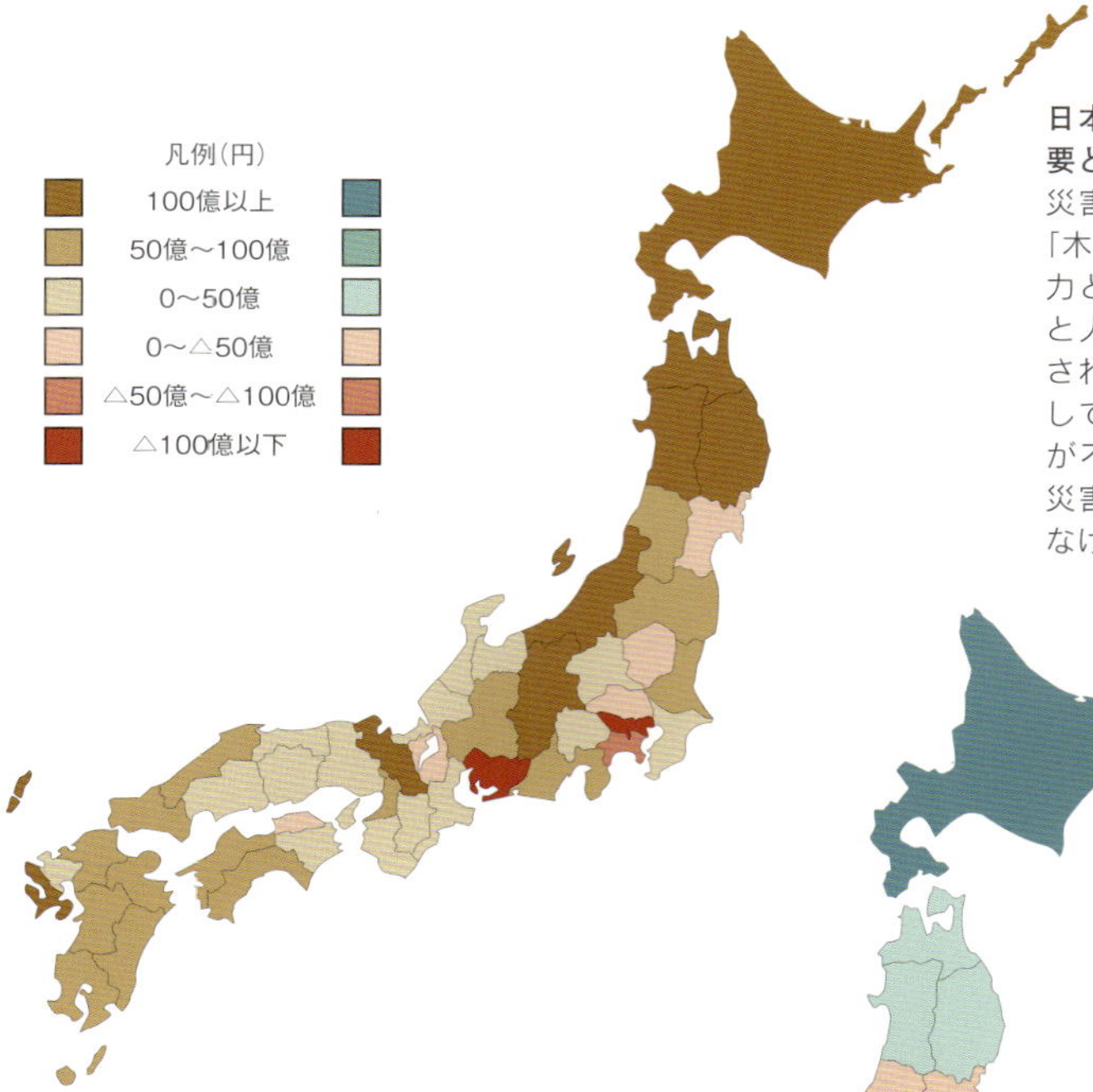

大工供給力（2013年）

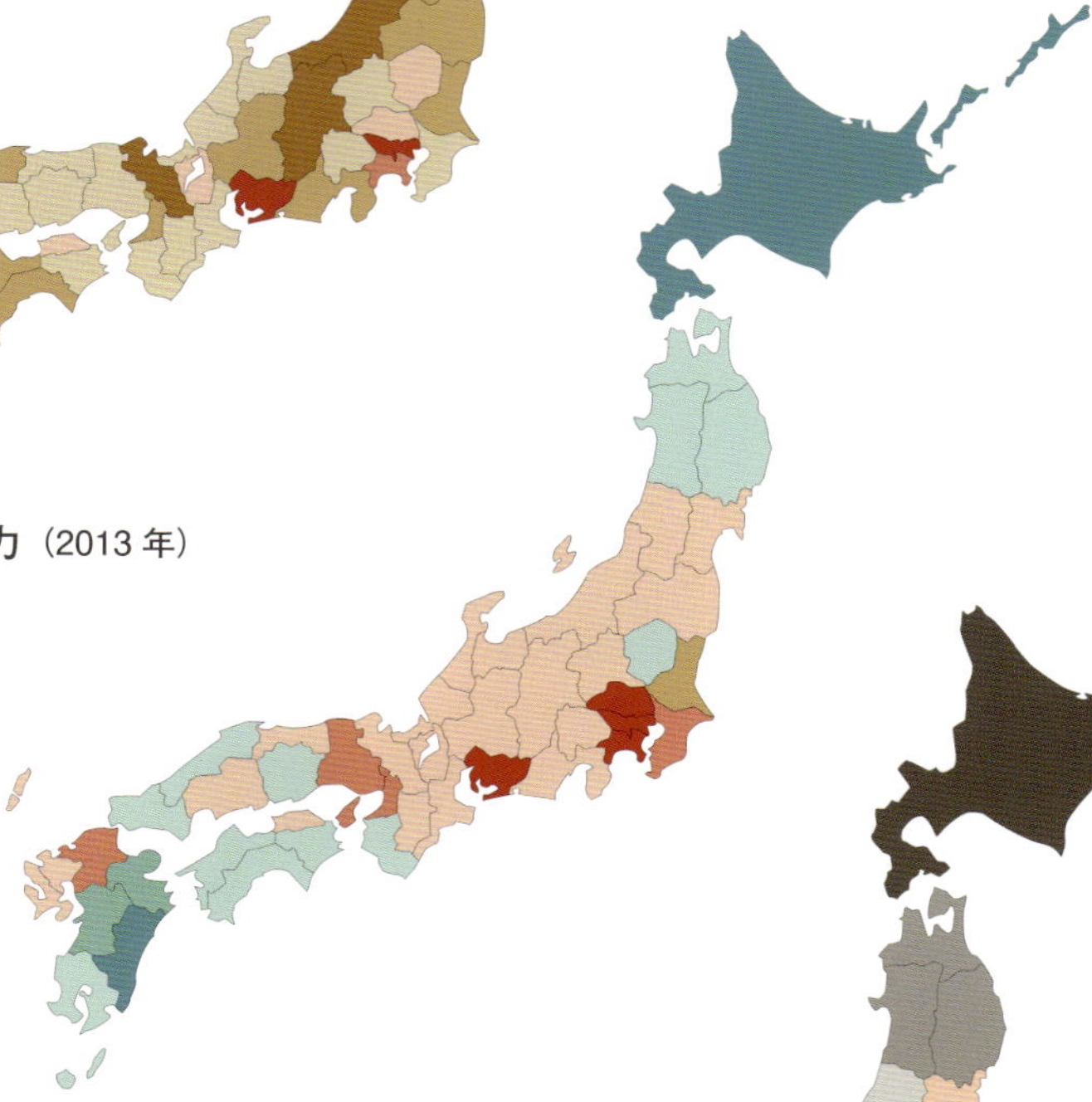

木材供給力（2013年）

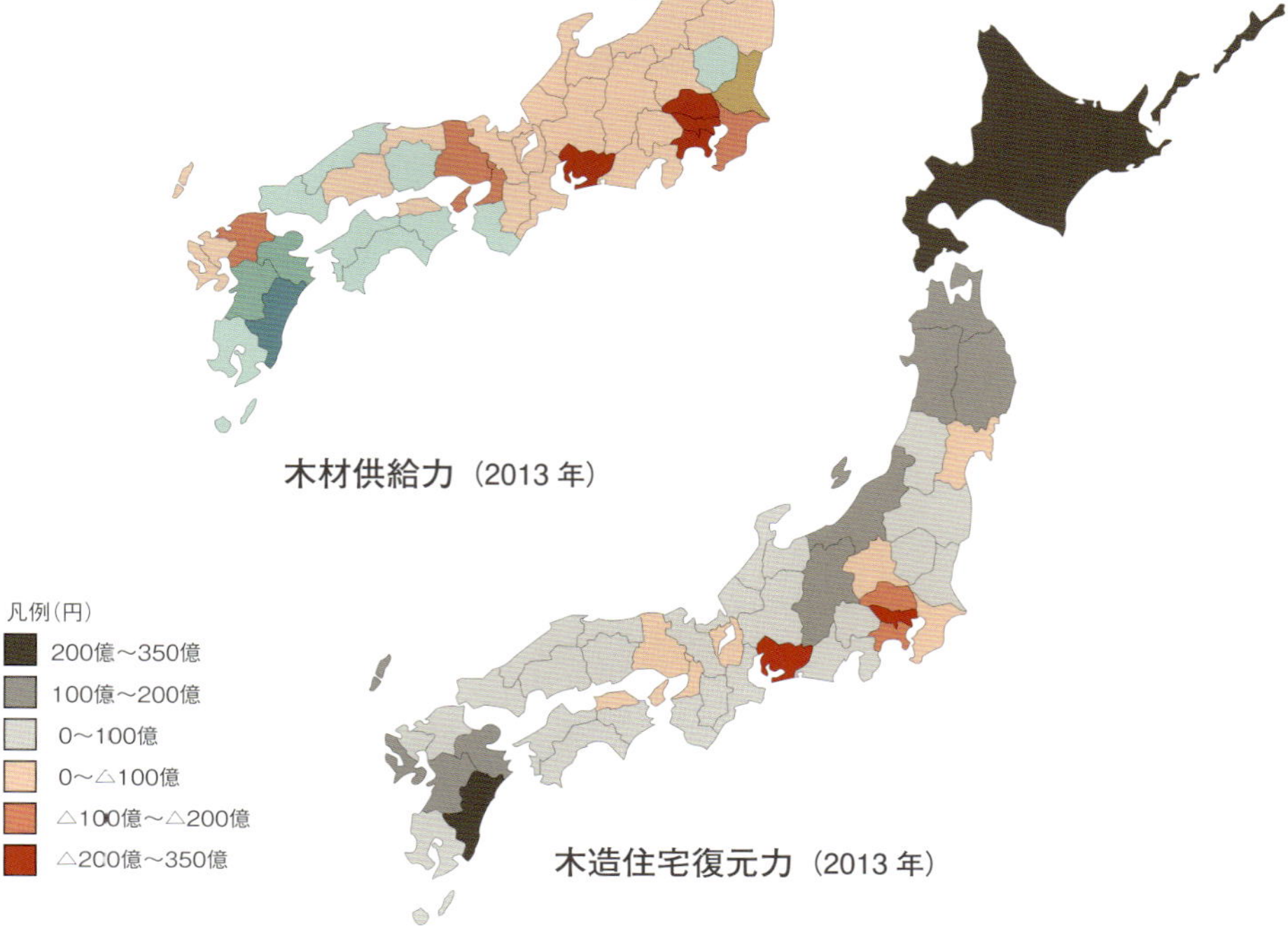

木造住宅復元力（2013年）

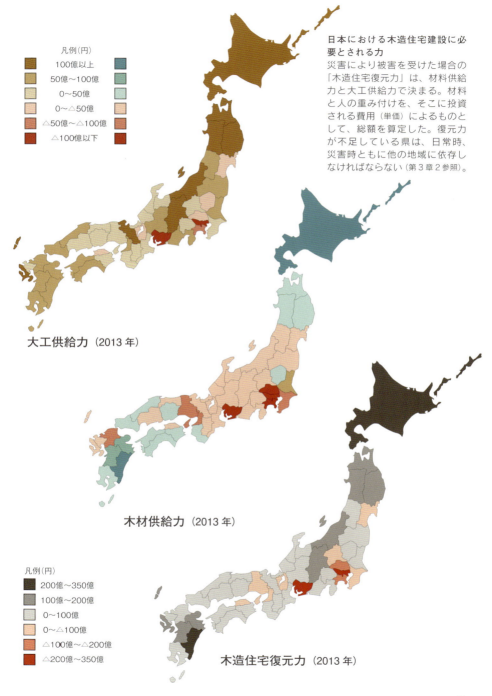

レジリエンスと地域創生

伝統知とビッグデータから探る国土デザイン

林　良嗣・鈴木康弘［編著］

明石書店

はじめに

2011年に起きた東日本大震災は、近代化が進み成熟期を迎えた今日の日本社会が、災害に対して極めて脆弱であるという重い課題を突きつけた。大津波を「想定外」としていたため、広範囲が津波の被害を受け、原子力発電所の深刻な事故まで引き起こした。経済成熟期に入って既に四半世紀を経た日本は巨額な債務をかかえ、復興の行き着く先は未だに見えない。また、大地震の後に地殻活動が活発化した例は過去にもあり、火山の大規模噴火や西日本における南海トラフ巨大地震の発生も懸念され、他方で気候変動に伴って気象災害が大規模化してきている。

こうした状況の中で「レジリエンス（しなやかな復元力）」の重要性が指摘されている。自然災害が激甚化する一方で、それを受け止める人間社会の側が脆弱化するというミスマッチは今後ますます顕在化していくであろう。そのため直接的な防災・減災対策だけでなく、日本社会が本来持っている力を総動員して、危機を乗り越えられるようにしなくてはならない。そうした願いが「レジリエンス」に込められている。

レジリエンスとは、一時的に崩したバランスを素早く取り戻す「復元力」あるいは「回復力」のことであり、都市や農山村など性質の異なる地域ごとに発揮される必要がある。そのためには、この復元メカニズムが土地利用、インフラ、文化、コミュニティライフなど、ハードからソフトにわたって、うまく組み込まれている必要がある一方で、レジリエンスはサステイナビリティ（持続可能性）を保つための重要な前提条件でもある。何百年も続いた強大な古代文明が、一瞬の災害で滅んでしまったこともある。1755年の大地震と大津波によりリスボンが壊滅したことが、隆盛を誇ったポルトガルの衰退への転換点となった歴史もある。縮小局面に差しかかった日本社会において、レジリエンスはその持続可能性にとって決定的に重要である。

政府はレジリエンスを強靱化と訳し、「ナショナル・レジリエンス」を唱えるが、そもそもレジリエンスとは「強靱」

という言葉とはニュアンスが異なる概念である。レジリエンスは規格化された水準を確保するというものではなく、自然的・文化的背景によって国ごと地域ごとに様々である。これが低下する要因を知り、回復・向上させるためにどのような方策が有効であるかを熟考することが重要である。そのため、「伝統知」に学ぶことがまず必要であり、「自然」の声を素直に聴き、「風土」を理解して、科学技術に奢ることのない「最適な道」を謙虚に探ることが重要である。そして、レジリエンスを高めることの真の目的は国民の幸福 Quality of Life にあり、その観点で効果を測る必要がある。レジリエンスは地域創生のいわば「体幹」である。適切な科学的情報とともに地域の歴史的資料等をアーカイブし、地域ごとの適正な防災水準について社会的合意形成を丁寧に進め、それを地域創生計画に落とし込むべきである。

本書はこうした考えに基づいて、「レジリエンスをいかに高められるか」を考える。

まず重要なことは様々な知見に学ぶことである。第一に東日本大震災の教訓を整理し、第二に海外の事例を分析する。本書においては土木工学、都市工学、地理学、文化人類学等、様々な視点からこれを考え、そこから見えてくる、分野を超えて共通する（あるいは補完する）レジリエンスの概念を提示したい。

そして具体的対策としては、様々な視点に立ってレジリエンスの思想を国土計画や地域計画に盛り込むことが重要である。これにはハザード情報の整備、ハザードを考慮したまちづくり、復旧・復興に直接関わる技術者や重機の確保といった問題が含まれる。また、かつて経済成長期においては、インフラの整備計画と土地利用が、その時々のプロジェクトごとに目的や方向性が不統一なまま「足し算」されることが一般的であったが、国が縮小局面にさしかかった今日においては、その事実に目を背けず、共通の目的を能動的に設定し、ベクトルを合わせた総合的施策が必要である。そのためには、ジオ・ビッグデータとも呼ばれる環境情報を分析・評価して、インフラによる災害緩和策と土地利用による適応策のいわば「掛け算」によって初めて実現できる。最適な国土デザインを見極めることが重要になる。これにより防災・減災効果を事前に統合的に評価して適切な計画案を提示することができ、政策選択の社会的合意形成に寄与できる。また政策が実施に移された後、効果をモニタリングし、様々な状況に応じた軌道修正も可能になる。

本書は、文部科学省の「大学発グリーンイノベーション創出事業『グリーン・ネットワーク・オブ・エクセレンス（GRENE）』のうち、環境情報分野「環境情報技術を用いたレジリエントな国土のデザイン」（代表：名古屋大学環境学研究科教授　林良嗣）の成果をとりまとめたものである。GRENE環境情報分野は、地球観測データに関する「データ統合・解析システム（DIAS）」（代表機関：東京大学地球観測データ統融合連携研究機構）とも連携している。そのため我々は、独自に取得した高解像度な環境情報のみでなく、DIASに蓄積されたジオ・ビッグデータをも活用して、レジリエントな国土デザインの実現に向けた検討や提言を行うことを試みる。

林　良嗣・鈴木康弘

レジリエンスと地域創生

伝統知とビッグデータから探る国土デザイン

目次

第二部　レジリエンスを高める国土デザイン

第一部

レジリエンスの喪失と回復

第1章

なぜ我が国のレジリエンスが失われたのか

1 いま注目されるレジリエンスとは

レジリエンスとはもともと生態学や心理学において、「ネガティブな出来事から立ち直る回復力」の意で用いられた概念であるが、東日本大震災以降、この概念が災害との関係で広く用いられるようになった。

政府はこれをナショナル・レジリエンス（国土強靱化）と呼び、その重要性を唱えている。その背景には、1959年の伊勢湾台風以後、「災害対策基本法」をはじめとする様々な法整備の下で防災施策を進めてきた我が国においても、東日本大震災により対応力の不十分さが露呈し、容易に復旧・復興を実現できないという現実がある。

2014年6月3日に閣議決定された「国土強靱化基本計画」には、その理念が以下のように記されている。

「災害は、それを迎え撃つ社会の在り方によって被害の状況が大きく異なる。大地震等の発生の度に甚大な被害を受け、その都度、長期間をかけて復旧・復興を図るといった『事後対策』の繰り返しを避け、今一度、大規模自然災害等の様々な危機を直視して、平時から備えを行うことが重要である。東日本大震災から得られた教訓を踏まえれば、予断を持たずに最悪の事態を念頭に置き、従来の狭い意味での『防災』の範囲を超えて、国土政策・産業政策も含めた総合的な対応を……千年の時をも見据えながら行っていくことが必要である。……このため、いかなる災害等が発生しようとも、①人命の保護が最大限図られること、②国家及び社会の重要な機能が致命的な障害を受けず維持されること、③国民の財産及び公共施設に係る被害の最小化、④迅速な復旧復興、を基本目標として、『強さ』と『しなやかさ』を持った安全・安心な国土・地域・経済社会の構築に向けた『国土強靱化』（ナショナル・レジリエンス）を推進することとする。」

重要な点は、「予断を持たずに最悪の事態を念頭に置く」ことと「狭い意味での防災ではなく国土政策・産業政策も含めた総合的な対応をする」ことの2点である。すなわち東日本大震災は、869年の貞観地震の再来を対策上の「想定外」としていたことが被害を拡大し、原発事故まで引き起こしたという反省に基づき、これを繰り返さないようにすることがまず第一に求められる。そして、今日および近未来の日本社会の情勢を冷静に見つめ、従来の「防災」

の枠ではとらえきれていなかった国土構造や社会状況の全体を見直す必要がある。こうした意味においてこそレジリエンスが重視されていると言えよう。

2　いまなぜレジリエンスが問題になるか──20世紀末以降の経緯

振り返ってみると、レジリエンスの概念が求められるきっかけは1995年の阪神・淡路大震災であったかもしれない。この地震は20世紀末の日本の防災体制に見直しを迫る大きな転機となった。

阪神・淡路大震災は、淡路島から神戸周辺に位置する活断層（淡路島－六甲活断層帯）が活動することによって起きた。この断層は研究者によって、1980年代前半には既に「要注意断層」と指摘されていたが、防災対策の対象とはされなかった。当時はハザード情報が国民に積極的に伝えられることもなかったため、多くの住民は活断層のリスクを意識しないまま、「関西には地震が来ない」と誤解し、無警戒だった。近代的なビルや高速道路が倒壊するのを見て、「安全神話の崩壊」に衝撃を受けた。「低頻度巨大災害」への備えが不十分であることが露呈し、新たな対策が迫られた。災害は防ぎきれないという認識から、「防災」よりも「減災」が重要という考え方も生まれた。原子力発電所の耐震性能に疑問が投げかけられるようになったのもこの地震からだった。

2004年に起きたスマトラ沖地震は、プレートテクトニクスの一般的な解釈では大地震が起きないとされていたアンダマン～ニコバル諸島付近の海域で起き、巨大化し、Mw9・1～9・3となった。インド洋沿岸にも大津波が押し寄せ、スリランカで4万人、インドで2万人、タイで5千人以上の死者・行方不明者が出た。インドネシアでは17万人にも及んだ。観光地や都市を襲う津波の映像が世界中に配信され、大きな衝撃を与えた。

一方、21世紀に入り、地球温暖化等の地球環境問題が深刻化し、海面上昇による地球規模の環境変化や、ゲリラ豪雨等、気象災害の激甚化の兆候が世界各地で見られるようになってきた。2005年アメリカ合衆国における巨大ハリケーン・カトリーナ（2千人近くが死亡）をはじめ、世界各地で竜巻や暴風雪、干ばつなどが起きた。また、20世紀にはほとんど見られなかった、西欧諸国での豪雨洪水も頻発するようになってきた。
こうした状況から、2005年頃から大規模な自然災害への危機感が次第に高まり、やがて東日本大震災を迎えることとなる。

3　日本学術会議の警告（2007年）

このような大規模自然災害への危機感の高まりの中で、日本学術会議は2006年6月に、国土交通大臣から「地球規模の自然災害の変化に対応した災害軽減のあり方」について諮問を受けた。日本学術会議はこの課題に関して、理学・工学、生命科学及び人文科学の研究者による「自然災害に対して安全・安心な社会基盤の構築委員会」（委員長：濱田政則 早稲田大学教授）を2006年2月に組織していた。ここで自然災害に関する学術的知見を集約して、将来の自然災害軽減の基本的な考え方に関する提言（「地球規模の自然災害の増大に対する安全・安心社会の構築」）を2007年5月にまとめた。

国土交通大臣からの諮問は、⑴今後想定される災害の態様、⑵それらが社会、経済に与える影響、および国土構造や社会システムにおける脆弱性の所在、⑶効率的・効果的に災害を軽減するための今後の国土構造や社会システムのあり方、の3点であった。

日本学術会議の上記の委員会は、今後のハザードの増大に関する知見をまとめる主に理学系の第一分科会、ハード的防災対策のあり方をまとめる第二分科会、社会構造全体の脆弱性を分析する第三分科会を置き、筆者の林良嗣と鈴木康弘は、それぞれ主査、幹事として、第三分科会の取りまとめをした。

委員会が提示した自然災害軽減に向けて我が国がとるべき政策・施策は、以下の通りであり、第三分科会からの提言が大半を占めた。

⑴ 安全・安心な社会の構築へのパラダイム変換

「短期的な経済効率重視の視点」から、「安全・安心な社会の構築」を最重要課題としたパラダイムの変換を図る。

(2) **社会基盤整備の適正水準**

自然災害軽減のための社会基盤整備に向けて、長期的で適正な予算を配分する。その設定においては、人命・財産の損失はもとより、国力の低下、国土の荒廃、景観や文化の破壊及び国民への心理的な打撃等を評価する。

(3) **国土構造の再構築**

長期的な視点での均衡ある国土構造の再構築を行う。人口・資産の再配置によるリスク分散、将来の人口減を踏まえて災害脆弱地域における住民自らによるリスクを考慮した適正な居住地選択と土地利用の適正化、首都機能のバックアップ体制の確立及び復旧・復興活動のための交通網の整備が必要。

(4) **ハード対策とソフト対策の併用**

防災社会基盤施設の整備等のハード対策を進める一方、防災教育、災害経験の伝承、避難・救急と復旧・復興体制の整備、災害時の情報システム及び医療システムの強化等、ソフト面での対策を促進する。

(5) **過疎地域での脆弱性の評価・認識**

過疎化と産業構造の変化により災害への対応能力が低下している離島部・沿岸部・中山間地域において、災害脆弱性を評価・認識し、応急・救急体制の整備を図る。

(6) **国・自治体の一元的な政策**

自然災害軽減に関わる各省庁はその役割分担を明確にして、相互の密接な連携のもとに一元的な政策を立案、実施する。

(7) **「災害認知社会」の構築**

詳細なハザードマップを国民が受容しやすい形で整備し、ハザード情報の啓発を促進する。少子高齢化、核家族化、情報化及び社会と経済の国際化等による自然災害への脆弱性を評価して、防災意識の適正化を図り、国民及び地域との連携・協力の下に災害に強い社会を作る。

(8) 防災基礎教育の充実

自然災害発生のメカニズムに関する基礎知識、異常現象を判断する理解力及び災害を予測する能力を養うため、学校教育における地理、地学等のカリキュラム内容の見直しを含めて防災基礎教育の充実を図る。

(9) NPO・NGOの育成と支援

公助・共助・自助による自然災害軽減のための国民運動において、防災教育、災害経験の伝承及び発災後の応急活動等、NPO・NGOが地域コミュニティの共助に果たす役割は大きい。国及び地方公共団体等は適正なNPO・NGOの育成に努め、積極的に支援する。

(10) 防災分野の国際支援

アジアを中心に高まる、防災分野における日本への期待に応えるため、社会、経済、農業、環境、科学技術、教育等の活動をシームレスに関連づけ、各省庁が密接な連携を行う。

(11) 持続的な減災戦略及び体制

自然環境の変化に加え、国土構造、防災社会基盤施設と社会構造の脆弱性の程度及びその変化を継続的に把握し、逐次対応できる体制を整備する。

以上の提言は、災害の脆弱性の所在は社会構造・国土構造全体に及ぶこと、および、安全になったと思われがちな現代社会において脆弱性はむしろ増大していることを初めて公式に指摘したものとなった。また、提言の第一番が、「『短期的な経済効率重視の視点』から、『安全・安心な社会の構築』を最重要課題としたパラダイムの変換」とされたことは注目に値する。

残念ながらこの提言が全く活かせないままに迎えてしまったのが、2011年東日本大震災だった。筆者らも提言をまとめた当事者として、このような事態は残念でならない。

4　東日本大震災が突きつけたレジリエンスの課題

東日本大震災が突きつけた課題は数多いが、特にレジリエンスの課題として重要なことは、以下の点である。まず、第一に「想定外問題」である。日本海溝でM９・０の巨大地震が起こることを地震学者は予測していなかったが、８６９年の貞観地震や１６１１年の地震において、仙台平野の奥深くまで津波が入り大被害が起きていたことは明らかな事実であった。それでもその再来を対策上、想定していなかった。また、福島県沖の日本海溝沿いで海溝型の大地震が起き得ることについても地震調査研究推進本部は２００４年に発表していたが、内閣府中央防災会議はこれを対策上考慮する必要なしとし、東京電力も原子力安全・保安院も同様の判断をした。

２００６年に原子力安全委員会が決めた「発電用原子炉施設に関する耐震設計審査指針」によれば、「施設の供用期間中に極めてまれではあるが発生する可能性があり、施設に大きな影響を与えるおそれがあると想定することが適切な津波に対して、その安全機能が損なわれることがないように設計されなければならない」と規定されているが、この文言は、科学的に「可能性がある」とされても「想定することが適切」でないと判断されれば対策しなくて良い、とも読めるものだった。

大地震発生の危険性がありそうだという情報は、社会的影響を考えると「不都合な真実」である場合も多い。一般にはM９・０が科学的に予測されなかったことが福島第一原発事故の原因であると受け取られがちだが、実際にはそうではなく、「不都合な真実」に対する社会的な「想定力の弱さ」（「真実」だと見なして適切に対策すると判断できるか否か）が一番の問題だった。

上述の国土強靱化計画の文章の中の「予断を持たずに最悪の事態を念頭に置く」とは、このことへの反省であろう。これはまさにレジリエンスの問題である。不都合な真実に目を背けない「将来世代にわたる長期合理性の視座」が今後の防災に求められる。

第二は、「国土構造や社会状況に内在する脆弱性の問題」である。レジリエンスには「柔軟なしなやかさ」という意味合いがあり、目的のために直接的に備えるだけでなく、日頃は直接関係がないと考えられることが、余裕となって機能することへの期待でもある。経済効率優先で合理化を追及しすぎたシステムには余裕がない。想定を超えれば壊れるし、壊れないようでは合理的設計と言えないという発想である。レジリエンスを高める方向に、この発想をどのように改められるかは難しい課題であるが、改善を図る必要がある。

例えば、利便性を求めて固定電話をやめて携帯電話に依存することは、災害時には脆弱である。利用が殺到すれば必ず輻輳するなど、システムの冗長性（redundancy）が小さい。あるいは、望めばどこにでも住めるという自由も、社会インフラの維持管理費を高める。どんなに条件が悪い場所でも技術力で克服して造り上げる、というこれまでの考え方にも時には疑問符がつく。これらについても今後は「最悪の事態を念頭に置く」ことが求められることになる。

これは、まさにパラダイム変換とも言うべき大問題である。押す（＝インフラで守る）だけではなく、引く（＝土地利用を撤退する）ことによってできる余裕を持ち、国土のいわゆる受容性や包容力を高める。「強靱化」ではなくむしろ「柔軟化」に近い。改革を成し遂げるには私的財産や既得権益との間で相当な軋轢が生じる。政治的な指導力と国民のレジリエンスに対する高い意識（awareness）が必要になる。短期的には経済的に得ではない選択について、将来世代の利益と損失を考慮した長期合理性からの考察が必要であり、これを提示して社会的合意をいかに取り付けるかが課題である。学術にはそのための理論構築や客観的データに基づく実証が求められる。

第三は、「連動現象の問題」である。すなわち、地震によって海面が隆起して津波が陸へ迫るのと同時に、海岸部は沈下し、地盤が液状化し、海岸防潮堤を支える力を失った。そこへ大きな津波の波力が加わって堤防が転倒した可能性もある。津波が河川を遡上した結果、山の裏側から、しかも数時間経ってから水が市街地に押し寄せたところもある。これまでの研究や防災上の想定では、そこまでの複雑な連動現象を考慮していなかった。

津波が押し寄せることにより、石油タンクが破壊されて火災に至った。原発事故による放射能汚染にまで発展し、災害の連鎖は想像を超えた。連動現象への対策は、従来通りの縦割りではうまくいかないという事実も突きつけた。

第四は、「自然と社会の複合災害という問題」である。自然の猛威を受けとめる社会の側に、不適切な土地利用やインフラの冗長性の欠如、高齢化、コミュニティの絆の低下、財政逼迫による対応力の低下などがあり、それらが掛け合わさって生じた災害であった。原子力発電所事故においては、住民に対する平時からのリスクコミュニケーションが決定的に不足していた。また、政府の対応に危機意識が乏しく、「すぐには重大な事態には至らない」などという発表が繰り返された。いずれも、フェールセーフの発想に基づくリスク管理とガバナンスの欠落を露呈した。

第五は、「防災・減災における住民の主体性の問題」である。自助・共助が重要視されるのは、公助の限界を補うためではない。堤防が完璧ではないから避難が必要なのではなく、避難は自然災害への備えとして一義的に重要である。自主避難に加え、相互扶助も含め、こうした行動を住民が主体的に行うかどうかはレジリエンスの根幹に関わる。レジリエンスにとって「やる気」や「幸福感」という精神的な点が重要であるとも言えよう。民族や地域の「伝統知」や「文化」を尊重し、とくに若者が自主的に活動しやすくなるような仕組み作りも重要である。従来の防災対策はこうしたことへの配慮に乏しく、ひたすら画一的な堤防を造ったり、耐震性を強化したり、住民向けの警報システムや、行政機関向けの危機管理システムを整備してこなかっただろうか。

第六は、「災害をどこまでシミュレーション可能かの問題」である。行政が防災対策の最初に行う被害想定は、被害総量を出すことに終始しがちである。地震の震度に応じた家屋倒壊数や犠牲者数を過去の経験則に基づいて大雑把に推定してきたが、個別被害の積み上げや、被害発生の詳細な様相を検討することはできなかった。もちろん災害の複雑さや技術的課題も多いが、こうした検討がされなければ、何がどのように脆弱性を高める（すなわちレジリエンスを低める）ことにつながるかが見えず、対策の方向性が見定まらない。災害が起きてみると、「やっぱりそうなったか、なぜそのことを事前に想定しなかったのか」と嘆くことも多かった。

災害過程を事前にシミュレーションすることは未だに検討課題であるが、まずは東日本大震災の詳細をアーカイブし、分析することは必須である。また、今日、国土数値情報に始まり、各種インフラの整備状況、ライフラインの稼働状況、および人間の日々の行動情報に至るまで、いわゆるビッグデータが集積しており、これらをデータベース化して活用しシミュレーションを試みる環境は整っている。「想定外」を繰り返さないよう、まずは自然災害の多様性を十分に織り込んだ上で、被害発生に至るまでをシミュレーションして、何がレジリエンス喪失をもたらすか、どこを改善すれば回復できるかについて探ることが重要であろう。こうした議論への市民参加も不可欠である。

以上に述べたように、東日本大震災はレジリエンスの多くの課題を我々に突きつけた。国土構造や社会構造の全てがレジリエンスと深く関わっていることを考慮して、多様な観点から総合的に見直す必要がある。最も重要な点として、究極の目標は単なる被害額の軽減ではなく、厳しい風土を意識しながらも、全ての国民が幸福感を感じられることであると再確認したい。幸福感のひとつの尺度は人々が日頃感じるＱＯＬ（クオリティオブライフ、第４章４、第６章参照）であり、長期的視点から、これを基軸とした具体的な減災戦略が求められる。

5　レジリエンスと地域創生

社会の多様な構造の中に脆弱性が潜んでいる。国民的視点から直接・間接を問わず様々な方法でこれを克服しようとすることが、レジリエンスの向上にとって不可欠であるとすれば、その実現は全国一律やトップダウンの政策で実現できるものではない。地域特性や伝統知を十分理解した地域ごとでの主体的な対応においてこそ、実現できる可能性が高い。

地域構造全体の中で見直すのであれば、それは「地域創生」という概念と密接に結びつく。すなわち、「地方創生」として政府の後押しもある状況の中で、地域のレジリエンスを高めることは、住民の安全・安心のみならず、地域の魅力の向上にもつながるため、地域創生の重要な目標となり得る。すなわち現代社会において低下した「レジリエンス」を回復させるための地域創生」の取り組みが必要である。この観点から必要となる地域創生は、なにも「地方」という言葉が示す「非都市部」に限るものではない。都市には都市固有のレジリエンスの低下があり、そのことを意識したレジリエンス回復の取り組みとして地域創生が必要である。したがって本書では「地方創生」ではなく「地域創生」とする。

地域創生もしくは地方創生の究極の目的は、２０１４年に国会で成立した「まち・ひと・しごと創生法」によれば、「それぞれの地域で住みよい環境を確保して、将来にわたって活力ある日本社会を維持していく」ことである。この法律の基本理念（第2条）によれば、経済活性化や少子高齢化抑制に加え、「①国民が個性豊かで魅力ある地域社会で潤いのある豊かな生活を営めるよう、それぞれの地域の実情に応じた環境を整備」、「②日常生活・社会生活の基盤となるサービスについて、需要・供給を長期的に見通しつつ、住民負担の程度を考慮して、事業者・住民の理解・協力を得ながら、現在・将来における提供を確保」することが謳われている。

環境省はこれに関連して平成27年度重点施策において、「Ⅰ 東日本大震災からの復興と震災の教訓を踏まえた防災・減災」とともに、「Ⅱ 新たな時代の循環共生型の地域社会の構築」を掲げ、その中で「⑴地域主導の都市づくり・街づくり」として、「低炭素・循環・自然共生」地域創出事業を推進するとしている。その内容は以下の通りであり、地域創生にも関連する重要な方向性を示している。すなわち、「地域においては新たなエネルギー需給システムの構築等による低炭素地域づくりを追求する動きと併せて、地域資源を活用した環境投資促進、他地域とのネットワーク形成による地域資源循環圏の実現、魅力ある生活・交流空間創造等を通じて雇用の創出や地域活性化を目指そうとする動きが活発化している。地域において低炭素・循環・自然共生を統合的に達成し、まち・ひと・しごとの創生を図っていくため、地域における当該検討の際に目指すべき地域の将来像とその実現に向けたプラン策定のあり方を示すとともに国の支援策をとりまとめる」とされている。

「ナショナル・レジリエンス」と「地方創生」は、ともに重要な概念である。しかし、防災は国家的視点から統括し、一方、地方の役割は経済活動に勤《いそ》しむことであるという理解では、幸福な社会実現は難しい。レジリエンスの回復は、生活に密着した様々な社会構造に関わるため、地域主導による地域創生の中でこそ実現できる部分が非常に大きい。

レジリエンスの回復において以下の点が重要であることを本章において述べてきた。

①今日および近未来の日本社会の情勢を冷静に見つめ、従来の「防災」の枠ではとらえきれていなかった国土構造や社会状況の全体を見直すことが必要。

②災害の脆弱性は社会構造・国土構造全体に及び、現代社会において増大している。
③『短期的な経済効率重視の視点』から、『安全・安心な社会の構築』を最重要課題としたパラダイムの変換が重要。
④レジリエンスは「柔軟なしなやかさ」という意味合いがあり、目的のために直接的に備えるだけでなく、日頃は直接関係がないと考えられる余裕が重要。
⑤経済効率（efficiency）優先の合理化を追及しすぎず、冗長性（redundancy）を確保する。
⑥押す（＝インフラで守る）だけではなく、引く（＝土地利用を撤退する）ことによってできる余裕を持ち、国土のいわゆる受容性や包容力を高める。「強靱化」ではなくむしろ「柔軟化」を目指す。
⑦レジリエンスにとって「やる気」や「幸福感」という精神的な点が重要である。民族や地域の「伝統知」や「文化」を尊重し、とくに若者が自主的に活動しやすくなるような仕組み作りも重要。
⑧究極の目標は単なる被害額の軽減（efficiency）ではなく、厳しい風土を意識しながらも、全ての国民が幸福感を感じられること。幸福感のひとつの尺度は人々が日頃感じる充足感（sufficiency）すなわちＱＯＬ（クオリティオブライフ）であり、長期的視野も入れてこれを基軸とした具体的なリスク軽減戦略が求められる。

以上の点は、総論賛成、各論反対に陥りやすい。経済効率に一見、反するように見えたり、既得権益に触れたりする場合もあって、各論になると利害が絡むためである。しかし、長期的なサステイナビリティの観点から冷静な見極めが必要である。自分自身の愛する子や孫、愛着のある地域（まち）の将来をどう守るかという具体的な地域創生の問題として、当事者自身が具体的に考え、それを積み上げることが解決の近道である。本書はこれを考えるためのヒントを、様々な研究事例を通じて提示するものである。

［鈴木康弘・林良嗣］

第2章 レジリエンスを回復・向上させるための戦略

1 レジリエンス回復・向上とは

今日、気候変動および地殻変動などによって、自然災害リスクは高まってきている。一方、それを受ける側の社会は、我が国では人口減少・少子高齢化の進行とそれに伴う経済非成長により、脆弱化の一途を辿りつつある。レジリエンスとは、こうした自然の激甚化と社会の受容性の低下のミスマッチの問題としてとらえることが重要である。

例を挙げれば、地震、津波、洪水などの大規模災害を被り、そこから回復できず、村を放棄せざるを得なくなった例は過疎地で従来から見られる。これは、村の家屋や、そこに通じる道路や水道などのインフラが甚大な物理的被害を受け、復旧にかかる財政負担をする余力がないという理由だけでなく、住民が高齢化し、コミュニティの絆も弱くなったために、この事態を受容して回復する力、すなわち、レジリエンスが低下してしまった結果でもある。

このミスマッチを放置すれば、ギャップが過疎地に限らず国土のいたるところに広がっていき、災害に瀕した時に回復できない地域が増えていく。耕作放棄地ならぬ居住放棄地が都市や農村を次々と侵食していく。近未来世代がこのような著しい困難に遭遇する可能性を否定できない。この困難は、人々の幸福（Quality of Life: QOL クオリティオブライフ）の低下をもたらす。巨大災害時の最悪の事態は命を失うことであり、これはQOLの喪失と表現できる。レジリエンスの回復および向上は、災害に際してQOLを喪失させず、低下したQOLを早期に回復させることである。このことは、図1のように、綱の上を歩いて谷を渡る際、長い棒を持つことによって、ひっくり返りそうになっても、復元力によりバランスを回復する力に例えられる。

東日本大震災では、津波によって平地に住む多くの人命が失われた。岩手県宮古市田老地区では、新旧2本の高さ10メートルの大堤防があったが、湾口から襲った津波に対して斜めに造られていた旧堤防が残り、直交方向に造られた新堤防は木っ端微塵に破壊された。この例に見るように、大きな外力を受けて破壊された後の復元力のみならず、あらかじめ、津波を躱《かわ》すように設計して致命的な破壊を受けないことも、レジリエンス確保の大きな要素となる。綱

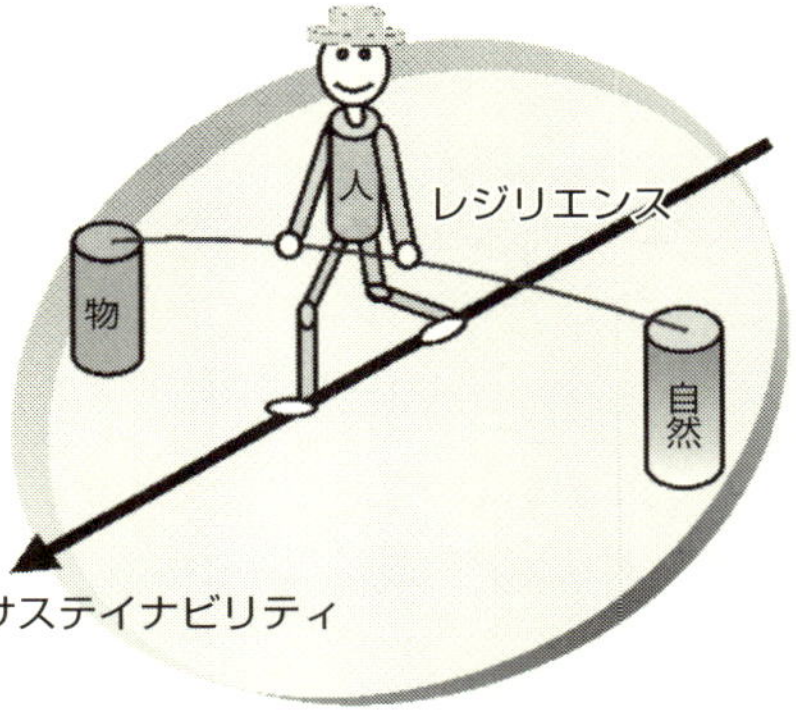

図1　レジリエンスとサステイナビリティ

渡りの図で言えば、真横から風や波をまともに受けないように、谷に対して綱の方向を注意深く定めることである。

レジリエンスはこのように、ある止まった位置で短時間でのとっさの回復のしやすさを意味する。これに対してサステイナビリティは、綱の上のある位置でバランスを失わずに復元可能であれば次の一歩、また次の一歩と踏み出せる、長期的な動的（直前の状況に依存して次の状況が決まる）安定性のことをいう。

気候変動への対応については、その原因である温室効果ガス排出の削減への国際的、国内的対応が必要であることは論を待たない。しかし、現実はどんどん増加していく方向にある。また、地殻変動は、低頻度であるが大きな地震や津波をもたらす。こうした気候変動や地殻変動による巨大災害リスクに対応するには、強い外力をインフラで防御する緩和策だけでは不可能であり、土地利用で賢く対応する適応策が重要となる。このように、従来型の直接的な防災対策だけでなく、社会全体のシステムの中で、災害からの回復力をいかに高めるかがレジリエンスの本質である。

具体的に、レジリエンスを回復・向上させるための戦略はいかにあるべきか。著者らは表1のキーワードを挙げている。次節以降において、キーワードごとに具体的な事例を示しながら、レジリエンス回復の戦略が示されることになる。

［林良嗣］

表1　本書が主張するレジリエンスを回復・向上させるための戦略

［東日本大震災の教訓から］
東日本大震災の被害と混乱から学ぶ
津波被害アーカイブから防災設計のあり方を学ぶ
津波遡上地図から「想定力」の重要性を学ぶ
失ったストックに注目して災害予測をイメージ化する
［伝統知や地域特性の理解］
土地の脆弱性を賢く考慮する
伝統的木造建築の復元力を維持・向上させる
民族の伝統知に学ぶ
海外の被災地に学ぶ
メガシティの交通渋滞の空間伝播に学ぶ
［重要な概念およびビッグデータの活用］
レジリエンスの向上をQOLで評価する
自然災害リスク認識のためのプラットフォームを確立する
居住地域のコンパクト化により財政の健全化を図る
マイクロジオデータによる被災リスクや地域対応力の定量化
スマート・シュリンクをキーワードとしたレジリエントな国土デザイン

2 東日本大震災の教訓から

1 東日本大震災の被害と混乱から学ぶ

津波災害の根本原因は想定以上の大きさの津波であることは言うまでもないが、一方で成長期における都市化のあり方にも起因している。その土地が有するハザードを理解しないまま、あるいは、防潮堤などのハザードの制御を過信して、リスクのある土地に市街地、集落をつくり上げてきた。今回の災害は、近代化の過程における自然環境と人間の暮らしの関係性を根本的に問い直している。「自然環境の中で生かされている」という生き物としての当たり前の感覚に立ち戻り、自然災害リスクを制御しながらも共生するという意識に立つべきであることを改めて認識する必要がある。土地が有するハザードを理解し、ゼロリスクは存在しないとの前提に立ち、自然災害リスクと賢く共生することを考える必要がある。

東日本大震災では、災害対応、復興において混乱が生じた。災害対応における主因は、対応ニーズが対応資源をはるかに上回ったことであるが、むしろ対応資源の側の「余力」に焦点を当てるべきである。システムの信頼性を高めるためには「冗長性（リダンダンシー）」が不可欠である。換言すれば、平時には一見「無駄」だが、災害時には重要な役割を担う「社会の余力」である。例えば、ぎりぎりにまで効率化された流通システムがガソリン・物資不足を生み出す要因となった。直後の道路啓開の実働部隊である地元建設業者は疲弊し、従事者数は単調減少にある。次の災害に向けては、平時に「余力」を上手に抱えられる社会システムを構築できるかどうかが重要な論点である。

復興における混乱は、復旧・復興システムの不備が起因している。現在の社会システムが右肩下がりの時代、超広域性、超壊滅性という今回の災害の特徴に基本的に対応していない。成長から成熟、そして縮小の時代へと日本社会は過渡期にある。土地区画整理事業や再開発事業にみるように多くの社会システムが未だ右肩上がりの時代を前提とし、右肩下がりへの対応を模索しながら災害復興を進めている。地方分権の流れの中、被災自治体主体で復興が進められているが、津波からの安全の絶対的確保、5年間という復興事業の制限時間、縦割り型の復興事業手法といった様々な制約の中、着実に成果はでているものの、総合的、かつ、円滑な復興の実現に向けての課題は多い。次の災害に向けた教訓としては、災害対応に備えた準備計画があるのと同様、復興に備えた復興準備を行う必要がある。事前に復興状況を想定し、復興課題を理解し、時代の変化に即した施策を事前に検討しておくことが不可欠である。次の災害復興に向けて当たり前の防災対策として行政計画の中に復興準備を位置づけていく必要がある。

被災地では、多様な取り組みが進められている。市民レベルでの工夫のある取り組みも見られる。その中には、今後の時代を先導する地域づくりの新しいモデルの種を見出すことができる。そうした種を育むために専門家としての支援を行うとともに、他の地域の防災減災対策や本格的な人口減社会への対応方策の方法論として一般化させていく必要がある。例えば、津波被害が想定される低平地の土地利用のあり方は、市街地の撤退の方法論と類似性があるかもしれない。都市化の時代において都市が抱える自然災害リスクは高まってきたが、都市化の時代の教訓をふまえ、自然災害リスクを低減するよう将来ビジョンを描くとともに、その方法論を構築していく必要がある。

［加藤孝明］（第3章1参照）

2　津波被害アーカイブから防災設計のあり方を学ぶ

自然災害の多い日本において、激しく変動する自然と適切な距離を保ちながら安全な社会を形成することは本質的な課題である。一方で、2011年東北津波や2013年伊豆大島豪雨災害、2014年広島土砂災害など、計画規模をはるかに超える自然現象が頻発しており、社会のレジリエンスを向上させる方策についても、新たな概念整理が必要である。

津波災害に関しては、従来は、実際に観測された津波の水位をもとに、地域の既往最大水位を決定し、これに対して陸地への氾濫被害を防止する海岸堤防などの構造物が計画されてきた。さらに構造物による防護のみでは津波対策は困難であることは古くから認識されており、構造物による対策と避難を中心とする対策とを組み合わせることにより、総合的な津波防災対策が策定されてきた。このような状況のなかで来襲した２０１１年東北津波は、各地で既往最大値をはるかに超える高さの津波が来襲したため、従来の既往最大水位に基づく計画策定は非現実的であった。さらに、避難計画の具体的な目標が市町村ごとにまちまちであったことも混乱を招くこととなったため、レベル１、レベル２の二段階の津波設定を導入することとなった。すなわち、数十年から百数十年に一度の頻度で発生する津波をレベル１津波として設定し、堤防などの防災構造物の設計にはこれを用いる、さらに低い頻度で発生する最大クラスの津波はレベル２津波として設定し、これを用いて避難計画などの減災設計を行う、というものである。

二段階の津波規模の導入は、津波対策の制度設計が防災から減災に本格的に移行したことを意味している。堤防などにより陸地の浸水防止を図る「防災」では、人命と資産を防護する対策が中心となるが、市街地への氾濫を想定したうえで被害軽減を図る「減災」では、人命の損失を回避し、資産への被害を軽減する対策が推進されることになる。防災計画においては、堤防と町づくりを分離して設計することも可能であるが、減災計画では、堤防の構造と町の構造とがお互いに関連しながら被害に影響するため、堤防と町づくりを分離して議論することは困難となる。例えば、来襲する津波規模が同じであっても、高所に移転しやすい地区と移転が困難な地区では、土地利用と合わせて議論することにより、堤防の計画手法に違いが生じることもあり得る。また、津波などの水害では、短時間に被害が発生する地震動による被害と比べて、避難に充てられる時間が比較的長いため、その間の人々の行動が被害軽減の本質となる。すなわち、水害の「減災」では、災害に対する住民個人レベルでの熟度を上げることが減災の成否に大きく影響することとなる。計画論では、レベル１津波による防護とそれを超える規模の津波に対する被害軽減を最適なバランスで組み合わせることで総合的な減災が図られることとなるが、津波来襲の現場では、これから来襲する津波がレベル１相当なのかレベル２の規模なのかは詳細には判明せず、不確実な情報のもとで個々人が適切な避難行動を取ることが求められる。

津波情報アーカイブスは、津波の痕跡記録を中心として、被害の状況を正確に記録し、これをＷｅｂＧＩＳのシステムとして公開することにより、ユーザが直感的に津波の特性と被害状況を把握し、個人レベルでの津波対策の熟度を向上させるものである。堤防と町づくりを統合的に議論する減災設計では、多分野にわたる専門家が議論するための共通のプラットフォームとしても活用できる。さらに、このような場を通じて醸成された減災意識を地域コミュニティの財産として長期にわたって継承する仕組みを作るうえでも、正確な情報を確実に保存できるアーカイブスシステムは、沿岸域に人口と資産が集中する我が国のレジリエンスを向上させる貴重なツールになることが期待できる。

［佐藤愼司］（第4章2参照）

3　津波遡上地図から「想定力」の重要性を学ぶ

津波から命を守るために、災害伝承が重要であることはかねてから指摘されてきた。岩手県宮古市重茂の姉吉地区には、集落の外れに高さ2メートルほどの苔むした大津波記念碑が建てられている。そこには「明治二十九年にも昭和八年にも津波は此処まで来て部落は全滅し、生存者僅かに前に二人、後に四人のみ、幾歳経るとも要心あれ」「高き住居は児孫の和楽、想え惨禍の大津波、此処より下に家を建てるな」と刻まれていた。これは過去の津波の教訓を「此処」だと特定して語り継いだものだが、今回の津波もこの地点近くまで押し寄せた。その標高は今回の津波遡上高のうち最大の38メートルだった。住民は教えを守り、石碑より海側には住居を構えていなかったため被害を避けることができた。

他の地域では、過去の津波よりも高い場所まで遡上した例もあるため、石碑の効果を一概には評価しづらいが、「これより下はだめだ」という教えは間違いではなく、これほど明快な災害教訓はない。津波に関連する高さ（＝標高）には様々なものがあり、①海岸線における津波の高さ、②浸水範囲内の各地で確認される浸水高、③遡上限界における遡上高などがある。このうち、災害教訓により語り継がれるのはほとんどの場合、遡上高およびその位置である。

我々、日本地理学会の検討チームは、地震直後に国土地理院が撮影し、公開した航空写真を用いて遡上ラインを地図化した。国土地理院から高解像度画像を提供してもらい、これを拡大し、実体視（3Dの立体画像化）して膨大な作業時間をかけて遡上限界を丹念に追った。遡上限界線と国土数値情報を重ねると遡上高も計測できるため、遡上高の分布地図を作成した。地震後の3月末には地図をネット公開し、その後、3年かけて精度を上げ、最終的に1万分の1の地図スケールに耐えられるようにした。

これらの地図は、災害直後は各地の被災状況の把握や、救援活動の拠点配置・活動計画の立案等にも使われた。その後は、過去の災害との比較、失ったストック（Lost Material Stock）量の算出、人的被害分布の検討等に使われ、やがて防災教育教材として引用された。今後は、被災地ごとで災害教訓を正確に残すことに役立つはずである。

さらにもうひとつ重要なことは、今回の震災が提起した「予測の不確実性」という問題を具体的に考える材料になるということである。遡上高は場所ごとで大きく異なり、また、過去の地震時のものと比較しても複雑な関係があった。その理由は、地震の度に震源断層（＝津波波源）が変化し、その影響で津波遡上が大きく変化したことにある。こうしたことを丁寧に考えることで、予測は何通りもあることがわかる。そして、予測結果を示したハザードマップは重要であること理解した上で、ひとつの想定だけを盲信してはいけないことが納得できる。こうしたリスクコミュニケーションを十分行うことが、「想定外問題」を繰り返さないために重要な科学的方法であろう。

「想定外」や「安全神話」はレジリエンスの最大の敵である。心構えがなく、寝耳に水の災害に遭遇すると容易に回復できない。２０１１年3月に日本中が衝撃を受けた理由は、まさにこれだった。災害教訓を語り継ぐ際、ただ事実を伝えるだけでなく、どうしてそうなったのかも合わせて伝えていく。そして不確実性も含めた災害予測を受容することが、「想定外」回避につながり、レジリエンスを向上させることにつながるはずである。

［鈴木康弘］（第4章1参照）

4　失ったストックに注目して災害予測をイメージ化する

被災地域の社会活動の再建・復興と建築物やインフラの整備は強く結びついており、被災前の状況と比較しつつ、将来を見据えた適切な復興計画が求められる。人々の営みを支える都市機能の回復には建設資材をはじめ莫大な物質が必要となる。セメントや鋼材に代表される建設資材の生産にはエネルギー消費やCO_2排出が伴い、整備した施設の維持・更新のためには当該自治体の将来的負担についても考慮する必要がある。社会基盤施設や建築物等として蓄積する建設資材（マテリアルストック）の質・量と、その施設が社会にもたらす効用（サービス）を明らかにし、コスト効率、生産効率、環境効率といった様々な側面から高い効率のストックを長期間維持することが、長期的なサステイナビリティを高めるためには重要である。

社会基盤施設や建築物は、個々の施設が形成するネットワークがサービスを発生する。例えば、目前に道路や上下水道を建設するだけでは全く意味を成さないように、被災時にも一部の道路が寸断されると関係する道路網はそのサービスを失ってしまう。建築物でも同様で、津波で上部構造が流され、基礎などの下部構造だけ残っていても、それらは全くサービスを発生することができない。このように、災害によって機能を喪失する蓄積物質〝失ったストック（Lost Material Stock）〟を定量的に把握し、イメージ化することは、被災後のレジリエンスを高める具体的な復興計画づくりのためには有用であると考えられる。

ここでは、失ったストック（Lost Material Stock）を、何らかの被害により本来提供すべきサービスを失った構造物の物質重量と定義する。失ったストックを推計するメリットは、①被災前に当該地域が有した社会活動量を回復するために、元々どの程度の建築物およびインフラに支えられていたか、復興に向けた資材必要量のベースラインを示すことが可能になる、②被災前の建築物とインフラ（道路）を対象に、構成していた資材の量と質について地域の分布を地図で示すことができる、③地上と地下といった垂直位置での分類にも対応可能であるため、被災後に残存しているストックを示すことができ、被災前と同位置に残存基礎を共有して住宅等を建築する場合の建設資材の回避量を検討することができることである。

東日本大震災による失ったストックは、国土基盤情報や津波被災地図、および住宅地図データ、道路ネットワーク等のビッグデータから推定可能であり、震災復興のあり方を議論する上で有効である。さらに、南海トラフ地震によっても、サービス機能を失う建築物や社会基盤施設が発生することが予想される。被災後の迅速な復興のためには、災害によって発生する失ったストックとその分布をあらかじめ予測しておくことが必要になると考えられる。また、資材別での発生量を把握することで、それらの適切な処理や再利用を促すことが可能になり、レジリエンスおよびサステイナビリティを高める事前対策および事後対策のあり方を議論できる。

こうした失ったストックをはじめとする各種の検討データが社会に提供されることは、様々な角度からの社会的議論を促す。その公表システムの一例として"Map Layered Japan"（4章参照）がある。

[谷川寛樹・杉本賢二]（第4章3参照）

3 伝統知や地域特性の理解

1 土地の脆弱性を賢く考慮する

厳しい風土に暮らす日本人は、これを克服するための技術開発に鋭意努力し、幾多の課題を解決してきた。しかし、災害予測や対応技術には限界は必ずあり、無理をしないという賢い選択も必要である。これは東日本大震災から学ぶべき重要な教訓の一つであり、重く受けとめなければ被災者に報いることはできない。

経済合理化を追及しすぎて余力がなければ、かえって危険になる。これは最近30年近く、日本社会のあらゆる場面で常識的に行われてきたことである。経済効率優先の考え方がレジリエンスにとっては最大の敵にもなりかねない。しかし、政府が掲げるナショナル・レジリエンス（国土強靱化）は、経済社会システムを守り経済成長の一翼を担うことを理念としている。災害に対する国防的観点からすれば経済力は重要な指標であるが、レジリエンスにとってマイナスになり得る経済合理化との兼ね合いを明確にしないと齟齬が生じる可能性がある。「強靱化」という表現もレジリエンスの概念に合っていないようにも思われる。

福島第一原発の敷地内に津波が遡上することを想定せず、フェイルセーフ機能がなかった。これを繰り返さないように悔い改めるべきであることは論を待たない。「計算上大丈夫」だから「大丈夫」と言い張ってはいけない。原子炉直下に活断層があっても「計算上大丈夫」という主張が繰り返されることは理解できない。これは一例に過ぎず、「計算上安全」は社会的判断の合理性の根拠の一つにはなるが、どこまで「責任」を負えるかは考える必要があろう。

レジリエンスを回復させるために重要なことは、どんなに条件が悪い場所でも技術力で克服してそこに何かを建てるという発想は止めて、安全性が高い場所を選ぶ努力を惜しまないことである。かつての経済発展至上主義の時代には「君子危うきに近寄らず」の考えは取られなかったが、安定成長期を迎えた今こそ抜本的に正すべきである。難航する低頻度巨大災害への対策の第一は、安全性の高い場所を選び、そこに重要なものを集約させることである。

教育改革の議論の中で、「生きる力」を回復させることの重要性も指摘されている。それはまさに「自然を察知する能力」や「土地を見る能力」であり、こうした能力が国民一般に高まれば、自ずとレジリエントで合理的な国土デザインは実現できる。

安全な土地を知るためには、過去の災害を知って危険な条件を知ることである。土地条件データや過去の災害教訓はそのためのものである。近年は国土地理院の「地理院地図」等のウェブページが様々な地理情報を公開している。「土地を見る力」はすなわち自然と共存して生きる力であり、その個人差によって国民のレジリエンスの格差は広がるかもしれない。その全体的なレベル向上こそが我が国のレジリエンスを回復させる鍵であり、教育が担う役割は大きい。

［鈴木康弘］

2 伝統的木造建築の復元力を維持・向上させる

急峻な地形と乏しい資源、加えて自然災害の多発する我が国の脆弱な国土において、人＝技術力によって強靱なシステムがつくられてきた。

戦後の加速度的な経済成長の中で、ハードなインフラは国土の隅々まで整備された。物流網が整備されると同時に、早く、安く、大量に供給できる産業化住宅が普及し、小さな圏域で完結していた地域の自給自足的な住宅生産のシステムは瞬く間に弱体化した。大きなネットワークに依存することで、地域で生き生きと活動していた人々の姿は失われていった。かつては、木材だけではなく、土、わら、等の主要な材料が、地域の一次産業（林・農業）から供給されていたが、現在はどの地域でも、工業材料の組み合わせでつくられた家々が建ち並ぶ。住宅をとりまく様相は、工業偏重で歩んできた日本社会を端的に表している。

日本らしいレジリエンスの達成のためには、都市と地域のコンパクト化によって大きなネットワークを強化するとともに、地域の特性に即した小さなネットワークを保護・再生していくことが肝要である。景観や文化といった日本の魅力は、小さなネットワークの中で醸造されてきたことを忘れてはならない。さらに、都市と地方という二項対立で議論を終始させるのではなく、都市と地方が互いに補完しあう中規模のネットワークについても考えていくべきである。膨張しつづける成長期の都市に不足していた労働力と材料は、農村部が延々と供給し続けてきた。別の見方をすると、深刻化する職人不足や材料自給率の低下は、農村部が脈々と育みつづけてきたストックをついに使い切ってしまった末に顕在化してきた問題であるともいえる。

木造住宅生産の現場では、地域産材の見直し、川上川下の生産者の連携を強化させる取り組みが各地で進んでいる。しかし小規模な生産者の繋がり故、地域内で完結してしまっているものが多い。消費者としての都市において、地方を育むという意識を醸成し、材料の流通、人の流れをよりダイナミックに再生していくことが求められている。

［川添善行・吉武舞］（第3章2参照）

3　民族の伝統知に学ぶ

経済効率を優先してきた日本の社会は、自然災害と原発事故によって脆弱性を露呈した。サステイナビリティは、短期的な効率よりも長期的観点から豊かで安定した社会を志向する概念であり、自然災害など急激な変動に対する柔軟性や復元力を意味するレジリエンスと、根幹においてつながっている。

牧畜をいとなむアンデス、ヒマラヤ、モンゴルなどの民族の暮らし方はサステイナブル（持続性が高い）である。たとえば、アンデスの人々は多くの種類のジャガイモを栽培してきた。一種類だけを作るほうが生産効率は高いが、天候不順や病虫害のリスクが高い。中には、野生のジャガイモに近く、青酸性の毒を持ち、苦くてそのままではとても食べられない種類もある。しかし、そのジャガイモは寒さに強く、虫もつかない。人々は、昼夜の寒暖差を利用して凍結乾燥加工により毒を抜き、「高野豆腐」のようなチューニョと呼ばれる保存食にして利用してきた。モンゴルの遊牧民は必ず五畜（羊、山羊、牛、馬、ラクダ）を飼う。それぞれに利用価値があるためでもあるが、家畜によって食べる草が異なるため、草原の草を万遍なく利用し、草原の劣化を防ぐことができる。また、ゾド（寒雪害）等の場合に全ての家畜を失うリスクを回避するという意味もある。

単一の作物や家畜を大規模に飼育するモノカルチャーの方が効率的で、先進国はみなその路線で突き進んできた。何事もない平穏な時にはこれが富を生むが、災害や疫病や事故などがひとたび起きれば極めて危うい。偏りすぎればレジリエントではなく、立ち直れなくなる。一時的な富よりも長続きする暮らしの智恵がサステイナビリティであるが、それは環境の激変に対する柔軟性としてのレジリエンスと大きく重なっている。経験から培われた伝統知が、長期にわたり人々の暮らしを支えてきた。私たちはそのことを再評価すべきである。

アンデスの古代遺跡や伝統的な集落では、地震などの災害に強い構造をもっている。しかし、スペインによる征服以後の建築物や都市は地震に脆く、最近の地震の際にも大きな被害が発生している。さらに、征服とその後の長い植民地時代の負の遺産を引き継ぐペルー海岸地域の都市部では、直接的な地震被害を受けるだけでなく、被災後に略奪が起こるという社会的脆弱性もある。貧富の格差や政治への不信などが背景にある。

レジリエンスとサステイナビリティは相互に連動しており、それらの視点から異文化社会の特質を見ると、我が国の近未来社会のあるべき姿の構想に役立てることができる。技術的な面だけでなく、社会的文化的な側面にも目を向けることが大切である。

［稲村哲也・石井祥子］（第3章5・6参照）

4　海外の被災地に学ぶ

２０１１年東北津波による甚大な氾濫災害を受け、我が国では発生頻度の異なる二段階の津波の概念が導入された。これにより、数百年から数千年の頻度で発生するレベル２の津波に対しては、海岸堤防などの防災構造物を越流し氾濫することを前提として、氾濫域での総合的な減災設計を進めていくことの重要性が明示された。このような巨大水災害に対する氾濫域でのレジリエンスを向上させていくためには、氾濫域における水理特性を可能な限り正確に把握したうえで複合的な災害要因も含めた様々なリスクを想定し、それら一つひとつを低減するための効果的で実践的な対策を重ねていくことが重要となる。また様々なリスクを漏れなく想定するには、過去の大災害事例の蓄積が必要不可欠であり、海外における被災事例を調査しその特性を把握することは、被災国だけでなく、我が国における減災策の向上にも大きく貢献するものである。特に沿岸部において防護構造物の整備が進んでおらず、かつ、沿岸部に人口が集中するアジア諸国では氾濫被害の事例も多く、特性把握とリスクの想定に極めて有用な基礎情報を与えることが期待される。

２０１３年11月にフィリピンに来襲した台風30号（ハイヤン）による高潮・高波災害では、サンペドロ湾奥で増幅した高潮に加え、同時に来襲した高波と暴風によって沿岸域の被害が著しく増大した。現地でのヒアリングを含む被害調査や数値モデルによる再現計算等により、(1)サンペドロ湾では地形的な特性により、強大な台風が来襲しても大規模な高潮氾濫が長期間にわたって発生しておらず、現地住民の慢心を助長したこと、(2)氾濫時には高波も同時に来襲し、水位が複数回にわたって上昇したことにより、避難先で波にのまれた被災者も多く存在したこと、(3)外洋に面しサンゴ礁に守られた東サマールでは、高波の来襲に伴いこれまで経験のなかった水位上昇がサンゴ礁の上で発生し被害が増大したこと、(4)各地域における対策は最小自治単位であるバランガイ毎に大きく異なり、一斉避難をしなかったバランガイでは、多くの住民が家財の盗難を恐れて避難しなかったことなど、様々な特徴が明らかとなってきた。近年の被災事例では、現地証言に加えて氾濫域における動画を含む様々な画像データが記録されていることも多く、これらのデータを蓄積し、氾濫域における被害特性の理解を深め、各地域における総合的な減災設計に活用していくことが重要である。

［田島芳満・下園武範］（第3章3・4参照）

5　メガシティの交通渋滞の空間伝播に学ぶ

１９９０年代のバンコクは、未曾有の超渋滞（hyper congestion）に見舞われた。タイ経済は87年から89年にかけて年率10％以上の成長を遂げ、人口当たりの乗用車保有率も88年に１５３台／千人だったのが95年には２５０台／千人へと急激に上昇した。しかし、これに対して道路はほとんど整備されないままであった。

92年から始まったＪＩＣＡの鉄道と都市の一体開発プロジェクトで調べたところによれば、1日の平均通勤時間が8時間を超える人が全通勤者の10％に達した。深夜から明け方にかけては、交通量は少ない。しかし、夜が明けると次第に交通量が増し、交差点に進入してくる直進車、右左折車、直角方向の車群が動けなくなって、いわゆるGrid-Lock（寄木細工のようにがっちり組まれて動かない）状態に陥り、渋滞長が次の交差点を通り過ぎて延び、その交差点も身動きがとれなくなる。そして、あたかも水が氷点下になると氷の結晶が次々と伝播して拡大していって元に戻らない不可逆現象が、道路ネットワークで起こる。90年代のバンコクでは、これが早朝に始まり夜遅くになるまで戻らないという、レジリエンスが完全に欠落した状況が年中継続していた。１９８０年代半ばには時速20キロであった市内幹線道路の表定速度が、90年初頭には時速6キロ程度と、平均して徒歩と同程度の速度にまで落ちた。

90年代初頭のバンコクで常識となっていたのは、会議の開始時間に何人が集まれるか見当がつかず、午前と午後の2つの会議を予定することはできない、ということであった。超渋滞とは、渋滞が2次元空間的に伝播していき、今日は1時間で移動ができた2地点間に、明日は3時間かかるかもしれないという、不確実性である。

これを個々の交差点の問題として捉えていては、問題の解決にならない。カメラを上空に引いて、都心からどの方面のどの距離帯の道路の容量が足りないのか、また、道路のみならず、大量輸送機関としての並行する鉄道が機能しているか、などを大局的に点検し改良する必要がある。

99年にスカイトレインが開通し、その後13年間に、地下鉄、エアポートリンクなどの新しい鉄道が次々と開通して総延長は84キロメートルに達し、都市内旅客交通の基礎部分を輸送するに至った。この間の東京圏の鉄道新線整備が

50キロメートルにも満たないことからも、大きな変化であることがわかる。バンコクにおける鉄道輸送のシェアは、１９９８年には１％にも満たなかったものが、２０１３年現在で５％に上昇した。これは、東京圏に匹敵する密な鉄道網を有する大ロンドン圏の鉄道シェアが10％であるのと比べれば、開発途上国の大都市圏としては優れた値を示していることがわかる。

こうしてバンコクでは、全く新しい概念の都市鉄軌道システムが整備された。これと期を一にして、都市高速道路と外郭環状道路渋滞が緩和されて、２０１０年には市内幹線道路の表定速度が時速16キロにまで戻った。都市鉄軌道システムに乗用車保有層が転換し、都市高速道路に地上交通の一部が転換し、そして、外郭環状道路に市街地を通り抜けていた貨物交通が転換して、究極の大渋滞から抜け出した。このように、それぞれの交通に２つ目の手段や経路のオプションができたことによって、渋滞が空間的に伝播して全域の麻痺を引き起こすメカニズムが解消され、レジリエンスを回復した。

［林良嗣］

4 重要な概念およびビッグデータの活用

1 レジリエンスの向上を「Quality of Life（QOL）」で評価する

本書における最重要のキーワードは「レジリエンス」と「サステイナビリティ」である。ところが、従来これらの言葉は往々にして概念的な使われ方をしてきており、国土・地域を対象にそれらを定量評価することはあまり行われていない。そこで本書では、各個人の幸福度を表すQuality of Life（ＱＯＬ：生活の質）を定量評価し、それを用いて社会のレジリエンスとサステイナビリティを定義する方法を提案する。

ＱＯＬは、あらゆる要素から構成される生活環境の中で生活する個人の、生活環境に対する主観的な認識である。したがってＱＯＬ指標は、生活環境に影響を与える様々な構成要素を説明変数とする関数と考えることができ、関数形はその個人の価値観を反映する。ＱＯＬ関数は当然人によって異なるが、個人属性や属する世代、そして時代の状況に影響を受け、カテゴリー化できると考えられる。一方、地域の様々な状況や施策による変化はＱＯＬ構成要素を左右する。ここでは単純に、各構成要素がＱＯＬ向上に寄与する量を合計してＱＯＬ値が得られるものと考え、属性カテゴリーによって各構成要素の寄与度（重み）が異なるものと考えて定式化する。

ＱＯＬ値自体は長期的に上昇していくことが望ましいが、一方でＱＯＬ確保のために資源消費や環境負荷が必要となり、地球の環境容量を減耗させることや、生活環境を維持充実させるための様々な費用がかかることを考慮しなければならない。過度な資源消費や環境負荷・費用の発生は将来世代への負担となり、将来世代がＱＯＬ値を上昇させる機会を奪うこと、すなわちサステイナビリティの低下にほかならない。したがって、サステイナビリティは、ＱＯＬを保つために必要な資源消費・環境負荷・費用投入の量を低くするほど高くなると定義できる。

一方、巨大災害が発生すると、被災地においては死傷者が発生するとともに、生き残った人々も生活環境の悪化に苦しむこととなる。これは災害によって家屋・インフラ・施設が使用不能となることが原因である。この生活環境悪化もQOL値の低下という形で定量的に表現できる。そこで、QOL値の低下割合が小さく、また元のレベルへの回復が早いこと、すなわち、QOL値低下の時間積分値が小さいほどレジリエントであると定義するのである。さらに死傷者が少ない（正確には、ケガについてその重度・期間に応じて余命が減少すると考え、死亡と合わせて計算される総損失余命が少ない）ことも合わせて、災害に対するレジリエンスの指標が定量化される。なお、平常時のQOL関数は補償型、すなわちある要素が低いことを他の要素が高いことでカバーできると考えられる。しかし巨大災害においては、例えば水や食料がないとか、医療サービスが受けられないといった、生命保持を脅かす要素がある場合、いくら他の要素が高くても埋め合わせることができないため、QOL関数は、必須の要素が満たされていなければゼロとなってしまうような形（これを非補償型という）をとることに注意が必要である。

このように、資源・環境・費用（財政）の制約のもとで、QOL値が長期的に安定もしくは漸増することをサステイナブル、巨大災害によって失われる余命やQOL値の合計が小さいことをレジリエントと定義し、QOL指標が生活環境や災害対応力によってどのように変化するかを定式化しておけば、様々な施策によるサステイナビリティやレジリエンスの向上を評価することができる。さらに、地域におけるレジリエンスに関する目標値（安全度）を定め、それを確保するために必要な施策を検討することも可能となる。このような国土評価手法は、ここまでに述べたあらゆるデータを総合的に活用して初めて構築できるものであり、レジリエントでサステイナブルな国土を築くためには必要不可欠である。

［加藤博和］（第4章4参照）

2　自然災害リスク認識のためのプラットフォームを確立する

東日本大震災を経験し、にわかに防災に対する社会的関心が高まった。高まること自体、好ましいことだが、一方で気になる雰囲気が感じられる。第一に「防災至上主義」とも呼ぶべき雰囲気である。未曾有の大災害を経験し、二度とあのような災害を繰り返してはいけないと感じる一方で、自然災害に対してゼロリスクは存在せず、さらに自然災害の中で多様なリスクに晒されて生活していることを改めて認識する必要がある。安全確保と同時にリスクを受容するという複眼的な志向が不可欠である。第二に、災害イメージが東日本大震災で現れた状況像に引きずられる傾向にある。過去の災害事例から学ぶことは重要ではあるが、学び過ぎることも良くないという意識が重要である。例えば、東日本大震災での首都圏の状況は、首都直下地震における想定される状況像とは異なる。次の災害では、未経験のことが起こる可能性があることを常に意識しておくことが重要である。過去の事例から学びつつ、潜在的に起こりえる状況を「想像」し、未経験の防災問題を発掘しようとする意識をもつ必要がある。第三に、ハード対策とソフト対策の適切なバランスでの併用、自助・共助・公助の適切な役割分担、災害時と平時の総合化、短期と長期的視点とのバランスなど、いろいろな側面でバランスが求められている中で、むしろバランスが崩れているようにも感じる。第四に、南海トラフ巨大地震の被害想定にみるように、内閣府や都道府県から公表される災害ハザード・リスク情報に過敏に反応しているように感じられる。そもそもハザード・リスク情報には、評価誤差、不確実性が本質的に内在する。丁寧に情報を読み取ることによって拙速な意思決定につながらないように留意する必要がある。

いずれに関しても自然災害ハザード・リスクに関する正しい認識が土台となる。ここでいう「正しい」とは、ハザードやリスクが本質的に含む不確実性、評価誤差の理解をも含むものであり、かつ、それぞれの生活、活動において実感をもって理解できるものである必要がある。自然災害ハザード・リスク情報は、与えられるものではなく、活用し、考えるためのものである。防災に関わるすべての当事者、すなわち、個人、地域社会、学校、企業、行政が自然災害ハザード・リスク情報に等しくアクセスでき、活用できる環境として容易にアクセスできる環境として「自然災害リスク認識のためのプラットフォーム」を確立する必要がある。これは、２００７年の学術会議の提言にある「安全安心社会の構築へのパラダイム変換」、「ハードとソフトの併用」、「災害認識社会の構築」、「防災基礎教育の充実」の実現に向けた近道でもある。

［加藤孝明］（第5章2参照）

3 居住地域のコンパクト化により財政の健全化を図る

レジリエンスが高いと言うことは、ショックに対して回復する能力が高いということである。人間の怪我で例えるならば、大怪我をした場合、基礎体力があり、きちんとした治療を受ける経済力があることが、怪我に対するレジリエンスが高いといえる。これを地域社会と災害に置き換えると、地域のハード・ソフト両面での備えがあり、復興のための経済・財政的裏付けがある、ということであるが、この条件が将来の我が国において、今のままの都市・地域の構造で実現できると考えている人はいないであろう。

地域のハード・ソフト両面での備えには、非効率なまでに拡大した居住地域をコンパクト化し、財政力と住民の相互扶助力に見合った防御エリアを設定していく必要がある。中山間地においては、母集落から1キロメートル程度はなれたところに、数世帯単位の小集落が点在している例が多い。今後の財政状況を考えると、数世帯単位の小集落に大規模なハード施設の整備は困難であるし、消防団、自主防災組織の高齢化や団員数減少などの状況を考えると、大規模災害時にこれら小集落にまで一斉に救護活動を展開することも困難である。都市部においても、多くの都市で戦後の都市人口増大に伴い、市街地縁辺部の多くが土砂災害に脆弱な地域に展開している。これらの地域が開発された当時よりも、現在の降雨強度ははるかに増大しており、今後もさらに危険度の増大が予想される。国土交通省によれば土砂災害危険箇所等は全国で52万カ所以上あり、今後も増大が予想される土砂災害に対しハード面で対応することは財政的にも技術的にも困難と考えられる。また、土砂災害は短時間の降雨で発生する場合も多く、予測も困難であり、避難等を的確に行うには課題が多い。

このようにハード・ソフト両面の防災対策だけでなく、都市・地域財政面でも現在の拡散・拡大した居住形態は問題が多い。道路、上下水道等の公共インフラは面的に整備され、居住区域内の人口が減少したとしても、維持管理・更新費用はほとんど変化しないため、人口減少により、現在居住区域のままでは将来的に都市・地域財政の健全性を蝕んでゆくことになる。一方で、将来発生する災害に対して復興、復旧を的確に実施するためには財政的裏付け、すなわち財政の健全性が必要である。財政問題には税制や社会保障等様々な要因があるが、都市・地域管理の観点から貢献できることは、居住地域のコンパクト化による財政負担の軽減が挙げられる。

集落の集約化、居住地域の集約化、公共施設の集約化は、地域の人々にとってメリットが見えにくく、また利害調整も膨大で、これまで推進することが困難であった。しかしこれからの災害外力の増大、人口減少による地域の維持コスト捻出の困難化等のなかで国土のレジリエンスを確保していくためには、これらは避けて通れない課題である。

［塚原健一］（第6章4参照）

4　マイクロジオデータによる被災リスクや地域対応力の定量化

我が国では近い将来に起こるとされている東海・東南海・南海の3連動の巨大地震をはじめとする大規模地震の発生によって被害が発生する可能性が、その大小はあるにせよ日本全国どこにでもありうるとされる。こうした背景から、日本全土を対象に大規模地震の発生に伴う広域災害発生時における被災リスクと初期対応力を、任意のスケールで定量的かつ高い信頼性をもって評価・比較できる環境を整備することは、大規模地震発生時の被害軽減に向けた防災政策の策定に貢献できる。

しかし現在行政が公開している地震被害想定や地震危険度に関する情報は、当該自治体に限定、即ち自治体単位で発表されている上に、町丁目やメッシュの集計データになっている。こうした現状の公開情報は、マクロで総量的なものであり、今日必要とされている広域災害への備えと身近な防災力の向上というレジリエンスな社会の実現という目標に対して、十分には対応できていないといえる。

こうした課題に対して我々ができることは何か。私達は日本全土をシームレスに、尚かつ建物が見えるスケールでその被災状況が推定できる空間情報プラットフォームを実現することが望ましいと考えた。そこでメッシュ単位や市区町村単位で集計された各種統計データの統計値を、建物単位のミクロなジオデータ（マイクロジオデータ）に確率的に最適配分し、建物毎の耐火性能、構造、築年代、居住者の情報などの推定を行う技術を開発した。本手法で得られた結果を現地調査等で収集した観測値と比較したところ、高い信頼性があることが認められた。また同手法を用いて災害リスクと災害への初期対応力評価のためのマイクロジオデータの整備を、日本全土を対象に実施した。対象となる建物棟数は約6000万棟にものぼる。これら全ての建物一棟一棟が耐火性能や構造等の様々な属性情報を持つジオビッグデータである。最後に将来発生すると予測される地震の確率論的地震動を本データに与えることで、その地震動に応じた被災状況の推定を行い、地域間の相対的なリスクと災害対応力の可視化を可能とする環境を実現した。

マイクロジオデータを活用することで、大規模地震災害発生時の被災リスクや地域対応力を定量的に評価することが可能になった。しかも日本全国の地域間比較をスケールシームレスに実現することができる。これらの結果は全国のQOL評価をしていく上で重要なファクターとなる。またひいてはレジリエントな日本を創生するためのベースデータの一つと位置づけられるだろう。

さらに今後こうした成果が適切な形で自治体、さらには地域住民に公開・共有されていくことで、マイクロジオデータは自治体による地域防災計画の支援というトップダウンなシーンから、地域住民による自身が住む地域の危険度と初期対応力の現状の把握と、それに伴う危機意識の向上、草の根的な災害への備えというボトムアップなシーンにまで活躍できる可能性がある。その結果、自治体と住民が一体となった形でのレジリエンス回復・向上につながっていくだろう。

［柴崎亮介・秋山祐樹］（第5章1参照）

5 スマート・シュリンクをキーワードとしたレジリエントな国土デザイン

社会基盤インフラ、土地利用、制度、情報などの社会基盤とそれらの相互連携が必要であることは言うまでもないが、レジリエントな国土（地域社会）のデザインにおいては、短絡的思考からの脱却が必要である。すなわち、津波の被害を受けないためには、海岸線に直線的な大堤防などの社会基盤インフラを整備すればそれで足りるわけではな

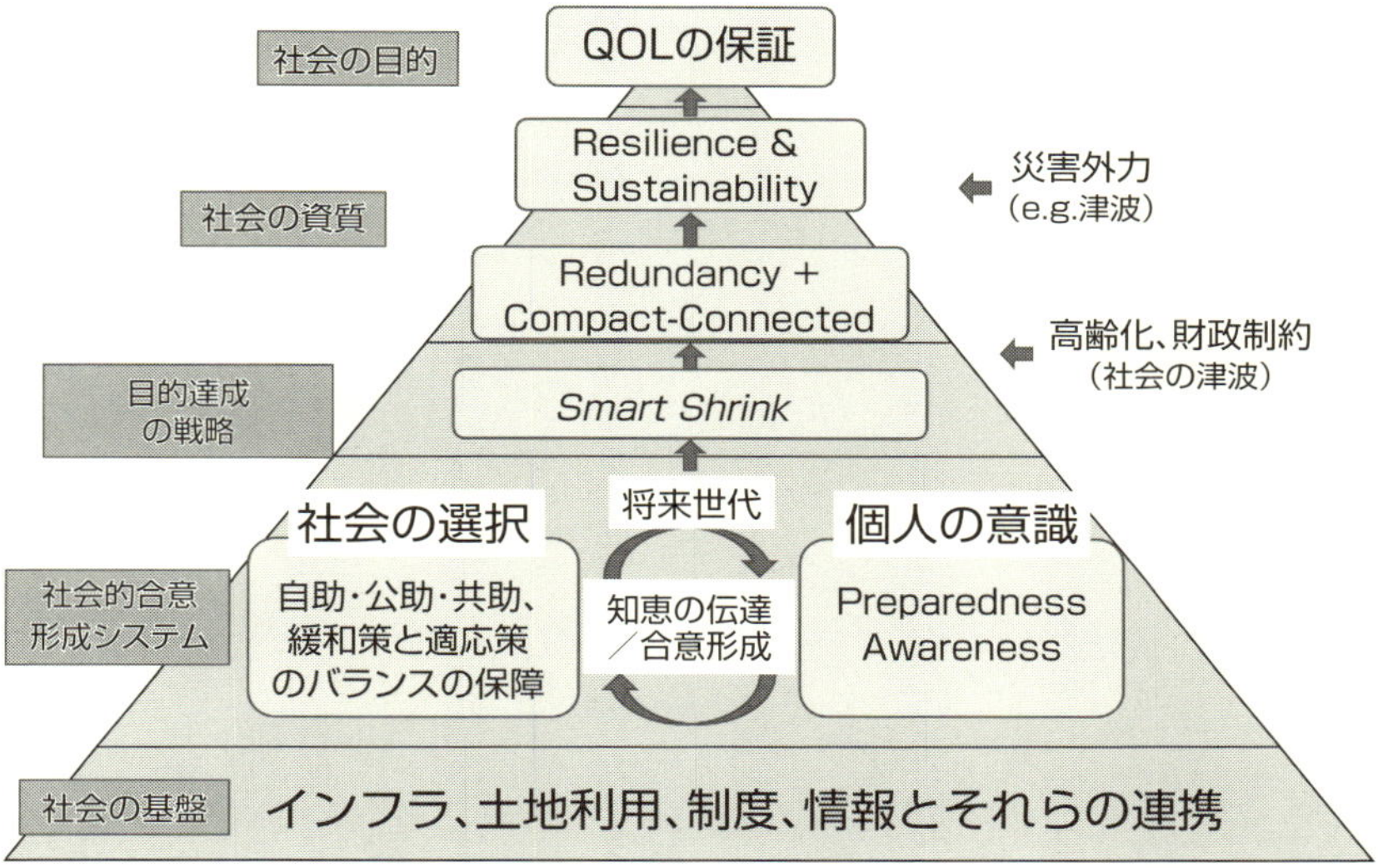

図１　社会の目的とそれを支える資質や戦略に関する階層的な思考

いことは明白である。東日本大震災の際、宮古市田老町では、住民が高さ10メートルの巨大防潮堤に安心しきってしまい、避難が遅れ、多くの犠牲者が出てしまった。今後の教訓のために敢えて厳しい言い方をすれば、気づき（awareness）と心構え（preparedness）が欠落していた。個人の意識が醸成されなければ、社会の適切な意思決定をすることは難しい。社会が目指す目的を確かめ、それを達成するための階層的な思考が必要である（図1）。

日本人の弱点として、レジリエントな国土を目指すという と、いわゆる狭義の防災対策にしか目がいかない。しかし、その目指すものが、「社会の目的」に適合したものでなければならない。すなわちレジリエンスを高める目的は個々人の幸せ（happiness）であり、それをここでは、ＱＯＬ（Quality of Life）ということにしよう。

ＱＯＬを維持し向上させるためには、社会の資質を養う必要がある。そのうちの最重要なものの一つが、レジリエンス（しなやかさ）である。この場合、レジリエンスとして重要なことは、まず、仮に地震や津波で幹線道路が途絶しても、代替道路が被害を受けずに残っているなど、インフラが持つゆとり（redundancy）である。そして、コンパクトな集落による絆の強さ（connectedness）である。

これらは、地域をレジリエントな社会にするための社会の資質である。これらの資質を備えるために有力な戦略は、スマート・シュリンクである。今後、自然の猛威は、地球温暖化によりますます大きくなると予想される。一方、日本社会は少子高齢化とそれに伴う財政力の低下により、どんどん脆弱になっていく。こうした中では、都市や農村の外縁部へ住宅などが無秩序にスプロール立地した状況を元に戻すことによって、居住範囲を縮め、近所の人の絆を復活することが重要である。また、不必要なインフラを排してリダンダンシーの確保に重点を置き替える。これがスマート・シュリンクの思想であり、それは丁寧に設計された（nested な）社会の運営により効果が保証される。

レジリエンスの概念を理解するためには、本章1節で述べたようにサーカスの綱渡りを想像すると分かりやすい。レジリエンスとは、短期のバランスの復元力のことである。ある時点において社会や自然がバランスを崩した時に、綱渡りでバランスをとるための長いバーを持っていれば、復元力は大きく、ショックに対してしなやかである。一方、各時点で安定したバランスが取れると、次の一歩が正しいものとなるが、サステイナビリティとは、その足場に依存した時間軸上での長期の動的安定性である。レジリエンスとサステイナビリティは、それぞれ、災害時などに短期的に落ち込んだＱＯＬを回復させ、長期に維持向上させる重要な両輪であるといえよう。

［林良嗣］（第6章参照）

第3章
レジリエンス喪失の事例

1 東日本大震災におけるレジリエンス喪失

1 東日本大震災の3つの特徴

東日本大震災は、未曾有の大震災であるといわれているが、その特徴は単に想定以上の津波による被害の大きさだけではない。都市のレジリエンスを考えるにあたっては、被害の様相、被害の量だけではなく、事後の災害対応や復旧・復興も含むシステムとしての地域の側から理解することが重要である。この観点からみると、東日本大震災の特徴を表すキーワードとして、時代の変局点を越えた時代の災害、超広域災害、超壊滅的災害の3つを挙げることができる。

第一の特徴は、災害の発生した時代である。今回の災害は、右肩上がりの時代はすでに終焉し、経済、人口ともに右肩下がりという新たなトレンドの時代において発生した点である。第二の特徴は、その広域性である。東日本大震災は、震源域の長辺約500キロメートル、被災エリア約700平方キロメートルに及ぶ、日本社会が初めて経験する超広域災害である。1995年の阪神・淡路大震災や1959年の伊勢湾台風は、甚大な被害をもたらしたという点では大災害ではあるが、今回の広域性に照らせば「点」のような災害とも言えるほどである。第三の特徴は、被害の壊滅性にある。東日本大震災では、津波によって、多くの集落、市街地においてほぼすべての都市ストック、都市機能が喪失した。1995年の阪神・淡路大震災も甚大な被害ではあったが、すべての都市機能が失われたわけではなかった。被害が集中するエリアが市街地内にモザイク状に分布するという被害形態であったし、大阪をはじめとする近隣都市、また神戸市内においても六甲山脈北側の都市機能は維持されていた。

こうした被害の特徴に照らし、現在の社会システムは十分に対応しているとはいえない状況であった。第一の特徴に対しては、現在の社会システムは、基本的には右肩上がりの時代に構築されてきたものである。すなわち、右肩上がりの時代を前提とするものであり、右肩下がりという時代感に対応しきっているとはいえない。もちろん時代の変化にあわせて対応しようとしているが、大きな船は急には曲がれないという、いわば「慣性の法則」が働き、今の時代のトレンドに追随しきれていないのが現状である。例えば、市街地復興の常套手段である土地区画整理事業や市街地再開発事業は、地価の上昇、土地や床の需要が十分にあることを前提とするが、今回の被災では右肩下がりが定着しており、今後の需要増加は見込めない。すでに地方都市においては再開発や区画整理事業の成り立ちにくくなっていることは周知のとおりだが、右肩下がりの時代に対応した市街地整備の新たな方法はまだ開発途上である。そもそも今回のような規模の大災害は先進国では経験しておらず、右肩下がりの時代の大規模災害は、世界で初めての経験である。第二の特徴については日本の災害対応システムは基本的に広域性に対応しにくい構造にある点である。災害対策基本法で規定される行政のヒエラルキーにおける役割は、市町村が対応の主体、都道府県が調整・支援となっている。災害規模がせいぜい都道府県に収まる程度のものを前提としており、基本的には今回の超広域性に対応していない。ただし、これを補うためのしくみとして、国による緊急災害対策本部の設置等があるが、今回の災害対応の状況を見る限りにおいては、広域性に完全に対応しきれるものではなかった。第三の特徴に対しては、復興の枠組みにおいて総合性が欠如しており、壊滅性に対して対応しきれないという点が挙げられる。今回のような壊滅的な被害に対して、その復興においては都市機能のすべてを再生させることが必達目標であった。しかし、それまでの日本の災害復興の枠組みは、基本的には、平時の枠組みに基づく復旧事業、復興事業で構成されている。阪神・淡路大震災をみると、復旧事業と、市街地復興については、結局のところ、被害の集中した地域において市街地再開発と土地区画整理事業という平時の縦割り事業の投入が行われた。いわば、災害によって失われた機能を元に戻すため事業に帰結する。逆に言えば、それまでの災害のような状況であれば、縦割り事業の平時対応でも何とかなったという見方ができる。しかし、今回のような壊滅性に対しては、既存のものに加えて、もっと総合的な、統合的な対応が必要とされるものであったと言える。

東日本大震災は、未経験かつ未曾有の災害であり、かつ、その復興過程では、準備のない中で模索しながらの復興を体験してきたと言える。今回の災害は、単に想定以上の災害というだけではなく、日本の都市のあり方、日本の災害対応システム、復旧・復興システムのあり方そのものに根本的な問いかけをしているとも解釈できる。すでに被災から4年が経過しようとしている。この間、復興計画が策定され、復興事業が進められているが、むしろこの過程は、日本の新しい地域づくりのモデルになり得る要素を含んでいるものと期待したい。被災地で行われている地域再建の試みの中には今後の日本の地域づくり、地域創生の種があるにちがいないと考えられる。

2　物的被害の根本要因

東日本大震災の根本要因は、「想定」を超える津波であることに疑いはない。しかしそれだけではない。一般に災害の根本要因は「ハザード」ではあるが、それだけで自然災害が起こるわけではない。他の要因がなければ、ハザードの存在は単に自然現象の要因に過ぎない。津波は、想定を上回る津波が堤防を越え、堤防で制御し切れなかった水が市街地に入り込み、建物を壊し、かつ、逃げ場所を失わせて、人々を死に至らしめるというメカニズムである。このメカニズムがあって、初めて自然災害となるのである。浸水域に人々の生活の場が存在し、かつ、そこに一定以上の集積があり。かつ、そこに津波に対して脆弱な質の空間があって初めて災害となるのである。歴史に「たられば」はないが、そこに生活の場が無ければ、あったとしてもわずかな人しか住んでなければ大災害にはならない。そこに津波から命が守れるような住み方、例えば、津波に壊れにくい建物、至るところに避難できる空間があり、かつ、津波に対する意識が高く、迅速な避難が可能な地域社会が築かれていれば、大災害にはなっていなかったはずである。大災害の要因は、ハザードの存在だけではなく、都市のあり方が起因する。

この構造を整理すると、図1のように表される。「A　ハザードと生活の場の分布の重なり（市街地の位置）」、「B　集積（市街地のストック量）」、「C　脆弱性（街の質）」の3つが市街地側の根本要因であり、C脆弱性はさらに、「C－1　壊れやすさ」と「C－2　ハードとソフトからなる地域社会の対応力（避難を含む）」のバランスによって表される。さら

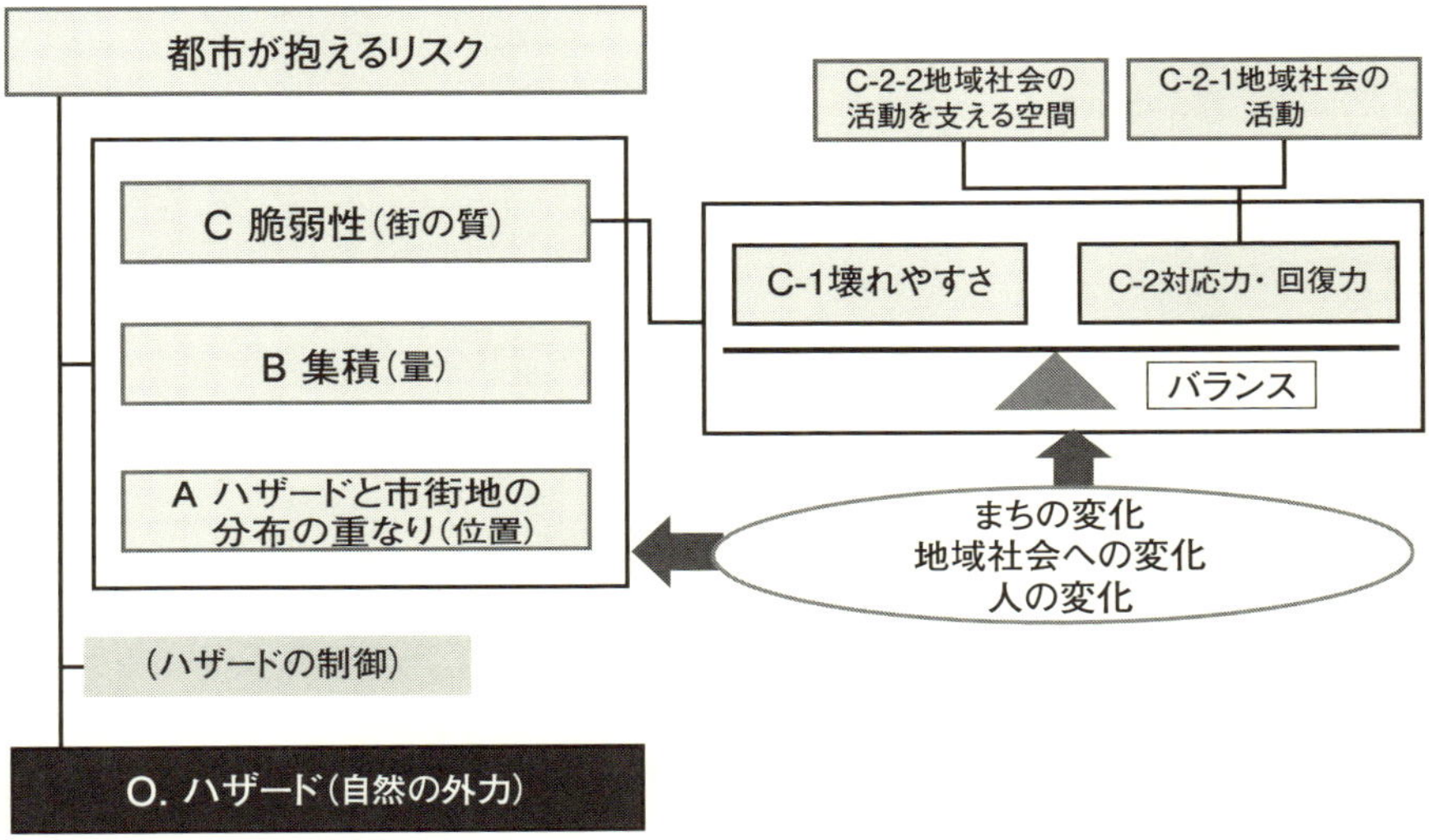

図１　自然災害リスクの構造

にＣ－２は、「Ｃ－２－１地域社会の活動」そのものと「Ｃ－２－２地域社会の活動を支える空間」で構成される。この構造は、津波だけではなく、大規模水害や地震災害にもあてはまることである。いずれも都市のあり方に関わる要素であり、かつ、都市計画で制御できるものである。今回の災害は、あらためて近代化、経済成長の時代における都市のあり方に対して問いかけるものである。

【ハザードと生活の場の重なりと集積】

今回の被災地をみると、近代化とともにハザードが潜在する地域に市街地が拡大してきた経緯を読み取ることができる。例えば、宮城県南三陸町の町史を見ると、「江戸時代には入谷地域が伊達藩の養蚕発祥の地として栄え、これを基盤として明治後半には、養蚕業が発展しました。昭和初期になると養蚕業に代わり水産業が盛んになり、漁業の町としての基礎が形成されました」（南三陸町総合計画２００７～２０１６）[1]とある。近代化に伴った人口増加、それに伴った新産業に対応するため、市街地が海側へ拡大していくという構図である。１９５９年伊勢湾台風によって甚大な被害がもたらされた鍋田干拓地も同じ構造である。人口増の受け皿として干拓地を造成し、農地を拓き、人々を入植させたのである。近代化、経済成長、そしてそれに伴う人口増加の過程において、この構造は世界共通である。もちろん市街地の拡大にあわせて、治水や護岸、堤防の建設によるハザード制御がなされるが、ハザードすべてが取り除かれているわけではないことを忘れてならない。近代化の時代においては、技術によってハザードを防御し、ひいては自然災害リスクを制御しようとしてきたが、その限界が確固たるものとして存在することを常に理解する必要がある。ハザードを防御しきれないということを頭に置き、それを越える場合に生じる自然災害リスクを制御するという視点をもって都市化の時代を経るべきであるということが教訓のひとつである。被災地の市民が発した印象に残る言葉がある。「自然の中で生かされているという当たり前のことに気がつかされた」。自然に対して傲慢にならず、自然と人間社会の関係性について常に問い続けることの重要性を指摘している言葉である。

【脆弱性（ハードとソフト）】

三陸のリアス式海岸の漁村集落の住み方は脆弱だろうか？　筆者の答えは「必ずしも脆弱ではない」である。リアス式海岸は、平地が少なく山が集落に迫っている。つまり、極めて近い場所に避難場所を確保することができる地形である。平地は小さければ小さいほど、避難場所を近くに確保できるということになる。さらに、集落での生活の糧の多くを漁業が担っており、常に海という自然環境に日々接して生活が成り立っている。あわせて、明治三陸、昭和三陸、チリ津波という頻繁な津波被災経験は集落での生活の中に受け継がれている。海を意識して暮らしているからこそ、地域の生活文化の一部として定着しているのである。こうした住まい方は、津波リスクと共生した暮らし方であるという見方も本来できるのである。津波に対する壊れやすさはともかくとして、三陸のリアス式海岸の集落では、地域社会の対応力としての避難能力はハードとソフトの組み合わせによって一定の水準にあるとも言える。

一方、平地の大きい場所では、近代化とともに人口が集積した。ここでは、平地が大きいだけに小さな集落のようにすぐ近くに避難場所を確保することは本質的に不可能である。しかし、このことを補う空間的なしくみ、例えば、避難路や避難タワーといったものは、特に準備されていなかった。さらに地域社会を構成する多くの人は、二次、三次産業従事者であり、海とは切り離された暮らしを営んでいる。自然災害リスクを認識する日常的な場は特に存在しない。三陸のリアス式海岸における平地の都市域では、地域社会の避難能力は集落と比べて脆弱である。事実、被害の多くは市街地に偏在する。災害の教訓として「釜石の奇跡」という言葉が代表するように、防災教育の重要性が殊更強調されるが、これは、都市的暮らしの中で失われたものを補完するものと位置づけられるものであろう。さらに、これにあわせて避難場所の近場での確保や避難路の整備等、確実な避難を支えるハードの整備が必要であることが改めて理解できる。

街の脆弱性を制御するためにはハードとソフトの両輪が必要である。被害軽減という観点から津波に流された建物がさらに建物を壊すことを防ぐために耐浪建築を蓄積させること、避難場所の確保や避難路の整備という避難を支えるハードの整備、そして地域社会毎の避難のしくみというソフト、さらにそれを地域文化として代々受け継がれていく地域社会のしくみづくりが必要である。

3 災害対応の混乱の根本要因

被害の広域性、壊滅性に起因し、災害対応は困難を極めた。災害対応能力をニーズがはるかに超えたことが根本要因である。災害対応の枠組みを規定する災害対策基本法では、基礎自治体が災害対応の主体となることが定められている。この枠組みは、災害時にはローカルな情報に基づく迅速な対応が必要とされることから極めて合理的である。しかし、災害が一定規模を超える場合、ニーズが地域内の資源をはるかに超えるため対応困難となる。

ニーズが被災地内での対応資源を超える場合、できる限り、十分、かつ、迅速な外部からの支援を行うことが不可欠である。大規模災害に対応するための枠組みとして、国による緊急災害対策本部の設置、警察の広域緊急援助隊や緊急消防援助隊、ＤＭＡＴの派遣、自衛隊の派遣等、外部からの支援が行われるしくみが備えられている。今回の災害でもこうした外部からの支援は機能した。このほかには、外部支援を行うためには必須である直後の道路啓開については、国土交通省東北地方整備局による「くしのは」作戦によって極めて迅速に啓開作業が行われ、地元建設業者がその実働部隊として活躍した。岩手県遠野市は、甚大な被害を受けた釜石市や大槌町などの沿岸被災地域の後方支援拠点として重要な役割を担った。また、自治体職員の応援も盛んに行われた。全国の自治体は、直後より被災自治体に応援職員を派遣し、各種の行政事務を支援した。自治体による応援職員の派遣は、現在に至るまで継続している。

一方で、対応資源の側に起因する問題も顕在化した。直後には、ガソリンや物資の不足が深刻な問題となった。また、被災地では恒常的に人手が不足した。ガソリンや物資不足の原因は、量の不足ではなく、物資の流通であったとの指摘がある。平時の流通がぎりぎりまで効率化されていることが間接的な要因のひとつとして挙げられる。また、災害直後の道路啓開や瓦礫処理では、地元の建設業者が実働部隊となる。建設業就業者は明らかに減少傾向にある。ピークの1995年の660万人から2010年440万人とすでに120万人も減少している。次の災害を考えた場合、非常に心許ない。自治体の応援職員の派遣についても、平時の財政難下での人員削減の中、派遣する余力のある自治体は必ずしも多くはない。大規模災害においては外部支援が不可欠ではあるが、社会全体でみたときに支援する余力が社会から失われつつあるという傾向があると指摘できる。

もちろん主因は被害の大きさにあるが、むしろ今後のレジリエンスを考える際には、対応資源側の信頼性を高めておくことが重要である。システムの信頼性を高める重要な概念として「リダンダンシー（冗長性）」がある。必要最低限のものに加えて、あえて余分や重複がある状態を作っておくことを意味する。例えば、ネットワーク系のインフラにおいてあえて冗長なルートを作っておくことによって断線に対して耐性を確保すること、あえて在庫を抱えておくことによって供給停止に備えることなどである。東日本大震災では、冗長性の重要性が再認識された。例えば、東日本大震災でも高速道路・幹線道路のネットワークの冗長性があることによって震災によって一部が寸断しても迂回路によってネットワークとしての機能が失われなかったことが再評価された。遠野市が沿岸部の被災地域の後方支援拠点として機能したのは、広大なオープンスペースを事前に確保、整備していたおかげである。冗長性を高めることは、一方で、平時においては「無駄」なものを抱えることという指摘につながるが、大規模災害に備えるという観点から不可欠な要素である。今後の地域づくりにおいては、災害時の対応力を高めるという観点から、平時にいかに上手に「無駄」を抱えられるかが重要な課題のひとつである。平時には一見「無駄」だが、災害時には重要な役割を担う「余力」を平時の社会の中にいかに上手に埋め込めるかが重要な鍵である。

4　復興の混乱の根本要因

現在までに被災地では復興事業が進められつつある。被災地域では、L1（レベル1）とL2（レベル2）による計画論に基づいて防潮堤が計画され、市街地、集落側では、嵩上げ移転、高台移転を主軸に進められている。復興が遅いと言われつつも、着実に事業の成果が現れつつある（写真1）。しかし、今回の復興は、非常に厳しい制約の元で進められているものと指摘できる。

第一に「安全」の制約である。想定以上の津波規模を経験し、二度とあのような災害を繰り返してはいけないと考えるのは自然である。一方で、自然の外力の大きさに上限がないことを知り、いかに上手に自然と共生するか。いかに賢く自然と付き合っていくかを同時に考える必要がある。少なからず、日常的なリスクを含め、いろいろなリスクの中で暮らしているのが現実である。今回は、高台移転、嵩上げ移転を主軸とした中で絶対的な「安全」という制約の中での復興計画を考えていくことになった。復興計画の自由度を失わせたという側面がある。安全の確保という視点と同時にリスクの許

写真1　陸前高田の復興状況（2013年3月）撮影：小田切利栄

容を真剣に議論する必要がある。

第二に「時間」の制約である。復興事業の予算は5年の期限が設けられている。復興事業は、この5年という期限から逆算してスケジュールが立てられる。超壊滅性、かつ、超広域性という今回の災害特性を考えると、5年という制約は過去の災害復興と比べて相対的に短い。結果として現場レベルでは、十分な議論、十分な検討時間を取りづらい状況となっている。筆者の被災直後から継続的に被災集落を支援する経験の中でも「とにかく急いで欲しい」という被災者の声を聞くことが多かったのは事実である。しかしこれは、被災者自身が自分の人生の見通しが描けないこと、集落の将来ビジョンが共有されていないことの裏返しと感じられる。事実、集落、市街地の将来ビジョンについて十分に議論する時間、場が準備されていたとは言えない状況である。正確に言えば、十分に復興に向けての心の準備を行う時間を取れなかったのである。逆に言えば、初期の段階で十分な議論を行う場を準備し、十分な時間を議論に充てることができたならば、より納得のいく復興まちづくりを描くことができたかもしれない。また、結果的に合意形成にかかる時間を節減できたかもしれない。5年という制約の中でも長期的な視点にたって時間をトータルマネジメントするという視点が必要である。

第三に「手法」の制約である。噴出している復興課題は新しい課題ではない。復興の6法則にあるように「③被災前の課題が深刻化して噴出しているだけ」である（表1）。被災前に地域の課題を解けなかった方法で復興課題を解くことは困難である。しかし「④復興に用いられる政策は、過去に使ったもの、あるいは、考えたものしか使えない」のである（表1）。平時に問題を先送りしないということが重要な視点である。さらに大規模災害における復興は、基盤整備、住宅再建、雇用の回復、生業の再生、さらに元に戻すだけではなく、未来に向けての質的転換、都市構造の再構築、市街地の再構成、新産業の創造を含む産業構造の転換をも含む。本来、総合的なものであるべきである。今回の災害復興では、それまでの地方分権の流れの文脈の中で、総合行政の主体である自治体に復興計画・事業の第一義的な責務が与えられたが、復興交付金による復興事業の基本構造は、工夫はなされているものの、結果として従来の縦割り事業の重ねあわせとなった。縦割りを効果的に調整する機能、縦割りの隙間を埋める機能が不足しているこ

表1　過去の災害事例からみる復興の6法則#)

【復興の6つの法則】	
①	どこにでも通用する処方箋はない。
②	災害・復興は社会のトレンドを加速させる － 過疎化している地域では、過疎化が加速。 － 成長する地域では、成長が加速。
③	復興は、従前の問題を深刻化させて噴出させる。
④	復興で用いられた政策は、過去に使ったことのあるもの、少なくとも考えたことがあるもの。
⑤	成功の必要条件：復興の過程で被災者、被災コミュニティの力が引き出されていること。
⑥	成功の必要条件：復興に必要な4つの目のバランス感覚＋α（外部の目）。 － 時間軸で近くを見る目と遠くを見る目のバランス。 － 空間軸で近くを見る目と遠くを見る目のバランス。

とは否めない。

第四は「時代感」の制約である。災害復興は長い歴史の中でも稀な事象である。災害復興で取るべき施策は、時代の変化に対応する必要がある。過去の災害復興で蓄積された経験、手法を単純に現在の災害復興に適用することはできないという本質的な難しさがある（表1①）。現在のような右肩下がりの時代に右肩上がりの時代を前提とした手法を適用することには無理がある。復興施策を概観すれば、時代感の合わない施策が散見される。仮設住宅は、厚生労働省の管轄にある災害救助法（昭和22年制定）に定められた「収容施設」である。「居住する住家がない者であって、自らの資力では住家を得ることができないものを収容するもの」と規定されている。かつては、住家を失った世帯の20％に供給することとなっていた。つまり、仮設住宅の供給は、本来、貧民救済がその主たる目的であり、災害対応の最後のステージと位置づけられていると解釈できる。現在では、むしろそれは復興まちづくりの最初のステージとして認識されている。大都市域のサラリーマン社会が被災した阪神・淡路大震災からの復興では住宅再建に中心的な課題に位置づけられたが、このことは復興において必ずしも普遍的ではないかもしれない。戦後の復興まで遡れば、住宅再建よりもむしろ産業復興に力が注がれた。その結果、住宅不足が解消されるのは、戦後20年以上を経過してからであった。過去の災害復興の経験の蓄積ではカバーしきれない。時代に合わせて常にあるべき復興施策を準備しておくことが重要である。特に「災害復興の過程ではトレンドが加速する」（表1②）。いかに時代を先取りできるかがより良い復興を行う重要な鍵となる。

一方、上記のような制約の中でも次の時代に向けた新たな試みが見られる。例えば、地元材の利用と地元の技術を活用した仮設住宅の供給は、復興を実現しながら同時に被災地域の産業再生を図るという総合的な取り組みの試みと位置づけられる（写真2）。こうした新しいモデルを創出し、それを平時の地域システムの中に蓄積させることこそが地域のレジリエンスの回復につながるであろう。また、現在、被災自治体で議論が進められつつある住宅用途での土地利用が制限される津波浸水想定区域の今後の土地利用のあり方は、今後の日本の他都市における郊外地域からの市街地の撤退の方法論の構築につながる議論として着目すべきであろう。

写真2　地元材と地元技術を活用した仮設住宅の例　撮影：小田切利栄

【当たり前の対策としての復興準備】

災害対応のための準備計画があるように、円滑かつ適切な復興を実現するためには「復興準備」が不可欠である。防災対策に被害想定があるように、事前に復興状況を想定し、復興課題を理解した上で、その復興課題を解くために必要とされる復興施策について事前に検討し、現状のしくみの限界を把握した上で、必要とされる新たな制度について事前に検討することが重要である。さらに復興に役立つ地域資源を抽出した上で、災害対策の一環として地域資源を育んでおくことが重要である。復興の法則④にあるとおり、事前に検討して施策であれば被災後に使うことはできる。当たり前の事前対策としての復興準備を行う必要がある。次の災害に備えるために時代の変化に対応することが不可欠である。平時から問題を先送りせず、時代を先取りすることが重要である。特に災害・復興は時代のトレンドを加速させる。前の時代の定型にとらわれず、地域の構想力の醸成していく必要がある。さらに復興という営みを「総合的」に実現するしくみの構築も不可欠であり、同時に総合的に考えて縦割り的に実践するしくみを事前に整えておく必要がある。

5 地域のレジリエンスをどう育むか

都市の形態、都市の質的変化にあわせて、都市が抱える自然災害リスクは変化する。近代化以前には、自然環境の中で暮らし、自然環境と共生するということが当たり前のこととして日常の暮らしの中に文化として埋め込まれていた。この事実に立ち戻って、都市化のあり方、自然環境と人間の暮らしの関係性を再考し、自然災害リスクの基本構造に基づいて、市街地の縮小の時代の地域・都市づくりのあり方を議論していく必要がある。厳しい財政の下、次の災害に向けては、決して安全至上主義には陥らず、総合的な視点から災害対応、復旧・復興に備え、地域資源を維持していく必要がある。

自然災害リスクを増大させつつ、同時に潜在化させてきた都市化の時代の日本の教訓は、途上国、中進国へ伝えるべき国際貢献の重要な資産と言える。

［加藤孝明］

参考文献

（1）南三陸町（2007）南三陸町総合計画 2007～2016

（2）国土交通省東北地方整備局・震災伝承館 http://infra-archive311.jp/（2014年12月1日アクセス）

（3）国土交通省（2014）国土交通白書2014第6章第3節

（4）東京大学生産技術研究所加藤孝明研究室【経験の共有】震災復興連続シンポジウム http://kato-sss.iis.u-tokyo.ac.jp/sympo/index.html（2014年12月1日アクセス）

（5）東日本大震災における応急仮設住宅の建設に関する報告会資料3 http://www.mlit.go.jp/common/000170074.pdf（2014年12月1日アクセス）

（6）Takaaki Kato, Yasmin Bhattacharya *et al*：The Six Principles of Recovery: A Guideline for Preparing for Future Disaster Recoveries, *Journal of Disaster Research*, Vol.8(7), 737-745, 2013.7

2 木造建築の情勢変化が及ぼすレジリエンスへの影響

1 はじめに──木造建築のレジリエンス

日本人は、家屋や日用品、燃料に至るまで木材をつかいきる「木の文化」とともに生きてきた。木造建築を基本とする日本の街並は、地理条件的に免れることのできない度重なる自然災害や、大規模な火災の発生後もその都度再生し、その建設技術に革新を積み重ねてきた。建物は壊れるものであり、そして再生するものである、という自明の理のもと、復元のためのシステムがつくられていた。しかし、今日、地域がもっていた本質的な復元システムは、加速度的に衰退してきている。

人＝技術力に目を向けると、現在、建設業界では現場の職人不足が大きな問題となり、労務費の高騰によって建設コストが上昇し、入札不調が相次いでいる。３Ｋ産業とよばれた過酷な労働条件、不安定な雇用形態により若者の新規就業は減り続け、職人の高齢化が進んでいる。たとえ、日常時に人手が足りていたとしても、災害発生後の応急対応、復旧、復興、全てのプロセスにおいて、現場での臨機応変な判断を自律的に行うことのできる経験者が豊富に求められる。昭和期まで存続していた大工の「出入り」制度では、旦那衆は日常時に仕事のない出入りの職人たちに対し、下小屋で材料に鉋をかけているだけでも同じ手間を出したという。その代わり火災などの非常時には、職人たちはまっさきに旦那のもとに駆けつけていた。現代の我々も、日常時の需要量を満足するだけではなく、災害時に大量の需要が生まれることを想定して、人材ストックに余力をもつという思考が必要なのではないだろうか。それは、価格競争のために末端の職人の労務費を削減するという姿勢では実現が難しいことである。

次に、木材供給に焦点を置いて考えると、急峻な地形をもち、本来は資源の豊富でない脆弱な国土において、先人達は、人＝技術力によって強靱なシステムを確立していた。植林の技術は近世の頃に確立されたという[1]。江戸時代後半には資源を育て、伐採を制限するというサステイナブルな運営が行われていた。しかし、文明開化と相次ぐ戦争、戦後の大量の木材需要によって、国土は再び丸裸に近い状態となった。その反動ともいえる拡大造林、海外の安価な木材の大量輸入、新建材の普及によって、国内の木材需給のバランスは大きく崩れ、ほぼ100％だった木材の自給率は、2000年には18・2％と底をうった。現在は国内針葉樹の合板利用や地域産材の見直しが進み、自給率はやや回復し、27・9％である[2]。自給率の低下には、言うまでもなく、原油価格の高騰や輸入相手国の政情変化によって、材料の安定的供給が脅かされるリスクが内包されている。

自給率の低下は木材だけではない。図1では、千葉県香取市で行った調査[3]の結果を示している。1967年に建設された住宅において、重量比でみると1％が外国産の材料、99％が国内産（敷地10キロメートル圏内生産が45％）であったのに対し、2010年に建設された住宅においては、主要な構造部材においても外国材が使用されており、全体で見ると重量比21％の材料が外国を生産地としている。また、材料の供給先を産業別に分類すると、1967年の段階では、重量比56％の材料が近隣の1次産業（林業・農業）から供給されていた。対して2010年には94％の材料が2次産業（工業）由来のもので構成されている。かつては、建設産業と1次産業をむすぶ資本と資源の循環が地域にあったのだが、現在では現場施工時間を短縮するため、組み合わせ可能な工業製品があらゆる部位で採用されている。この住宅の変化の様相に、戦後、工業偏重で歩んできた日本社会の姿勢が表れているのではないだろうか。住宅に用いられる材料が地域の文化風土と関係のない工業製品に変化していくにつれ、関連する職人の姿が消え、地域の風景は全国的に均質なものとなっている。文化的また観光的な価値が失われるとともに、例えば災害発生後、手近にある材料で家屋の修繕を行うという地域の自発的な回復力が低下していることが危惧される。かつて、材木店は必ず広い材木置き場を所有していた。現在は工場やメーカーへの発注が基本となり、資材ストックをもたない材木店が増えている。地域に資材ストックがないということは、災害後、物流網が回復するまで応急対応ができないということを意味する。東日本大震災の後、岩手県住田町では町独自の取り組みで木造仮設住宅を110戸供給した[4]。この取り組みも1982年から第3セクターで住宅販売を開始し、常日頃から町をあげて木を育て使うという仕組みを作っていたか

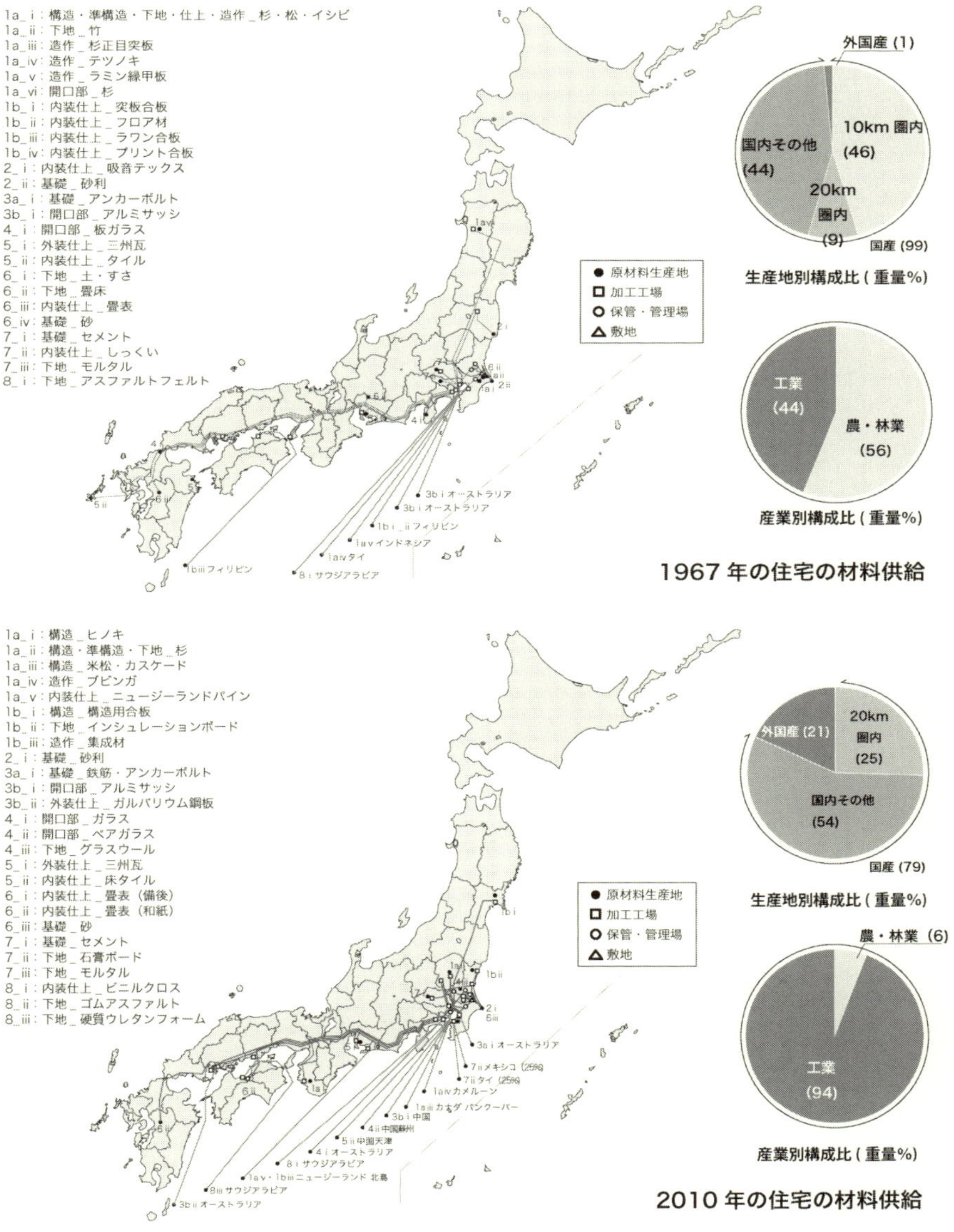

図１　小規模住宅生産の材料供給(3)

らこそ実現できたものである。

２００４年に発生した新潟県中越地震で被災した旧山古志村では、日常時において、ほぼすべての集落に大工・棟梁が1人ずつおり、村の住まいの新築や改修に対応しており、復興住宅の計画では、この大工たちの存在が欠かせないものとなった。計画では、行政、工務店、建築士らが連携し、最終的に、地元の大工たちの技術によって維持管理のできる伝統的な軸組工法で復興住宅が建設された[5]。山並みに建ち並ぶ復興住宅は、風景に違和感なく溶け込んでいる。その姿が、もし鉄骨のプレファブ住宅であったなら、復興への過程はもっと迅速なものだったかもしれない。しかし風光明媚な山古志村にとっては、近代的材料の使用による景観の破壊は致命的なものであっただろう。住宅の建設を通して、集落の大工たちの仕事が継続し、後継者を育て、今後も集落の景観が維持されつづける。その小さな循環が、中山間地や漁村などの集落の維持再生にはかかせないものなのではないか。日本においては、自らの技術で、また国内で原材料を生産供給できる建築は、木造建築だけである。我々は、木造建築のもつ「復元力」を決して失うべきではない。

本節では、木造建築の基本的な単位である住宅において、木を使い続けるための技術、つまり人的な生産力と、材料を育て加工する供給力という2つの側面から、木造住宅の自給可能性を捉えていく。

2　大工充足率

建設業界での職人不足は特に、商業ビルや公共建築の現場＝野丁場で問題視されているが、本節の対象である木造住宅を施工する大工や工務店＝町場においても深刻な問題である。

日本全体で、どのくらい大工は減少しているのだろうか。国勢調査[6]の職業小分類「大工」の人数変化を１９２０年から5年毎にみていくと、戦後から１９８０年にかけて人数が増加し続け、その後減少に転じていることがわかる。現在、大工全体の総人数は１９５０年と同程度の約40万人である。人口千人あたりの人数で比較すると、現在は過去

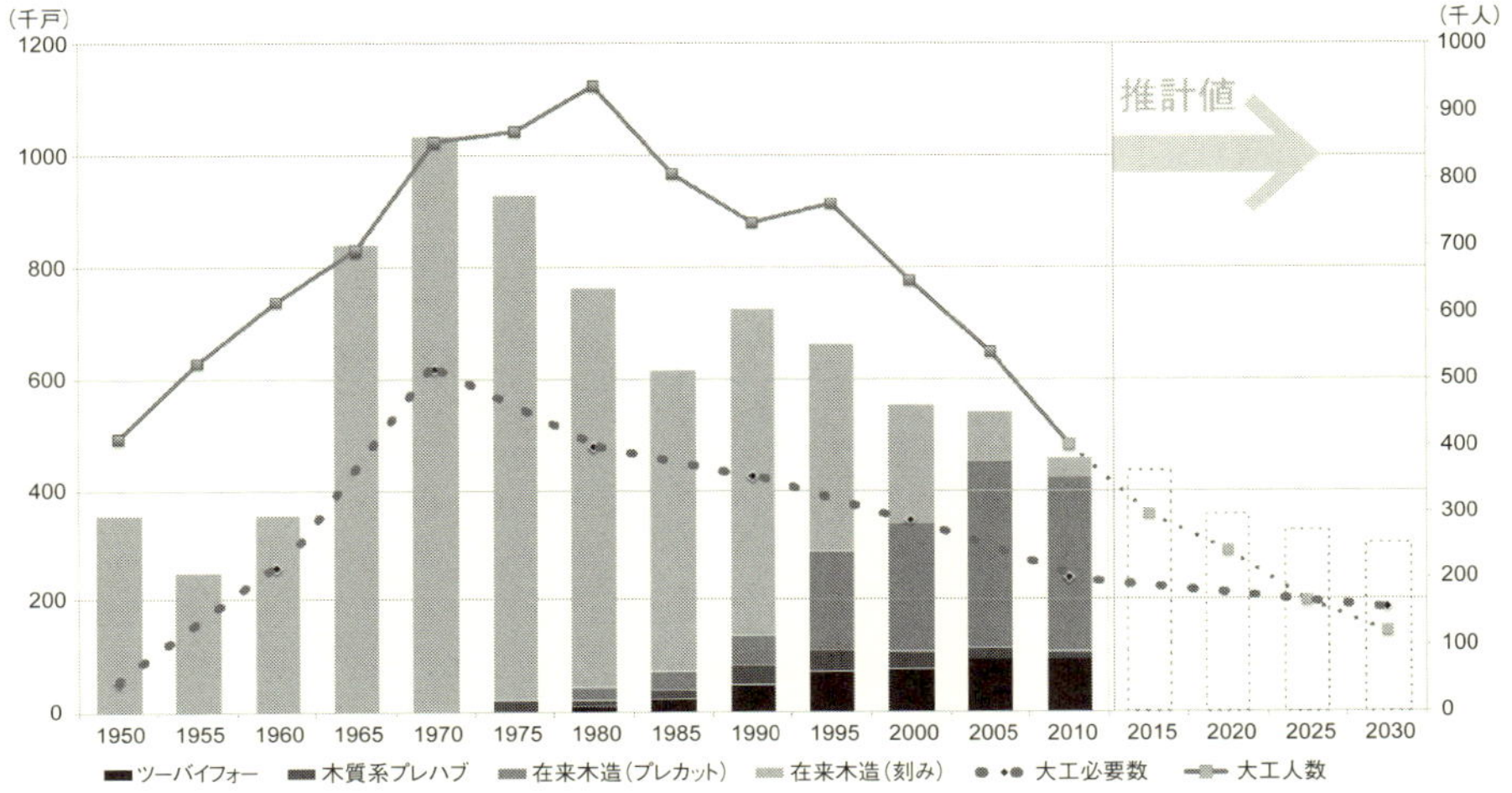

図２　大工の人数と木造住宅着工戸数

最低の３人／千人を示す。年齢別構成では、２０１０年では50歳以上が57％を占め、１９８０年以前に大工に就業した層が、木造建築生産を支えている。５年毎の年齢別の増減では、１９７０～７５年の間、１９９０～９５年の間をのぞき、25歳以上の層で増加する年代はない。つまり若年層（15～25歳）で新規就業した後には人数が減少する一方であり、それ以上の年代での新規就業は見込みにくい。１９７５年以降は、若年層の就業も減り続けている。コーホート要因法を用いて大工の将来人数を推計[7]したところ、２０３５年には総数10万人を割り込み、人口千人あたり０・７８人という結果となった。建物のなりたちを理解し、手を動かして住宅の施工を行う人材が人口の０・１％に満たないという数字は実に心細いものである。大工１人を育成するためには、５年から10年の年月がかかるため、今後10年間でいかに若手を育成し、技術を継承できるかが問われている。

また都道府県別の大工人数の増減傾向[8]をみると、全国的に１９５０年から１９８０年にかけて、大工人数が増加するものの、一転して減少をするという動きである。都心部では、とくに大幅な減少を示している。東京では、１９６０年の７・７人／千人をピークとして減少、２０１０年には１・６２人／千人である。反対に地方（東北、四国、中国）では、現在も１９５０年の人数を維持している県が多い。これは、台風や積雪などの厳しい環境で、家屋のメンテナンスの需要が多かったという地域的条件が関係していたとも考えられる。東京、愛知、大阪などの大都市中心部では１９６０年をピークに大工人数の減少が始まっているが、東北、九州では１９８０年まで増加傾向が続く。この20年間で、増え続ける都市部の労働力需要の受け皿となっていたのは周辺部からの出稼ぎであったと考えられる。出稼ぎ労働者の給源地には、北海道・東北の占める割合が高かったということが指摘[9]されているが、統計情報からもその状況をうかがい知ることができる。

木造住宅建設に必要とされる大工需要を新設着工木造住宅の延べ床面積から算定する。新設着工住宅数は１９７０年から減少傾向にあり、１９９０年に回復をみせたが再び減少、２０１０年は46万戸であった。ツーバイフォー工法と木質プレハブ工法のシェアは増加傾向にあったが、近年高止まり、木質プレハブ工法の戸数は減少している（図２）。着工木造住宅の延べ面積に、大工の人工《にんく》（歩掛り）原単位を乗じることで、必要人工数を計算した。木造建築の大工の労働時間は、道具の機械化や工業化された建材の普及で、戦後30年で30％減少したとされる。その後90年代からのプレカットの普及によって、刻み加工など下小屋作業時間が削減された[10]。既往文献[11・12・13]から、工法別また年代別の大工人工の原単位を設定し必要大工人工数を算定した。続いて、供給側からは、国勢調査から得た大工人数に想定される労働可能時間を乗ずることで、生産可能な大工人工ポテンシャルを計算した。最後に人的生産力と大工需要とのバランスを、必要とされる大工の数をどのぐらい満たしていたかという大工充足率を用いて分析する。

必要大工人数＝Σ（工法別住宅着工面積×工法別大工人工原単位）

大工人工ポテンシャル＝大工人数（人）× 年間最大労働日数（日）

大工充足率＝大工人工ポテンシャル÷ 必要大工人工数

図３に大工充足率の変化を示した。全国的には大工充足率は１９６０年から１９７０年まで減少傾向にある。住宅

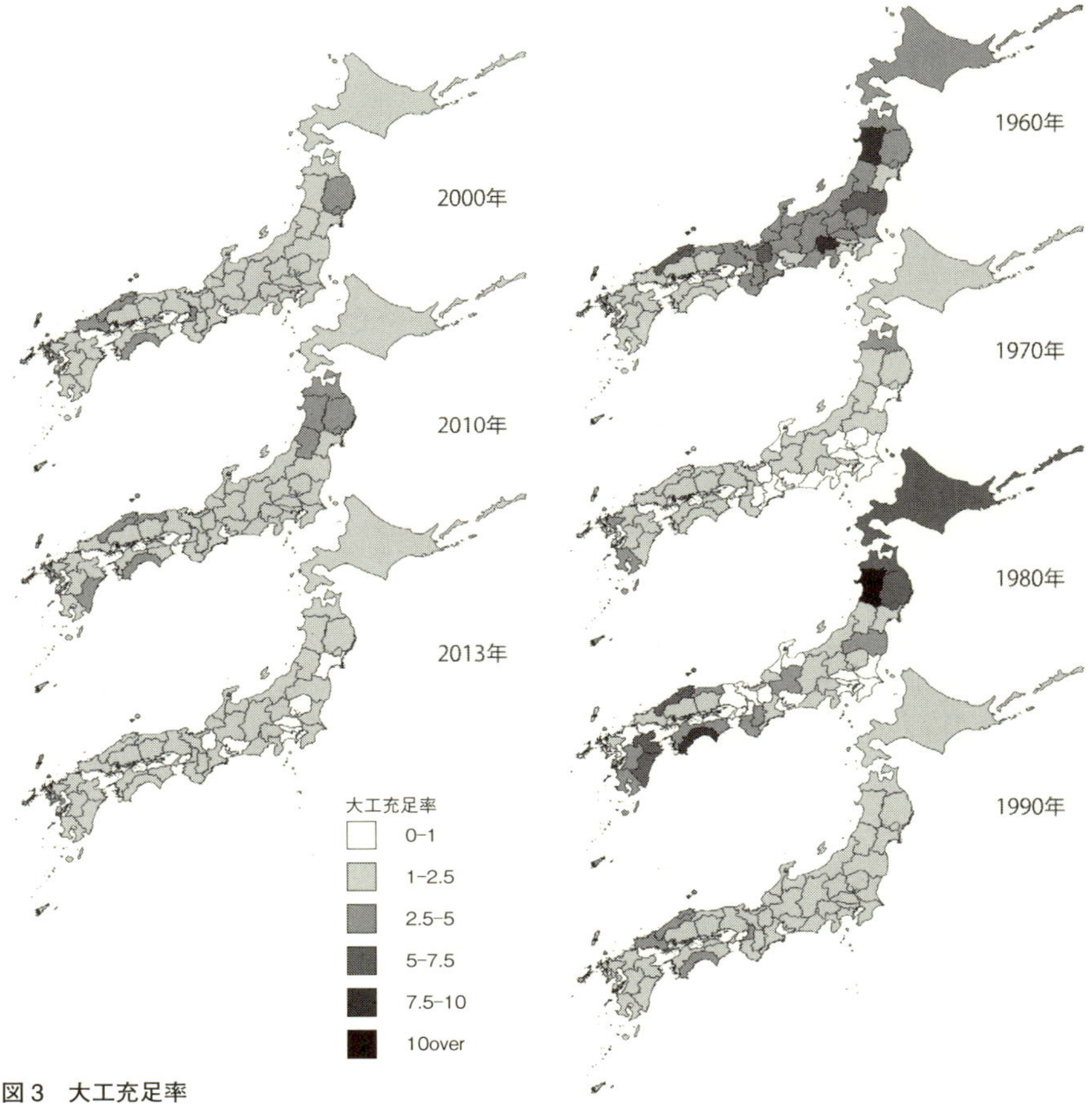

図３　大工充足率

需要の増大によって相対的に大工が足りなくなったためである。１９８０年以降は2弱で均衡している。これは住宅需要の減少と大工人数の減少が同時に起こっているためと考えられる。現場作業以外の営業、段取り、材料手配等の準備作業時間があることを考えると、２という数字が需要と供給がちょうどバランスしている値とも考えられる。そうだとすれば、余力があるとは言えない数字で、災害後に突発的に着工件数が上昇したとしても、需要に即座に応えることは難しいのではないだろうか。県別の充足率の変化を１９６０年から10年毎にみていくと、１９７０年には三大都市圏周辺で不足するが、大工人数の増加に伴い１９８０年にかけて回復している。２０１０年までは全国的に大工人数は充足していたが、震災後の住宅需要の急増から２０１３年には充足率が不足する県が目立ち始めている。前述したコーホート推計法による将来大工人数の推計と、既往研究(14)による木造住宅着工戸数の予測数値のバランスを算定してみると、２０３０年には充足率は０・６となった。

3　木材自給率

日本は国土面積の7割が森林で占められている。戦後の拡大造林で人工林面積が増加し、伐採されていない人工林が成長を続け、現在の森林蓄積量は約49億㎥である。木材の主な使用用途は建築用材である。戦後、復興需要に応えるべく伐採量が増えたが、それでも追いつかない需要を賄うべく木材輸入が１９６４年（昭和39）に全面自由化されたことで国内の製材量は急増し、１９６０年には外材の製材量が３７６万㎥だったものが１９７０年には３０６９万㎥となっている(15)。

住宅に用いられる建築用材需要と、山林からの材料の供給量の変化を時系列でみていく。

まず、需要側の算定を行った。合板類をのぞく在来軸組住宅に使用される木材量は約０・２㎥／㎡とされている(16)。本来ならば、住宅においての木材使用量には、使用される樹種や全体量において地域差があるが、今回は全国的に同じ原単位を用いて網羅的に概算を行うこととした。１９６０年から10年毎の新築木造住宅の着工延べ床面積に木材使用量の原単位を乗じて、必要な木材量を算定した。続いて供給側を算定する。木材は山林から切り出された素材（丸太）の状態から、製材所で建築用材に適した用材（角材）に加工される。ある圏域で使用される建築用材の自給割合は、製材量と素材量の２つのレベルで捉えることができる。ここでも、本来は使用される部位に適材適所に樹種を使い分けるという木造住宅の特徴や地域毎の使用木材種別の差があるが、総量を算定することとした。木材需給報告書の長期累計から、製材向けの素材生産量と製材品出荷量を都道府県別に算定した。製材品出荷量には輸入材を素材としたものも含まれている。同じ年の需要量と供給量のバランスを材料自給率として算定した。（図４［左］10年毎の木材自給率・

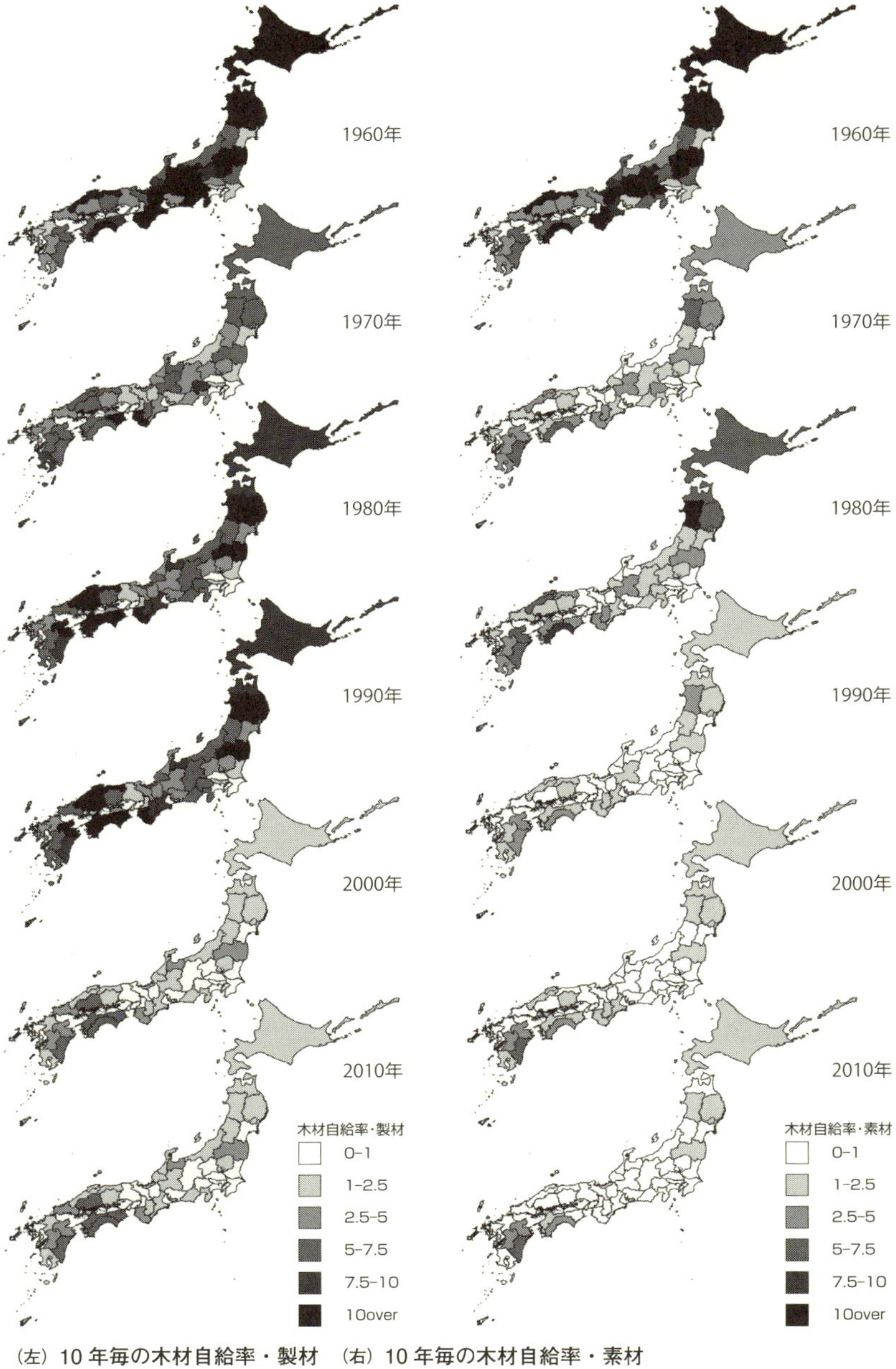

図 4　(左) 10 年毎の木材自給率・製材　(右) 10 年毎の木材自給率・素材

製材　図4［右］10年毎の木材自給率・素材）

必要木材量（㎥）＝新設着工木造住宅延べ面積（㎡）×木材使用量の原単位（㎥／㎡）

製材品出荷量（㎥）＝都道府県別製材量（㎡）

素材生産量（製品材積換算）（㎥）＝都道府県別製材用素材生産量（㎡）×丸太換算率[17]

木材自給率（製材）＝製材品出荷量÷必要木材量

木材自給率（素材）＝素材生産量（製品材積換算）÷必要木材量

製材レベルでみると、1960年の段階では自給率が1をきる都道府県は神奈川県だけであったが、1970年には埼玉、千葉も該当する。東京は木材の集積場として製材量が多く、2000年まで充足率を維持していた。各地で製材量が減少するのは2000年から2010年にかけての10年間である。2010年の段階では全国的にも製材総量が住宅に必要な木材量を下回る結果となった。住宅需要と製材需要がリンクしなくなった背景には、大規模な集成材工場や輸入木材を経由したプレカット工場への供給が増加しているためである。プレカット工場からの出荷棟数は2013年では538千棟にのぼっており、市場動向に大きな影響を与えている。[18]今後は、プレカットにおける国産材使用量の算定に関しても分析を行っていき、別稿に改めて記したい。

素材生産量のレベルでみると、2010年の段階で、需要量を満足している県は、北海道、岩手、秋田、福島、愛媛、高知、熊本、大分、宮崎のみである。茨城、福井、広島、和歌山では、外材の使用割合が大きくなっているため、素材レベルの自給率は小さくなる。全国的にみると、東北と九州では比較的自給率が高いが、関東から中国地方にかけて必要な木材量にみあう素材生産を行っている県がないことがわかった。木材の生産拠点は、工場の大規模化に伴い、特定地域で輸入木材や生産品目が集積する傾向が強まっている。[19]広島県での米材製材、富山県での北洋材、広島、愛知、高知でのニュージーランド材などの外国材の集積が進んでいるため、本州中央部では相対的に国産材の供給量が減少している。

国産材需要拡大の対策として、現在は都道府県単位での県産材利用促進が進められているが[20]、例えば住宅需要の多い東京での助成金補助は、東北や北陸までの広いエリアと対象とする等、都道府県別に対策を行うだけではなく、道州制のような中規模の圏域で自給率を向上させていく試みが必要だと考える。

なお、潜在的な材料供給力として森林の蓄積量は現在生産されている素材量よりも豊富にあると考えられる。山林に立木のまま残されている潜在的な材料供給力を利用するためには、設備投資や不在村者の所有問題を解消する必要がある。適切な管理をされていない山林からの建築用材の取得は難しく、本節では算定に含まないものとした。

4 木造建築の復元力

前項までに算定した人的充足率と素材自給率の相関関係をみると、1960年には相関係数0・79と優位な結果を示したが、平成に入ると相関係数0・34と弱まる。材料と人の充足度合いはリンクしなくなってきている。地域で自給できない材料や人手は、圏域の外部（県外、国外）から融通をしなければならない。また、そのための不足（余剰）コストは、圏域の外部に流出（流入）することになる。この不足（余剰）コストを住宅復元力と定義し、材料と人の重み付けを、そこに投資される費用（単価）によるものとして総額を算定した。ちなみに、木材の販売価格と大工の日当賃金の時系列変化を比較すると[21・22]、大工賃金が上昇し続けているのに対し、材木の価格は1980年から減少に転じて1960年とほぼ同じ価格になっている。木材の輸入が自由化されたことで市場のバランスが崩れ、木材価格が下落したためである。相対的に、モノよりもヒトのコストが高額になっており、人件費のわずかな不足が復元力に与える影響は大きい。

住宅復元力が不足している県での、2013年の不足総額は、東京では（△300億円）、愛知県では（△291億円）

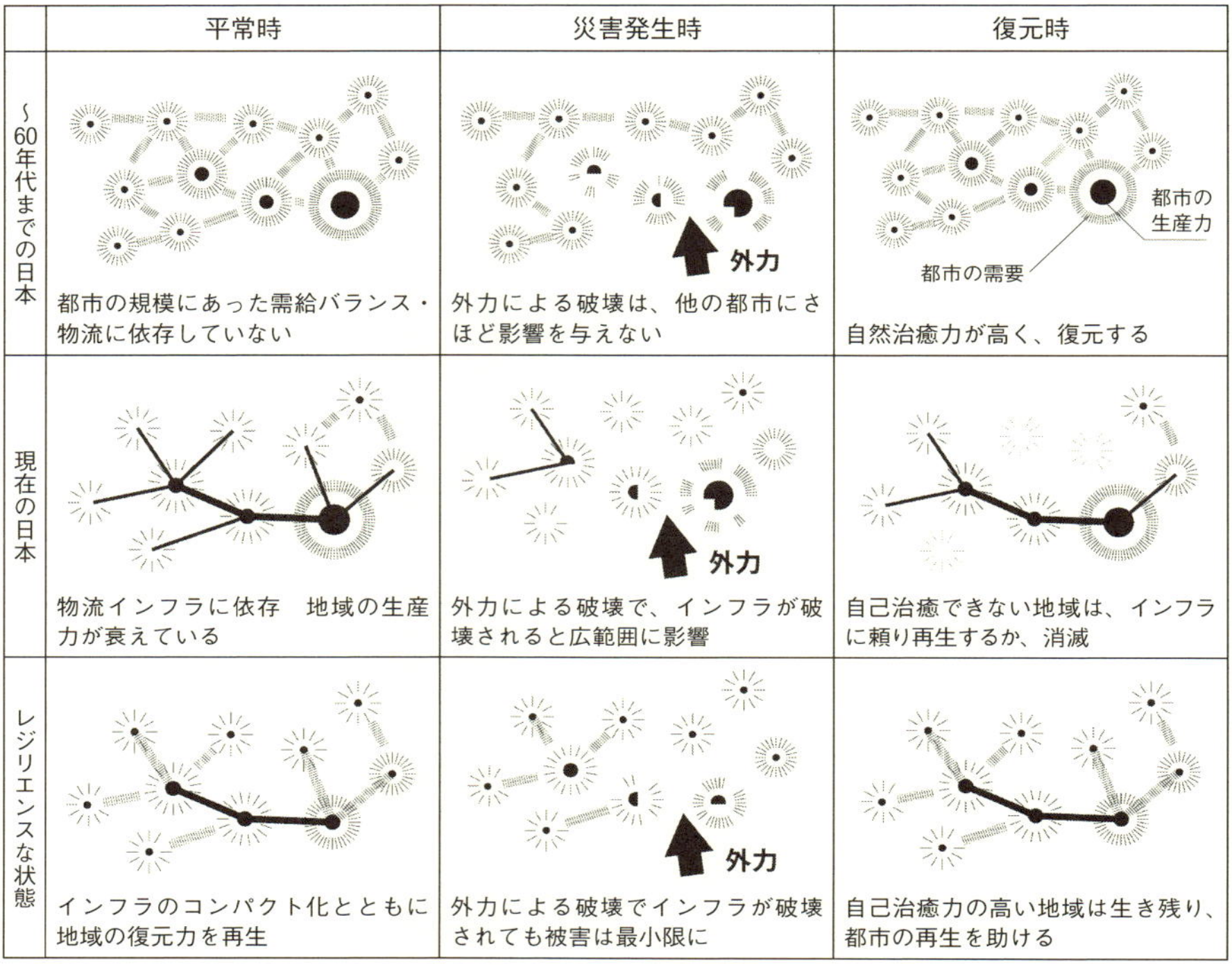

図５　木造建築の復元力イメージ

となった。材料コストだけでみても、埼玉、千葉、神奈川、東京で、いずれも１００億円を超える額が不足している。反対に復元力の高い県は、北海道（＋３１０億）や宮崎（＋２４０億）である。復元力が不足している県は、日常時、災害時ともに他の地域に依存しなければならないことを意識しておく必要がある（口絵ⅷ頁　２０１３年の木造住宅復元力参照）。

木造建築の復元力を回復させていくためには、必要な需要にみあう生産力を、ヒト・モノともに、長期計画で育てていく姿勢が必要である。細胞（地域）の核（生産力）があれば、たとえ大規模なインフラが災害によって途切れたとしても、自己治癒していくことが可能である（図５）。

都市部においては、ヒト、モノともに、依存していた地方の健全なるストックを使い切ってしまったという現状がある。輸入材や材料のトレーサビリティの確保とともに、国産材、県産材に対する消費者の意識を醸成し、集成材やプレカット工場などの大規模な木材流通の中でも国産材のシェアをさらに拡大していくべきだろう。人材育成に関しても、最大消費者である都市部での雇用育成の促進がもとめられている。

地方においては、できる限り小規模の循環を維持するべく、指定職人や、木材だけではなく地域材全般へのインセンティブが必要である。石川県小松市では、「小松地域産材利用促進奨励金制度」[23]として、瓦や畳、石材等の地域産材を使用した住宅の工事費の助成を行っている。小規模な生産者の需要を確保し、街並を維持することにもつながる新しい試みである。

日本の技能士制度は職業能力開発促進法に規定されている国家資格であるが、発注者や設計者に、資格取得者の情報公開は行われていない。設計者および発注者は、請負会社等の地縁的つながりに頼って随意契約を行うか、競争入札によって価格競争を行わなければならない。住宅購入希望者は、施工者との地縁的繋がりがなければ、大手メーカーの住宅展示場やインターネットの情報から、個々人の価値観で取捨選択を行うことになる。つまり広報や営業への資金投入ができず、薄利多売のできない小規模生産者は相対的に不利な立場となる。公的機関で技能者リストの閲覧を可能とすれば、小規模で高い技術をもつ生産者にも均等な情報公開の場が確保できる。また災害時対応にむけた人材ストックの仔細な情報把握を行うためにも、個々人のプロフィールと技術レベル及び活動範囲が紐づいたデータベースは有用なものであろう。なお、広く情報公開されているものとして、厚生労働省による「ものづくりマイスターデータベース」[24]があるが、こちらのデータベースは、若手技能者への実技指導を主目的としているものなので、発注者や設計者が必要とする情報としては、やや不足感がある。また「日本の木のいえ情報ナビ」[25]では国産材利用につとめる登録事業者を全国のデータベースで検索できるが、任意登録のためデータ数に限界がある。

最後に、中規模なネットワークである。都市部の資本を、供給地としての地方の再生や維持に、持続的かつ長期的な視点をもって注入してはどうか。都市部を支える大きなネットワークと、自立した地方の小さなネットワークが、日常時からある程度の資源と人の循環を継続していくことで、互いにいざという時の命綱を保つことができるのではないだろうか。

〔川添善行・吉武舞〕

参考文献

（1）コンラッド・タットマン（１９９８）『日本人はどのように森をつくってきたのか』築地書館
（2）農林水産省：木材需給表、２０１４
（3）吉武舞、川添善行（２０１５）「小規模住宅生産のビルディングマイル」日本建築学会論文集、Vol.80 No.707. pp.1-8
（4）水野豊（２０１１）「地域材活用型の木造仮設住宅」木材工業、vol.66、pp.535-536
（5）武田光史（２０１２）「復興公営住宅について旧山古志村の住宅再建支援」住宅、vol.61、pp.52-57
（6）国勢調査（１９２０～２０１０）のデータを利用。１９６０年は10％抽出、１９７０年以降は20％抽出結果を用いた。なお１９７０年の都道府県別データは職業中分類までしか公開がないため、１９８０年の都道府県別（43）建設業者中の大工構成比を、１９７０年の建設業者数に乗じて概算した。
（7）15～19歳の人数増減率には国立社会保障・人口問題研究所の将来人口推計（出生中位、死亡中位）の値を用いた。
（8）沖縄県は伝統的に住宅の木造率が極めて低いため、本研究の分析対象には含まないものとした。
（9）佐藤眞（２００８）「建設業出稼労働市場の変容と現局面の特質」pp.9-15、岩手大学生涯学習論集、第４号
（10）鵜野日出男（１９７２）「住宅の工業から現場の工業化へ」住宅ジャーナル
（11）三井所清典ほか（１９７６）「４工法の労務量比較」日本建築学会大会学術講演梗概集
（12）住宅保証支援機構：工務店経営実態調査結果の概要
（13）資産評価システム研究センター（１９８１）「木造住宅の工事別標準労務量に関するアンケート調査」pp.64-65
（14）森林総合研究所編（２０１２）『改訂森林・林業・木材産業の将来予測』pp.230-245、日本林業調査会
（15）森林総合研究所編（２０１２）『改訂森林・林業・木材産業の将来予測』p.180、日本林業調査会
（16）日本住宅・木材技術センター（２００２）『木造軸組工法住宅の木材使用量』pp.2-3
（17）木材需給表（２０１３）における製材品（針葉樹）の丸太換算率を用いた。
（18）森林総合研究所編（２０１２）『改訂森林・林業・木材産業の将来予測』pp.230-245、日本林業調査会
（19）県産材助成制度は沖縄、香川、神奈川を除く44都道府県で展開されている。日本の木のいえ情報ナビ（２０１４）データベースより
（20）平成23年木材流通構造調査、農林水産省
（21）大工の単価算定には、１９６０～１９９０年には週刊朝日編『戦後値段史年表』（朝日新聞出版、１９９５）、２０００年は屋外労働者職種別賃金調査、２０１０年および２０１３年には公共工事設計労務単価（基準額）を用いた。
（22）木材の単価算定には、木材需給報告書におけるすぎ中丸太素材価格（１９６０～２０１３）を用いた。
（23）石川県小松市（２０１４）：小松地域産材利用促進奨励金制度、http://www.city.komatsu.lg.jp/3858.htm

（24）厚生労働省（2014）：ものづくりマイスターデータベース、https://www.monozukuri-meister.javada.or.jp/

（25）日本の木のいえ情報ナビ（2014）：大工・工務店、建築士事務所等の情報検索、http://www.nihon-kinoie.jp/search/

3 オランダにおける水災害に対するレジリエンス

オランダは国土の大部分が干拓により開発された低平地で、洪水に対して脆弱で、また１９５３年には北海で発生した大きな高潮のため、約１８００人の犠牲者が発生し、約20万人が家屋を失うというオランダ史上最大の洪水被害を受けた。さらに近年、気候変動により、海面上昇と洪水流量の増加が予測され、洪水に対する脆弱性が増大することが懸念されている。

本節では、気候変動に伴い低下する治水安全度に対して、オランダ政府がとった施策のうち、国土管理、土地利用と密接に関連する、Room for the River の概要を紹介し、ハードの施設対応のみではなく、国土管理や土地利用の面からオランダが治水安全度を確保する方向性を示す。また、我が国におけるこれまでの国土管理・土地利用と治水政策の変遷および気候変動に対応する今後の治水対策について、Room for the River と対比して考察する。

1 オランダにおける気候変動に対応した治水対策 Room for the River の概要

オランダでは13世紀から14世紀にかけて、広域的な輪中堤が形成され、その後堤防は補強され、嵩上げされ続けた。このため、オランダ国民は堤防強化による洪水防御を当然のものと認識し、20世紀後半まで堤防強化による国土開発を推進してきた。しかし、強化により嵩上げし続けた堤防は、破堤した場合の被害が甚大になり、かえって社会の脆弱性が増大することは認識されることはなかった。

しかし、２０００年代に入り気候変動問題が顕在化してくる中で、オランダでは気候変動に伴う水災害の危険性の増大が深刻に受け止められるようになった。２００６年にオランダ王立気象研究所が気候シナリオとして、２１００年までに１９９０年比最大85センチメートルの海水面上昇、ライン川ロビス地点の洪水流量の増加等を発表した。

図１　Room for the River パンフレット表紙
出典：Ministry of Transport, public Works and Water Management, Netherlands; Spatial Planning Key Decision 'Room for the River', 2011.12[(1)]

気候変動と洪水リスクの増大に対応するため、オランダ政府は２００６年に氾濫原の乱開発を防止するための方針を示した「国土空間戦略」および「河川空間拡張方針に関する主要国土計画」を決定し、河川等の整備を進め洪水に対する脆弱性を改善するためのRoom for the Rivers Programが２００６年に承認された。

Room for the River Program は、簡単に言えば、気候変動により増大する洪水流量を、堤防の嵩上げによらず、川幅の拡大、河川敷の活用、放水路の整備、遊水地の拡張、貯水施設の建設等により対応するものである。遊水地の拡張は、これまで防御対象としていた農地に洪水時の遊水機能を持たせたり、宅地等を高台に移転させ浸水を許容させたりするものである。この方針は長年、堤防整備により利用可能な国土を拡張してきたオランダの治水政策にとって大きな転換である。

図２はArnhem（アーネム）市周辺の土地利用の変化を示したものである。１８００年代から２０００年まで、治水対策の強化により都市化が大きく進展したことが示されている。

Room for the River Programは、このように拡大した市街地に対し、従前の治水対策の強化により一律に防御することを止め、洪水流下能力拡大のための河川空間の拡大、洪水流量を低減するための遊水地としての河川空間の拡大、増大する洪

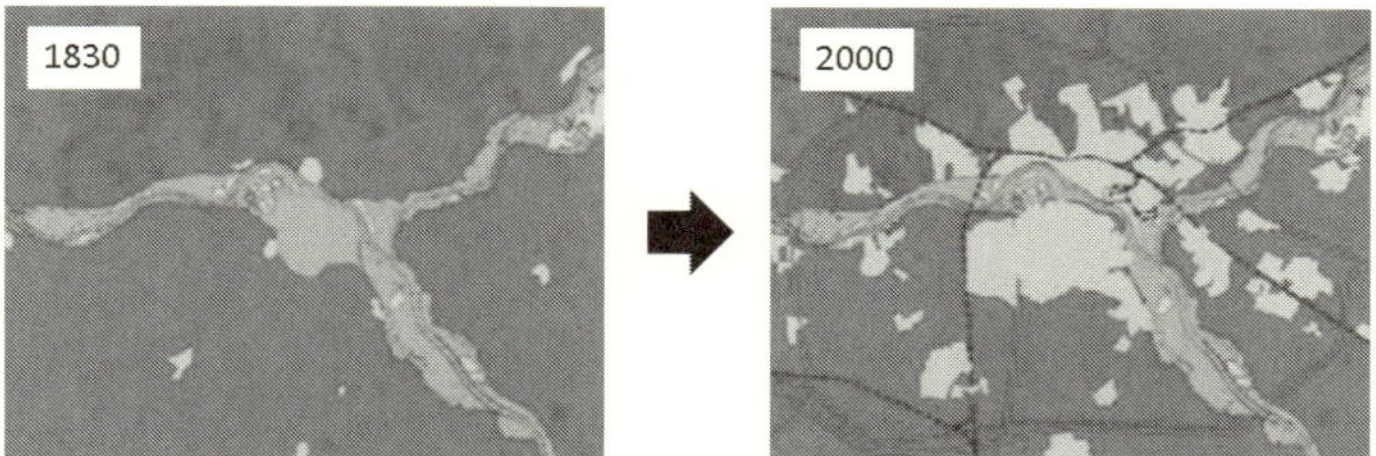

図２　オランダ、Arnhem（アーネム）市周辺の土地利用変化
出典：Ministry of Transport, public Works and Water Management, Netherlands; Spatial Planning Key Decision 'Room for the River', 2011.12[(1)]を基に作成

図３　アイセル川デルタ地帯における氾濫原の拡大
出典：Ministry of Infrastructure and the Environment, Netherlands; Water innovations in the Netherlands, 2014.3[2]

写真１　オランダの海岸堤防
撮影：森田成人

水外力に対応するための居住エリアの集約等が盛り込まれている。例えば、アイセル川デルタ地帯の氾濫原を約７１０ヘクタール拡大することにより、洪水水位を低下することとした（図３）。これまで何世紀もの間、河川として機能する遊水空間を減らして開発を行ってきた方針からの大転換である。

　オランダでは海面上昇による海岸堤防への影響も議論されている。１９５３年の北海からの高潮は、死者１８３６人、住家被害数４万３０００棟、浸水面積約２０００平方キロメートル（国土の約20分の1）という甚大な被害をもたらした[3]。このため北海に面する海岸堤防の安全度は１万年規模のものである。この安全度は気候変動による海面上昇等により低下することが予想される。このための対策として２０５０年までに北海沿岸の洪水防御対策として養浜を行うこととされた。

　歴史的には海岸域においては干拓を行い、それに従い海岸堤防を前面に押し出してきたが、干拓により国土を拡張する代わりに、干拓の準備で養浜されたエリアを活用し波浪のエネルギーを減衰する方法を選んだのである。これは堤内地を遊水地化（すなわち堤内地を狭める）して安全を確保するRoom for the Riverの考え方と同じである。写真１の前面干潟（左側）は、将来の干拓地として涵養されてきたが、海面上昇による波力を低減するために、波消しの機能として、干拓地とはせず、そのまま残されることとなった（写真の右側が海岸堤防）。

2　土地利用と治水対策、オランダと日本の政策

前述の通り、オランダは洪水を河川空間に閉じ込めることにより土地利用を拡大してきた。これは我が国でも同様である。

東京を例にとれば、江戸時代は上流部で洪水を氾濫させることにより江戸城下を守っていた。例えば、現在の熊谷市にあった中条堤などがその機能を果たしていた。また、下流部においても、日本堤、隅田堤により現在の北区、荒川区、葛飾区、足立区などは遊水機能を有していた。

明治以降の急激な人口増加、経済の近代化に伴い東京の市街地の拡大が必要となった。戦前には荒川放水路、戦後は高潮堤防、排水機場などの整備が進み、荒川中流部や東京東部の治水安全度が向上し、これらの地域の市街化が進んだ（図4）。

このような状況は他の大都市部でも同様で、治水対策と並行して都市部への人口、資産の集中が進み、これらを守るためにさらに洪水を河川内に押しとどめる努力がなされてきた。これにより都市住民は安全で豊かな生活を手に入れたと考えられた。しかし、実際にそうなのだろうか。図5は1950年からの治水投資額、水害区域面積、水害被害額の推移である。治水対策により着実に水害区域面積が減少していることがわかる。一方、水害区域面積の減少とは裏腹に、水害被害額は減少の傾向を見せてはいない。これは水害被害

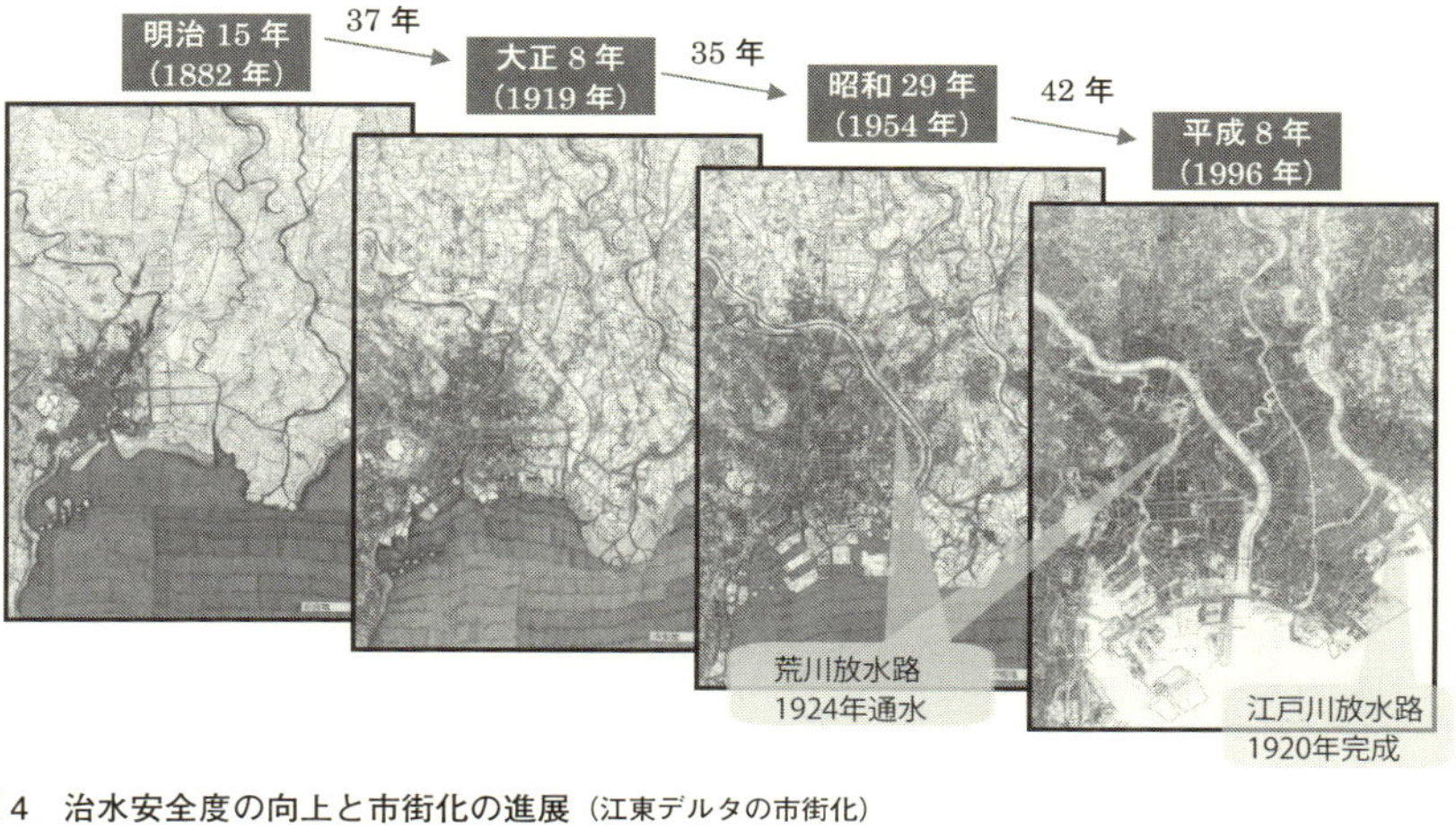

図4　治水安全度の向上と市街化の進展（江東デルタの市街化）
出典：国土技術政策総合研究所「東京圏における社会資本の効用」2005(4)

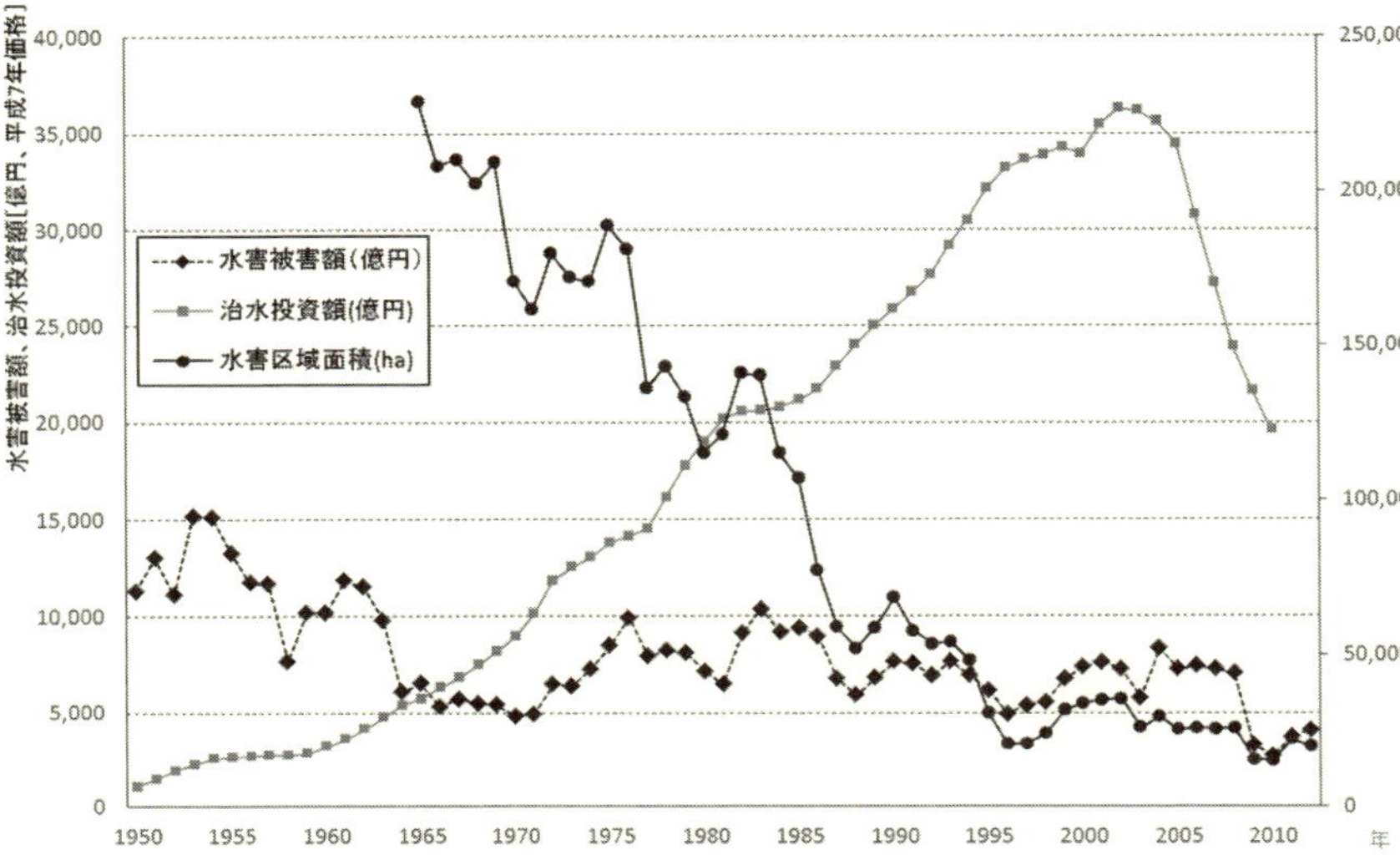

図５　水害区域面積、水害被害額、治水投資額の推移（過去５カ年平均）
出典：水害統計（平成 15 年度）を基に作成

をこうむる可能性のある地域の資産密度が上昇し、ひとたび水害被害を受ければ多大な経済被害が生ずるような社会になったとも言える。

　このような社会状況の中、気候変動による海面の上昇、大雨の頻度増加、台風の激化等により、水害、土砂災害、高潮災害等の頻発・激甚化が指摘されており、これを受けて、国土交通大臣は社会資本整備審議会へ、「水災害分野における地球温暖化に伴う気候変化への適応策のあり方について」諮問を行い、２００８年に答申がなされた。この答申は「これまでの社会構造を見直して、安全・安心のみならず、エネルギー効率の高い、自然と共存した社会を目指し、適応策と緩和策の適切な組み合わせにより、持続可能な水災害適応型社会を構築すべきである」との基本的考え方のもと、河道改修や洪水調節施設の整備等を基本とする「河川で安全を確保する治水政策」で対処することに加え、増加する外力に対し「流域における対策で安全を確保する治水政策」を重層的に行うべきであると、今後の治水対策の方向性を示した。図６はそれを概念的に示したものである。

　この答申は、これまでの洪水防御区域を広げる（＝居住区域を拡大する）方向一辺倒であった治水・国土管理の方向

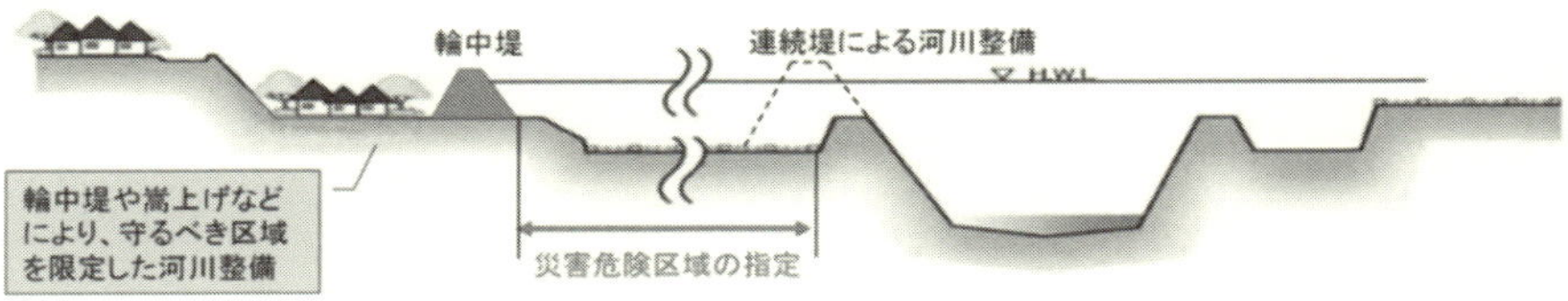

図6　被害を最小化する土地利用や住まい方への転換
出典：社会資本整備審議会「水災害分野における地球温暖化に伴う気候変化への適応策のあり方について（答申）参考資料」（2008）[5]

昭和61年出水母小島地区の状況　　**母小島遊水地の状況**（平成2年度完成）

図7　浸水区域に点在する家屋を集約し守ることで、浸水区域を遊水地化
出典：第5回気候変動に適応した治水対策検討小委員会（2008年2月25日）「資料6：適応策選択の考え方（治水対策を例に）」[6]

性を、守るべき居住区域のレジリエンス確保のために、従前の土地利用を見直す、という方針への転換を促すもので、オランダのRoom for the Riverと基本方針を同じくしている。

図7は、1986年の利根川水系小貝川での大洪水の後、洪水に対する遊水機能を確保すると同時に、点在する集落を集約して地域の安全度を高めた事例である。我が国においてはこのような事例はいくつか存在し、今後スマート・シュリンクの観点からも、幅広い展開が望まれる。

このように、増大する災害外力に対し、オランダでも日本でも、国土のレジリエンスを確保していくには、従前の拡大型の土地利用から、選択と集中による、スマート・シュリンク型の土地利用が必要となっているのは、偶然ではなく、必然的な流れであると考えられる。

［加知範康］

参考文献

（１）Ministry of Transport, Public Works and Water Management, Netherlands (Ministerie van Verkeer en Waterstaat: V&W): Spatial Planning Key Decision 'Room for the River' Investing in the safety and vitality of the Dutch river basin region, 2011.12, http://dc.the-netherlands.org/binaries/content/assets/postenweb/v/verenigde_staten_van_amerika/the-royal-netherlands-embassy-in-washington-dc/import/key_topics/water_management/spatial-planning-key-decision-%E2%80%98room-for-the-river%E2%80%99.pdf（最終閲覧２０１４年11月17日）

（２）Ministry of Infrastructure and the Environment, Netherlands: Water innovations in the Netherlands, 2014.3, http://www.government.nl/files/documents-and-publications/leaflets/2014/03/01/water-innovations-in-the-netherlands/water-innovations-in-the-netherlands.pdf（最終閲覧２０１４年11月18日）

（３）Deltawerken online: The flood of 1953, Rescue and consequences, http://www.deltawerken.com/Rescue-and-consequences/309.html（最終閲覧２０１４年11月18日）

（４）国土交通省国土技術政策総合研究所「東京圏における社会資本の効用」p.82、２００５年12月 http://www.nilim.go.jp/lab/bcg/siryou/tnn/tnn0293pdf/ks0293.pdf（最終閲覧２０１４年11月10日）

（５）社会資本整備審議会「水災害分野における地球温暖化に伴う気候変化への適応策のあり方について（答申）」参考資料、２００８年６月 http://www.mlit.go.jp/river/basic_info/jigyo_keikaku/gaiyou/kikouhendou/pdf/toshinref.pdf（最終閲覧２０１４年11月９日）

（６）第５回気候変動に適応した治水対策検討小委員会（２００８年２月25日）「資料６：適応策選択の考え方（治水対策を例に）」２００８年２月25日 http://www.mlit.go.jp/river/shingikai_blog/shaseishin/kasenbunkakai/shouiinkai/kikouhendou/05/pdf/s6.pdf（最終閲覧２０１４年11月18日）

4 フィリピンにおける高潮被害とレジリエンス

1 台風ハイヤンによるフィリピン高潮被害調査とアーカイブス構築

２０１１年東北津波による甚大な氾濫災害を受け、我が国では発生頻度の異なる二段階の津波の概念が導入された。これにより数百年から数千年の頻度で発生するレベル２の津波に対しては、海岸堤防などの防災構造物を越流して氾濫することを前提として、氾濫域での総合的な減災設計を進めていくことの重要性が明示された。このような巨大水災害に対する氾濫域でのレジリエンスを向上させていくためには、氾濫域における水理特性を可能な限り正確に把握したうえで、複合的な災害要因も含めた様々なリスクを想定し、それらひとつひとつを低減するための効果的で実践的な対策を講じていくことが肝要となる。また様々なリスクを漏れなく想定するには、過去の大災害事例の蓄積が必要不可欠であり、海外における被災事例を調査しその特性を把握することは、被災国だけでなく、我が国における減災策の向上にも大きく貢献する。特に沿岸部において防護構造物の整備が進んでおらず、かつ、沿岸部に人口が集中するアジア諸国では氾濫被害の事例も多く、特性把握とリスクの想定に極めて有用な基礎情報を与えることが期待される。

２０１３年11月に発生しフィリピンのサマール島およびレーテ島に上陸した台風30号（国際名：ハイヤン）は、フィリピン上陸時の最大風速が観測史上最大値を記録するなど猛威をふるい、周辺沿岸域において甚大な被害を及ぼした。深刻な被害が報じられたタクロバン市が位置するサンペドロ湾は、東京湾や伊勢湾と同様に南向きに開口しているのに対し、高潮を引き起こした台風ハイヤンの経路は、我が国で想定される北上する経路ではなく、西向きに移動する経路であったこと、また湾内の水深はほぼ全域で20メートル以下と浅く、かつ、湾の面積も約４００平方キロメートルと東京湾（約１３８０平方キロメートル）などと比べてもさらにスケールが小さいことなどが特徴的である。またハイヤンが最初に接近した東サマールの東海岸はハイヤンの経路と正対するように南北に延び、沖合には海岸線と平行にフィリピン海溝が横たわる一方で、海岸線近傍には水深の浅いさんご礁やマングローブ林が発達しているのも特徴のひとつである。

日本土木学会とフィリピン土木学会が合同で実施した現地災害調査[1]では、以上のような特徴を有するレーテ島およびサマール島沿岸部において、高潮や高波に伴う氾濫が強い局地性を有していたことが明らかとなった。ここでは、著者らが実施した現地災害調査と上記の合同調査の結果を統合し、浸水痕跡高さや被害状況写真などの情報を蓄積・整理した情報アーカイブスを構築した。情報アーカイブスの構築に際しては、東日本大震災に対する津波情報アーカイブスのWebGISシステムを活用した。このように、極めて低い頻度で発生する巨大津波・巨大高潮災害に対する基礎データを収集し、同一のシステム上にデータを蓄積し自由に閲覧できる環境を整えることは様々な災害想定とその軽減策を考える上で極めて重要である。以下、情報アーカイブスに基づくハイヤンに伴う高潮災害の概要を示す。

(1) 調査結果の概要

ハイヤンによる被害が最も大きかったレーテ島およびサマール島での浸水高の分布と台風経路を図1に示す。ここで図1には後述する数値解析による高潮水位および波高の推定結果も合わせて示している。沿岸部の家屋は強風による破壊・損傷も受けており、また、被災直後に強い降雨があったことから、現地で明確な浸水痕跡を見つけることは、東サマール東海岸で明確に見られた漂着したココナツ等の漂着物の痕跡やタクロバン市内での濁水による長時間の浸水による痕跡などを除いて全体的に困難であった。一方で、現地では浸水氾濫時にも沿岸部の自宅に滞在し、氾濫状況を目撃した住民が多かったため、図に示した浸水高や遡上高の多くは、後述する聞き取り調査における最大浸水高さの目撃情報や、氾濫時に実際に避難しながら氾濫水に浸かっていた住民の証言（住民が実際に氾濫域で浸かっていた場所とそこでの水深）に基づくものが多い。痕跡高さは、近傍の海面からの標高を計測し、計測時の潮位と氾濫時の推定潮位を基に氾濫時における高潮偏差に換算して比較した。

図1に見られるように、サンペドロ湾奥では高い浸水高が計測されているものの、サンペドロ湾の西側の海岸（レーテ島東海岸）では、ハイヤンの経路のすぐ北側の湾口部周辺まで高い痕跡高が計測された。さらに、東サマール東海岸においては、サンペドロ湾奥における浸水高よりも高い遡上高および浸水高が計測されている。合同調査結果より、高潮に伴う高い水位上昇が想定されたサンペドロ湾奥以外の地点においても、いくつかの地点で高い浸水高が計測された。本節では、特徴的ないくつかの地点に焦点をあて、現地聞き取り調査によって得られた氾濫時の状況を整理する。

（i）サンペドロ湾口部西側

サンペドロ湾口部西側海岸では、湾奥部と同等の浸水高が目撃された地点も多く、後述する高潮数値解析結果にも見られるような湾口部から湾奥部にかけて徐々に水位が増大する吹き寄せによる高潮偏差の特性とはやや異なる傾向を示した。また、氾濫時の状況も後述する湾奥部におけるそれとは異なる特徴を示した。

ハイヤンの上陸地点周辺に位置する地点A（図1）では、浸水した家屋にいた住民によれば朝5時30分頃（以下、時間はフィリピン時間）に波が2度来襲した。二つの波の時間間隔は1分以内で、2度目の波は1度目の波よりも高かった。同様に地点BやC（図1）においても浸

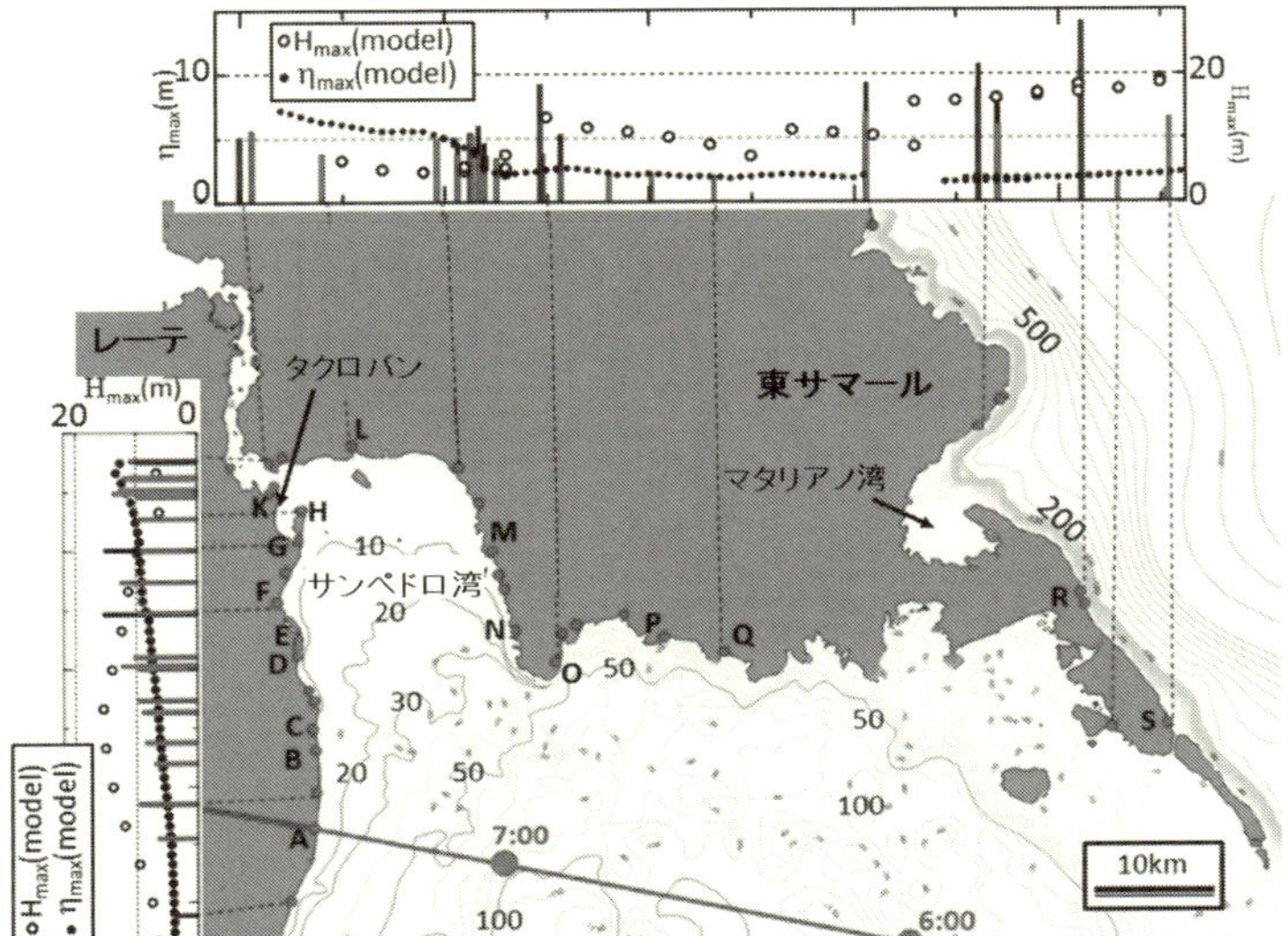

図1　台風ハイヤンに伴う高潮および浸水高および打ち上げ高の分布[1]

水した家屋にいた住民が1〜2分の間に3度来襲した波を朝6時頃に目撃した。水位はこれらの波の来襲に伴い段階的に上昇し、3波目で水位がピークに到達した。また地点Cでは浸水開始1時間前の朝5時に、海面水位が下降して海底面が干出しているのが目撃されている。地点Dにおいても、海岸から約100メートル離れた自宅で浸水を目撃した住民が、さらに100メートル程度陸側に位置する学校の屋根まで逃げるまでに要した数分の間に大きな波が3度来襲し、3度目の波で水位がピークに達した。その後すぐに水位は下がり始めたが、2メートルほど下がった後はその水位が1時間程度継続した。地点Eでも3度大きな波が来襲し、浸水域では北東から南西に向かって強い流れがあり、氾濫流に飲み込まれた住民は流されながら泳いで避難した。以上より、浸水開始時間は湾奥(北)に向かって徐々に遅くなり、どの地点でも浸水時には、2〜3度の波の遡上が目撃された。またピークに到達した後の水位はすぐに下がり始めたことからも、波浪による影響が強かったことが推察される。

(ii) サンペドロ湾奥部

湾奥部では、湾口部から2時間以上遅れて水位がピークに達し、その後1時間程度ピークの水位が継続するなど、湾口部とは特徴が明らかに異なる目撃証言が得られた。図1の地点Fでは、6時頃から強風が吹き始め、8時頃浸水が始まり10分程度でピークに到達した。最初の浸水時には波浪も来襲し3波目が最も高かった。波浪による水位の変動はその後すぐに低減したが、浸水のピーク水位は1時間程度継続した。

タクロバン市内のバランガイ87(フィリピンの地方自治単位を表すバランガイの87番自治区)やタクロバン空港、タクロバン港(それぞれ図2G、H、K)においても、8時頃浸水位がピークに到達し、1時間程度継続していたという目撃証言が得られた。地点Gでは、波による激しい水位変動が目撃され、沿岸部ではコンクリート造であっても基礎部周辺が激しく洗掘し、柱や梁も崩壊している家屋が多数見られた(写真1)。一方、空港や港湾では、波浪に伴う激しい水位変動は目撃されず、港湾周辺では建物の内壁に明確な浸水痕が見られた。湾最奥部の地点Lでは海岸線近傍では波浪に伴う激しい変動も目撃され、その前には海面が下降し干出した海底面が目撃された(写真2)。

(ⅲ) サンペドロ湾口部東側

サンペドロ湾東岸では、湾奥から湾口部にかけて浸水高が徐々に低減する傾向が見られたが、海岸線が南西方向に面した地点Mでは波浪による水面の激しい変動が見られたのに対し、入り組んだ海岸線に囲まれて北西に面した地点Nでは、沖合で大きな波が湾奥に向かって伝播していくのが見えたものの、海岸部では水位がゆっくり上昇して浸水しただけだったという目撃証言が得られた。また湾口部の東側（東サマール南岸）では、高潮による水位の上昇は他の地点に比べて相対的に低かったものの、地点O、PおよびQでは高い波が来襲し、地点Oでは海岸に沿った路面の一部が崩落していた（写真3）。

写真1　沿岸部で被災した鉄筋コンクリートの家屋と基礎の洗掘の状況（バランガイ87）

写真2　サンペドロ湾奥で干出した海底面

写真3　地点Oにおける護岸の崩壊

写真4　ココナツ林の侵食により露出したココナツの根

(iv) 東サマール東海岸

東サマール東海岸は、幅200~700メートルのサンゴ礁に覆われているものの、沖合には水深が大きいフィリピン海溝が横たわっており、吹き寄せによる水位上昇はそれほど大きくなかったことが推察される。一方で海岸は太平洋に面しており、ハイヤンの経路にも正対し、かつ、陸（西）向きの強風域となる経路の北側に位置していたため、高波浪による影響を強く受けたことも推察される。

サルセドの東にある海岸沿いの集落（地点R）では、朝4時頃から強風が吹き始め、5時頃から浸水が始まった。海浜の勾配は1／20程度で、被災後の海岸から200メートルほど離れた標高10メートル程度のココナツ林の中に、明確な漂着痕が見られた。氾濫時に海岸沿いの家屋におり、激しく変動する波に何度も飲まれた住民の証言も得られた。海岸線は台風の来襲に伴い50メートル以上後退し、ココナツ林も海側が激しく侵食され、ココナツの根の周辺の砂浜は最大で2メートル程侵食して根が露出していた（写真4）。またサルセド周辺を含む東サマールの海岸線の多くは幅100~200メートルのサンゴ礁に覆われているのに対し、ギワンの東側海岸に位置する集落（地点S）は、幅約750メートルのサンゴ礁で覆われ、その背後の低平地も広く、海岸線から1400メートル以上離れた地点まで氾濫水が到達していた。

2　沿岸地形と高波・高潮に対する地域のレジリエンス

以上の聞き取り調査結果より、レーテ島およびサマール島周辺では、浸水高だけでなく、浸水開始時間や、ピーク水位の継続時間、波浪に伴う水位変動などにおいて、場所による明確な違いがあることがわかった。ここでは、簡単な数値モデルに基づきハイヤンによる高潮および高波浪の発達、伝播過程の再現を試み、調査結果との比較を通じて氾濫時における水理特性を明らかにし、沿岸地形と地域のレジリエンスについて考察を加える。

(1) 高潮と高波の特徴の概要とモデルによる再現

高潮は気圧の低い台風が海上を通過することによって生じる「吸い上げ」による水位上昇と、海上を強風が吹くことによって海水が風下方向に「吹き寄せ」られることによって生じる水位上昇の二つのメカニズムで説明できる。ここで用いた数値モデルは、衛星データや観測情報から推定される台風の経路や気圧配置に基づき風況を推定し、それらを入力条件として「吸い上げ」や「吹き寄せ」による高潮現象を再現するものである。「吹き寄せ」による風下方向への海水の流れは、同じ風速であっても水深が浅いほど大きくなりやすく、湾奥等に吹き寄せられて上昇した水位を湾外へ押し戻す力は水深が浅いほど小さい。このため、水深が浅く閉じた湾では吹き寄せによる高潮の水位が上がりやすいことが知られている。

一方の高波は、海水面上で強風が吹くことによって、海水面も激しく上下に変動することによって生じる。海上の風速や風が吹く距離（吹送距離）が長いと、波の高さは増大する特徴がある。高波の再現モデルはこのような強風の下で波が発達して伝播する現象を再現するものである。吹き寄せによる高潮が水深の浅い海で増幅する傾向があるのに対し、波の増大は水深の大きさによらない。むしろ、水深が大きいと海底面からの摩擦抵抗の影響を受けにくくなるため、波は減衰せずに伝播する傾向がある。

高潮および高波の以上の特徴を、物理的なメカニズムに則して再現するモデルをそれぞれ用いて、レーテ島およびサマール島沿岸部における高潮および高波の高さを計算し、図1の調査結果（棒グラフ）に合わせて図示した。図中の黒い点は高潮水位の最大値の沿岸方向分布を、白抜きの丸は波浪計算結果に基づく有義波高の最大値を示す。サンペドロ湾の西側海岸における高潮計算結果に基づくピーク水位の計算結果は、湾口部から湾奥部にかけて単調かつ指数的に増加しているのに対し、現地調査に基づく浸水高は局所的な増減が見られ、湾口部周辺での浸水高が相対的に高い。一方で、波の計算結果（白抜きの○）をみると、湾口部で大きく湾奥部で小さくなる傾向を示しており、サンペドロ湾湾口部周辺における氾濫には、高潮だけでなく高波による影響が大きかったことが推察される。図2には、現地証言に基づく浸水氾濫開始時間（フィリピン時間）と、高潮再現計算による各地点において水位がピークに到達した時間を比較したが、図2においてもサンペドロ湾奥では再現計算と現地証言に基づく氾濫開始時間がほぼ一致しているのに対して、湾口部では湾奥部より氾濫が始まるのが1時間以上早かったという現地での証言は高潮のみでは説明できず、高潮と高波が重合したことによって氾濫被害が増大したことが推察される。

次に東サマール東海岸に着目すると、図1より現地で計測した氾濫水の水位は、高潮の再現計算結果よりもはるかに大きい。一方で計算による高波は非常に大きく、東サマールでは高波が卓越的な被害要因となっていたことが推察される。東サマールの沖合には最深部水深が1万メートルを超えるフィリピン海溝が横たわっており、水深が大きい地点で発達しやすい高波と発達しにくい高潮の特性の違いとも計算結果は整合している。

一方、東サマールは図3に示したように海岸線が幅100～800メートルで干潮時には部分的に干出するほど浅いサンゴ礁に囲まれており、平常時にはサンゴ礁の外縁で波が砕けるため海岸に打ち寄せる波は穏やかである。現地の証言においても、高波が来襲しても海岸部は比較的穏やかで居住域まで氾濫した経験がなかったことが、避難しなかった住民が多かったことの理由の一つになっていると考えられる。また、海岸陸上部に10メートル以上の高さまで氾濫した海水面は、波を伴い大きく変動しながらも1時間程高いままだったことが多くの現地証言から明らかとなっており、サンゴ礁に〝守られた〟海岸に高波が来襲した際の水位の異常上昇と氾濫のメカニズムを正しく理解した上で、沿岸部の住民に分かりやすく伝えることが重要である。

(2) マングローブ林の発達と地域のレジリエンス

特に途上国における減災対策のひとつとして、マングローブ林の造成が注目されることが多い。東サマール東海岸に位置するマタリアノ湾ではマングローブ林が発達しており、湾は高波の来襲方向に大きく開いた地形であるにもかかわらず、湾の内部では湾口部周辺でも被害が顕著に軽減されている地域が見られた[3]。また、このような局所的な被害の軽減とその前面における被災前のマングローブの繁茂状況には高い相関があった。Gunasekaraら[2]によれば、こ

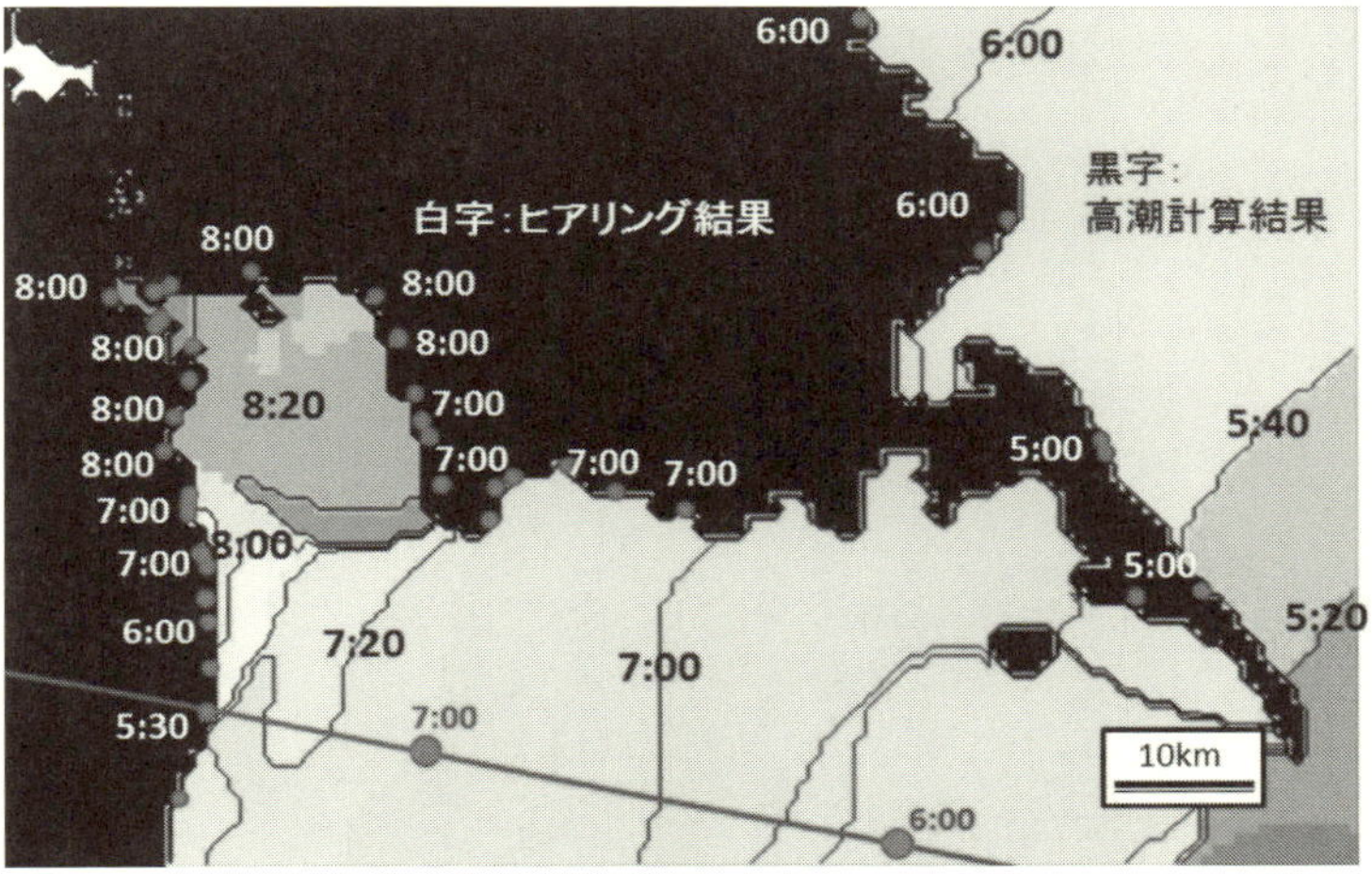

図２　高潮計算によるピーク水位到達時間（黒字）と現地証言による氾濫開始時間（白字）

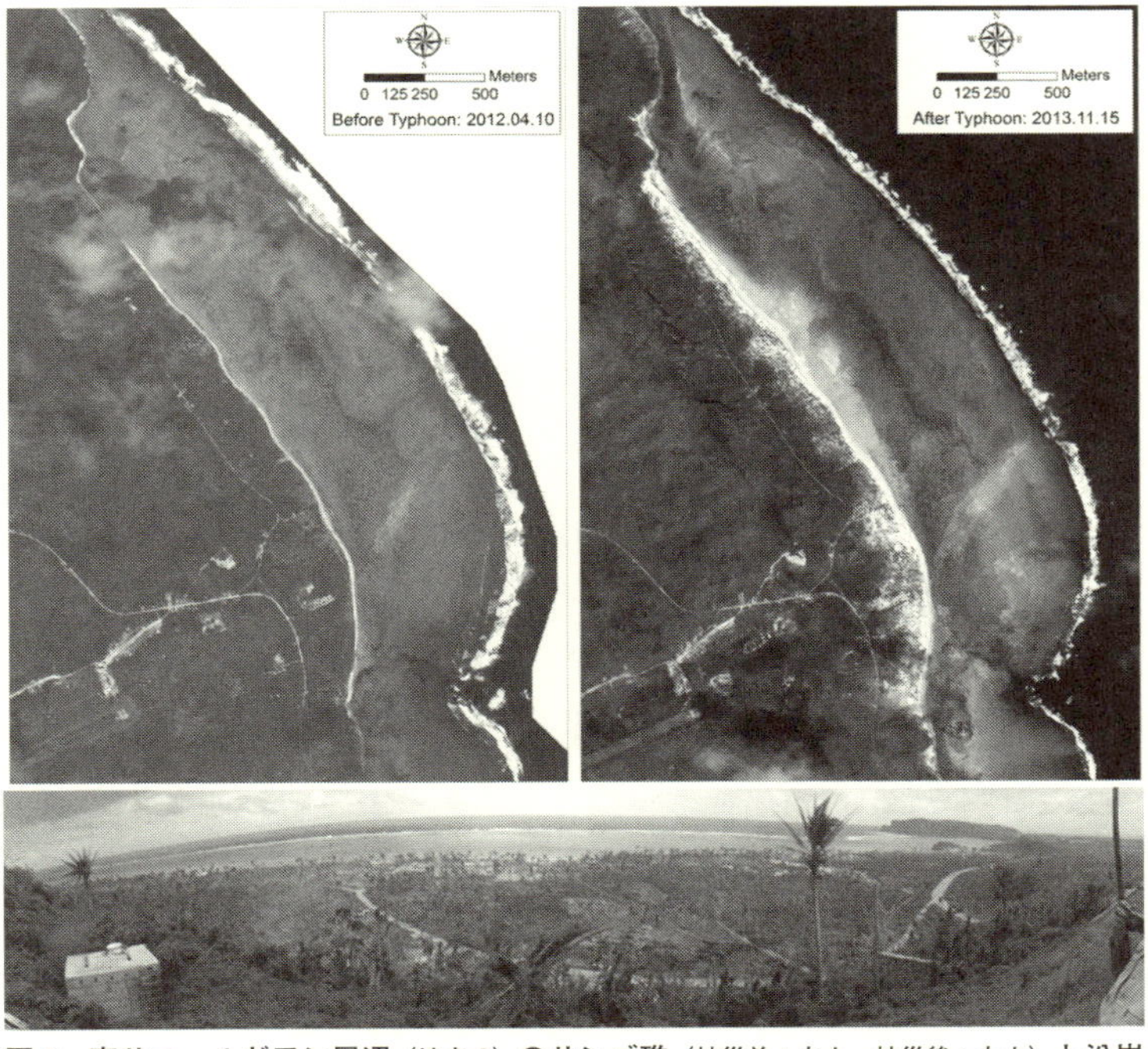

図３　東サマールギワン周辺（地点Ｓ）のサンゴ礁（被災前：左上、被災後：右上）と沿岸低平地（下）

のように波が急激に減衰した理由は主にサンゴ礁による急激な水深変化によって波が砕けたり屈折したりしたためであり、サンゴ礁の発達した海岸に特有な現象であると考えられる。また、被害の大きかった地域で小規模に発達していたマングローブ林は高波により大きく被災したが、その一方で、被害の小さい地域で発達していた大規模なマングローブ林には、ハイヤンの来襲に伴う顕著な被害が見られなかった。以上より、マタリアノ湾においては、マングローブ林が被害を軽減させたのではなく、サンゴ礁を含む地形の特性によって、波が局所的に小さくなる場所があり、そのような場所においてマングローブが発達してきたことが、両者の強い相関関係をもたらせた理由であると考えられる。このことから、マングローブ林の積極的な造成は、減災機能の向上効果だけでなく、その発育状況をモニタリングすることによって、自然条件に依存する沿岸部のレジリエンスを評価する際の指標として活用するのに有効であると考えられる。

(3) 地形による氾濫被害特性の違いとレジリエンス向上に向けた考察

以上の現地調査結果と数値モデルとの比較から、ハイヤンに伴う沿岸部の氾濫災害では、高潮による長時間の浸水被害を受けたタクロバンなどのサンペドロ湾奥部、高潮と高波の重合による氾濫域での激しい水面変動が被害を増大させたサンペドロ湾口部、また、高波の来襲とそれに伴うサンゴ礁上での異常な水位上昇による氾濫により被害が増大した東サマール東海岸など、地域によってメカニズムの異なる被害特性が見られた。

台風の経路や気圧配置、目の大きさなどの条件を変化させた複数の高潮計算結果によれば(3)、サンペドロ湾奥における高潮による水位上昇は、これらの台風の条件による影響を強く受け、台風ハイヤンはその中でも、最悪の高潮災害を引き起こす条件を揃える稀有な台風であったことが明らかとなっている。フィリピンは台風常襲地帯であるものの、現地住民によれば強大な台風が来襲することは多々あっても、このような大規模な氾濫災害を受けてこなかった経験が、1日前に警報が出ていたにもかかわらず避難を躊躇《ためら》った多くの住民の慢心を助長した原因のひとつであると考えられる。

湾口部では特に高潮に合わせて高波も来襲し、水位が複数回にわたって上昇したことによって、避難先で波にのまれた被災者も多く存在した。さらに東サマールにおいても、通常時は海岸を防護する効果を持つサンゴ礁上で、これまで経験のなかった水位上昇が発生したことにより、被害が増大したことなどが明らかになるなど、地域の住民が想定していたリスクと現実とが大きく乖離していたことが、人的被害を増大させた大きな要因のひとつであることが推察される。

強大台風ハイヤンに伴うレーテ島およびサマール島による甚大な高潮高波災害だけでなく、近年の被災事例では、現地証言に加えて氾濫域における動画を含む様々な画像データが記録されていることも多い。これらのデータを蓄積し、氾濫域における被害特性の理解を深め、可能な限り想定できていない現象をなくすこと、さらに、想定できなかった事態が発生した際にも被害を最小限に留める対策を、過去の被災事例に基づき設計していくことが重要である。

［田島芳満・下園武範］

参考文献

（1）田島芳満、川崎浩司、浅野雄司、N. M. Ortigas（２０１４）「台風 Haiyan に伴うレイテ島およびサマール島における高潮・高波特性の分析」土木学会論文集Ｂ２（海岸工学）、vol.70, No.2, pp.I_1431-I_1435

（2）Gunasekara, K., Tajima, Y. and T. Shimozono (2014): Variation of impact along the east coast of Eastern Samar due to Typhoon Haiyan in the Philippines, *Journal of JSCE*, B2 (Coast. Eng.), vol.70, No.2, pp.I_241-I_245.

（3）森信人、澁谷容子、竹見哲也、金洙列、安田誠宏、丹羽竜也、辻尾大樹、間瀬肇（２０１４）「２０１３年台風 Haiyan による高潮の予測可能性と再解析精度」土木学会論文集Ｂ２（海岸工学）、vol.70, No.2, pp.I_246-I_250.

5　ウランバートルにおけるゲル地区再開発計画とレジリエンス

1　モンゴルの遊牧におけるサステイナビリティとレジリエンス

レジリエンスを高めるためには、いわゆる防災対策として直接的に備えるだけでなく、日頃は防災との関係ではあまり意識しない、人々の考え方や心理も含む社会全体のシステムを考慮する必要がある。その際には、民族性や伝統知を重視する視点が重要であろう。

モンゴルの遊牧社会は、サステイナブルな生き方の知恵に満ちている。天候や草の状態に常に注意を払い、季節ごとに移動する。遊牧民は草地を守るために、家畜が草原の草を食べ尽くす前に移動する。[1] 一定の場所に固執して留まることはない。モンゴル人は五畜（羊・山羊・牛・馬・ラクダ）を飼う。その理由は、家畜によって好む草が異なるため、草原に過度な負荷をかけずに済むからだという。遊牧民の相続の仕方にも、草原を守る工夫がみられる。モンゴルでは「末子相続」（末息子が親のゲルと家畜を相続）が普通である。子どもは長子から順に結婚して独立する際、家畜を分与されて遊牧を始める。これにより増え続ける家畜を分散させ草地を守る。[2] また、遊牧民はホト・アイルと呼ばれる数家族のグループを組んで住む（写真1）。草の生育状況や天候に応じて移動しつつ、ホト・アイルはその構成家族やグループ編成が変化する。そうすることによって、環境変化に適応している。[3]

モンゴルではしばしば深刻な干ばつやゾド（冷害・雪害）に襲われる。そのため単一の家畜に依存すると一度に全ての家畜を失う危険性が高く、それを回避するために多種の家畜を飼育している。また、環境の悪化や危険を察知すると、すぐに移動することによって被害を回避しようとする。これはその時々の環境変化に対するレジリエンス（柔軟性）であり、それがあってこそ長期的なサステイナビリティ（持続性）が実現する。このようにレジリエンスとサステイナビリティとが表裏一体をなしている。

写真1　ゲルを隣り合わせて建て数家族でホト・アイルを組む遊牧民。彼らは放牧の共同作業と生活の相互扶助を行っている

しかし、社会主義時代（1924〜1989年）の1950年代後半から、旧ソ連の指導の下、コルホーズを模したネグデルと呼ばれる共同組合が導入された。そこでは牧畜飼育の集団化と分業化が図られ、単一の家畜を飼育するようになった。季節的な移動は行われたが、ネグデルの執行部がルートを決め、移動範囲も縮小した。これはモンゴルの遊牧民の伝統に反することであった。

1990年の民主化後、ネグデルは崩壊し、遊牧民は再び五畜を飼養し、四季を通じて移動する生活様式を取り戻した。社会主義時代の行きすぎた管理と極端な分業体制は、牧地利用としての適正さを欠き、自然災害による損害も大きかった。これは遊牧民の伝統知を無視したことの弊害だとする評価もほぼ定着している[4]。

モンゴルでは近年、ウランバートルに人口が集中し、大気汚染や交通問題など様々な都市問題が顕著になっていることから再開発の必要性に迫られている。鉱山開発や外国資本の流入により、産業構造やライフスタイルにも大きな変化が起き始めている。こうした中で、遊牧社会が培ってきた「レジリエンスの知」を今後の都市再開発や国土計画にいかに活かせるかが問われている。

2 ウランバートルのゲル地区と再開発問題

モンゴルの「レジリエンスの知」としてとくに注目されるのが、移動式住居「ゲル」である。

ゲルは、中心の支柱と、側面を支える蛇腹式の木組み、および全体を覆うフェルトからなる。組み立て時間はわずかに1時間ほどである。総重量は250キログラム程度で、ラクダや軽トラックに積んで手軽に移動できる（口絵vi頁上参照）。フェルトで覆われているため冬でもストーブを炊けば暖かい。夏は、フェルトの下部を開いて風が通るようにすれば涼しい。数千年間にわたる遊牧の「移動性」と、厳しい自然や社会状況の変化にすばやく対応する「柔軟性」はこのゲルが支えてきた。そのため、モンゴル人独特の生き方や考え方の基盤はゲルにあると言っても過言ではない。

ゲルは遊牧生活だけに使用されるものではない。首都ウランバートルでも、古来、多くの人がゲルに住んできた。それは仮の住まいということではなく、むしろ、都市内に持ちこまれた柔軟な遊牧生活の様式と言った方が良い。

社会主義時代には中心部に計画的にアパートが建てられたが、それ以外の市内は元来のゲル地区のままだった（写真2）。現在もなお、市内には何カ所も「ゲル地区」があり、依然としてそこに市の人口の約半数が住んでいる。ゲル地区は古くからの一般庶民の生活地区であ

写真2　社会主義時代に建設されたアパート群とゲル地区

り、決してスラムではない（口絵vi頁下参照）。

しかしそこには暖房のための温水パイプや上下水道などのインフラ整備は行われていない。このため住民は極寒の冬季には暖をとるために石炭を生炊きせざるを得ず、北京よりもひどいとも言われる深刻な大気汚染を引き起こしている。さらに下水道がないために衛生状況も悪化し、土壌汚染も引き起こす。過度な人口集中により、ゲルが河川沿いや斜面などにも拡大して自然災害のリスクも高まっている。

こうした状況の中、2013年、ゲルを撤去して集合住宅化する都市再開発計画がスタートした。上述の問題解決のためにやむを得ない面がある一方で、モンゴル人独特の生き方や考え方の基盤とも言うべきゲル文化をいかに守るかという難しい課題に直面している。都会にはゲルはなくても良いのではないかという意見が市民の間にもあるが、ウランバートルに国民の半数が暮らしていることから、彼らがゲルと無縁になってしまうことの影響は無視できない。それは大半の国民から遊牧の記憶が薄れることを意味し、文化の断絶を招きかねないからである。

筆者は、GRENEプロジェクトの代表である林良嗣名古屋大学教授らとともに、2013年8月にウランバートル市都市計画担当者や副市長らと面会し意見交換した。その際、彼らが異口同音に「もともと遊牧民の我々が都市化を経験するのは最近のこと」と述べたのは印象的だった。ウランバートル市は社会主義時代に50万人規模の都市として設計されたにもかかわらず、現在は130万人が住むようになり、もはや完全にキャパシティを超えている。

(1) ゲル地区形成の経緯

モンゴルの首都ウランバートルの起源は、1639年にチベット仏教の初代活仏のゲル寺院が創建されたことにあると言われている。ゲル寺院は多数の家畜を所有し、移動を繰り返した。モンゴル帝国が形成された当初も、チンギス・ハーンの宮廷は移動していたという。遊牧社会モンゴルには、「移動する都市」という伝統があり、ウランバートルもその中で成立した。

その後、1855年に現在の位置に定着することになる。[5] その定着寺院を中心にウランバートルの町が次第に出来上がっていった。活仏の宮殿と寺院のまわりに学堂ができると、それを取り巻いて、その外側にも僧侶たちが住むゲル集落ができた。さらにその外周に、一般のモンゴル人や漢人商人が住む街区が出来上がった。

図1は20世紀初頭のウランバートルの絵地図であり、右側（東側）に活仏の宮殿が描かれている。一方、左側（西側）には、19世紀に建てられたガンダン寺が見える。[6] ガンダン寺を取り囲むように僧侶たちのゲル集落があり、現在もほぼ同じ形態を留めている。

(2) 首都建設とゲル

1950年代以降、本格的に首都建設が始まった。当時、都市建設や鉱工業開発のため労働者が必要となり、政府は地方から遊牧民をウランバートルに呼び寄せた。その結果、都市人口が一気に増加した。[7]

一方、地方ではこの頃、ネグデルによる社会主義管理体制が強まり、家畜の供出に不満を感じる遊牧民が多く現れた。また同時に遊牧労働力の余剰も生じた。こうした人々が都市へ集まり、ウランバートルの人口増加の一因となった。ウランバートルでは、急増する人口を支えるためにアパート建設が進められた。しかし、人口の急増にアパート建設が追いつかず、多くの市民はゲルに住んだ。

1990年には社会主義体制が崩壊し、民主化と市場経済化が始まった。社会主義時代の工場閉鎖や企業倒産等により多くの失業者が生まれた。彼らは地方へ移住したが、一方、地方から都市へ移動する人も多く、流動が激しかっ

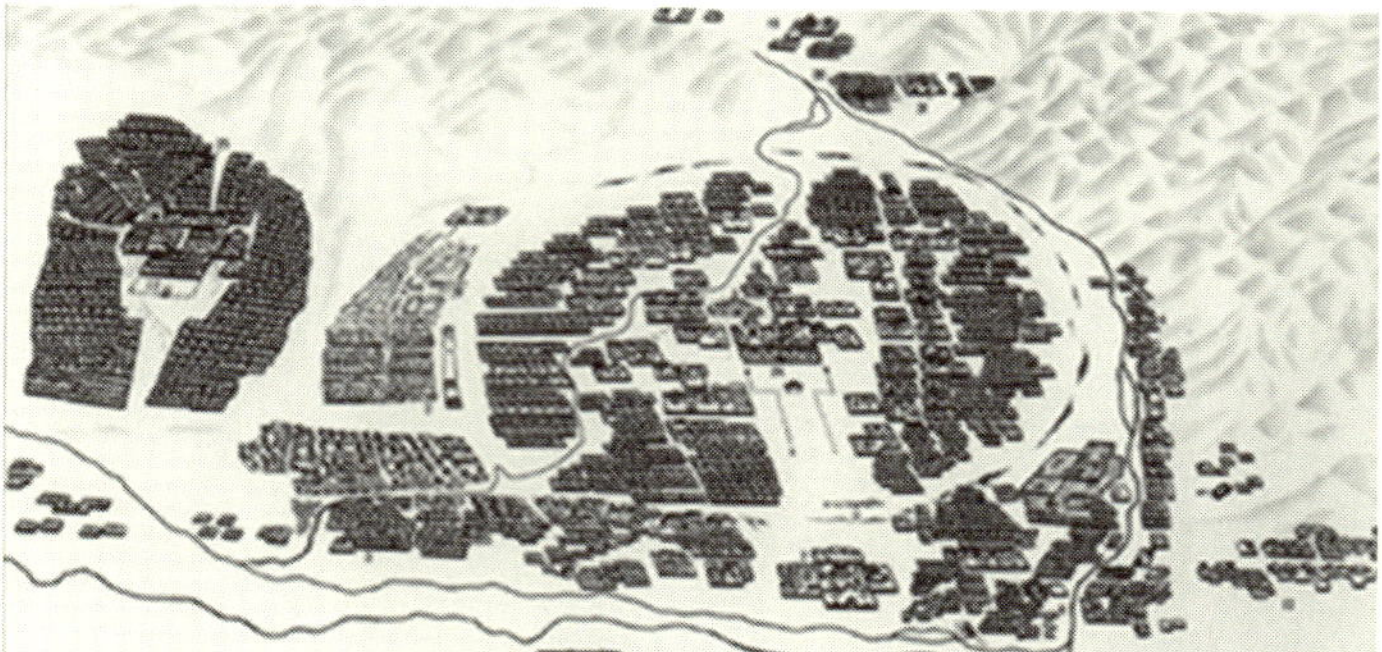

図1　20世紀初頭のウランバートル。左手にガンダン寺とそれを取り巻くゲル集落が描かれている。現在もほぼそのままの姿を留めている。
出典："Улаанбаатар Хотын Атлас"（1990年　国立地理院　ウランバートル）

た。地方においては、社会主義時代には保障されていた教育福祉機能が低下した。また生活保障がなくなり、災害に対する脆弱性も高まった。ゾドが発生して家畜を失うと、文無しになって都市へ行くしかなくなった。

地方からの都市移住を促したもうひとつのきっかけは、2003年以降に施行された土地私有化法である。これによりモンゴル国民は、定住区に一定の広さの土地を無償でもらえることになった。この私有化事業はウランバートルのゲル地区（および各県・郡中心部のゲル地区）で実施された。そのため、田舎の土地を手に入れるよりも、首都の土地を得たいと考えた地方からの移住者が増加した。これによりウランバートルのゲル地区はさらに過密化し、危険な傾斜地や河川沿いの低湿地にも無秩序に拡大した。

このような激しい人口移動が起こるとき、ゲル地区の存在が、首都への足がかりとして大きな役割を果たしている。ゲルさえあれば、お金がなくてもとりあえず生活できる。ゲル地区では、ハシャー（板塀：本来「家畜囲い」の意味）の中で家畜を飼養でき、遊牧生活の部分的な維持も可能であった。

以上のことから、ゲル地区は「遊牧地域と首都をつなぐ結節点」であるとともに、「都市内の遊牧的空間」とも言える存在である(8)。

写真3　ビルとゲル地区が混在する。写真中央にガンダン寺。

(3) ゲル地区の構造と特徴

ウランバートルにはゲル地区とビルが建ち並ぶ地区とが混在している。その様子はもともとウランバートルがゲルの町に起源を持つことを感じさせる(写真3)。

ゲル地区内においては、住民の敷地は、約400~700平方メートルごとにハシャーで囲まれている。これが隣接しあって、蜂の巣状を呈している(写真4)。かつてはハシャー内の住居はゲルが一般的であったが、最近は木造やレンガ造りの住宅に変わりつつある。

ゲル地区に電気は敷設されているが、2014年の時点ではまだ上下水道は整っていない。先述の通り、ゲル地区にセントラル・ヒーティングの恩恵はおよばず、ゲル生活者の暖房の燃料は石炭である。水は給水所から買う。

居住者は概して低所得であるが、中流世帯も多い。なかには裁判官や学者、商店経営の成功者などもいる。郊外のゲル地区では、牧畜を営む世帯もある。ゲルの隣に家畜小屋を建て、家畜百頭あまりを郊外の草原で放牧し、夕方になるとゲル地区に帰る。地方からの移住者もしくはその二世・三世世代が多く、遊牧を身近に感じている。もともとアパート生活をしていたが、年をとったからゲル生活に戻ってきたという人もいる。ゲル地区の住民と生活様式は多様である。

写真4 ウランバートル市内のゲル地区

敷地内に複数のゲルや木造家屋を建て、複数の家族が同居しているケースも少なくない。「土地も家屋も売り払って海外移住した人が、健康を害して帰国して困っていたので同居させてあげた」という人や、「地方から出てきたばかりの他人に、定住地を見つけるまで一時的にゲルを建てることを許している」という人もいた。こうした「同一敷地の土地を共有する事例」はかなり一般的で、都市生活においても、遊牧民の相互扶助の伝統が維持されている。ゲル地区には無職者が多い。それでも日々何とか生活を送ることができているのは、インフォーマル・セクター（例えば荷運びや洗車などの日銭稼ぎ）による収入が多少はあるとしても、一般的には親族や知人からの相互扶助による恩恵に依るところが大きい。

夏はゲル地区のゲルに住んで、冬になるとゲル地区外のアパートに引っ越す人もいる。有利な場所を見つけるとすぐに「移動」する。状況に応じて、職業、住居、同居者を変える「柔軟性」を持ち、空いている所があればそこに住み着き、他人の敷地でもゲルを一時的に建てる。それを許す大らかな雰囲気は、遊牧生活に見られる「場の共有性」から来ているのかもしれない。

こうした「移動性」、「柔軟性」、「共有性」、「相互扶助」は、遊牧生活の伝統から来るものであり、ゲル地区という存在があるからこそ都市内でも維持されているとも言えよう。

3　ゲル地区再開発計画と住民の対応

ゲル地区とは、上記のようにモンゴル特有の伝統に深く根ざしたものであり、その再開発計画はなかなか一筋縄ではいかない。ウランバートル市は日本をはじめ海外からも都市再開発の技術やノウハウを導入しようとしているが、モンゴル独自の改良がかなり必要になることは容易に予想される。以下に、２０１４年時点までの進捗状況を整理してみる。

（1）ゲル地区再開発計画の概要

ゲル地区の再開発計画とは、ゲル地区の私有地を数軒～数十軒単位で集め、そこにマンションを建てるという計画である。土地を提供した人は、土地の広さやそこに建っていた家の資産価値に応じて、マンションの1部屋から3部屋をもらえる。マンションに入居せずに、お金をもらって他へ移住する選択肢もある。

ウランバートル市はゲル地区の再開発計画について、パンフレットを発行し、その事業内容を市民に広報している（写真5）。それによると、ゲル地区再開発事業は、ウランバートル市長の２０１３年から２０１６年までの行動プログラムに基づいて実施される。ゲル地区再開発計画は、以下の四方針にしたがう。

①インフラ（上下水道・暖房システム）を整備する。

②別荘地や新たに私有化される土地もインフラ整備を行う。

③都市再開発（再設計対策）は六年間実施される。

④インフラ整備や再開発の支援・維持に必要な法整備を行う。

写真5　ウランバートル市が2013年に発行したゲル地区再開発に関するパンフレット

再開発の実施は以下の九段階を経て行われる。

第一段階：住民が「ゲル地区集合住宅化対策機関」に対して申請する。

第二段階：申請の内容を以下の四つに分類して検討する。①土地を提供してマンションに入居する。②今住んでいる土地にインフラをつくる。③土地を売ってお金をもらう。④あとで結論を出す。

第三段階：対象範囲を明確にする。

第四段階：土地所有者と土地占有者による臨時委員会を設置し、委員長を決める。

第五段階：ゲル地区集合住宅化対策機関は、住民の臨時委員会を通して集合住宅化についての情報を住民に与える。

第六段階：住民の意見と都市計画に基づいた、具体的な再開発計画書をつくる。

第七段階：再開発計画書について関係機関と協議する。

第八段階：計画書について関係機関の承認を受ける。
第九段階：計画書を市議会が承認し、その後、実行される。

パンフレットでは、再開発に対して住民の積極的な参加を促し、彼らの主体的意見が反映されることを重視するということが強調されていた。

（2）ゲル地区再開発計画に対する住民の意見

２０１３年11月に、モンゴル国立大学と共同で、５カ所のゲル地区の住民意識調査をアンケート形式で実施した。それぞれのゲル地区で百戸を選び、家族構成や職業、年収、ゲル地区の住み心地や不満、集合住宅化に対してどのように感じているかをアンケート用紙に記してもらった。その１か月後の12月には、住民への訪問による聞き取り調査を実施した。

アンケート調査の結果をまず示してみよう。「ゲル地区がアパートに建て替わることについてどう思いますか？」という質問の答えは次のようであった。

大いに賛成：64％
どちらかといえば賛成：18％
どちらかと言えば反対：４％
反対：14％

賛成理由の大半は、「暖房設備の整った集合住宅ができれば石炭を燃やさず

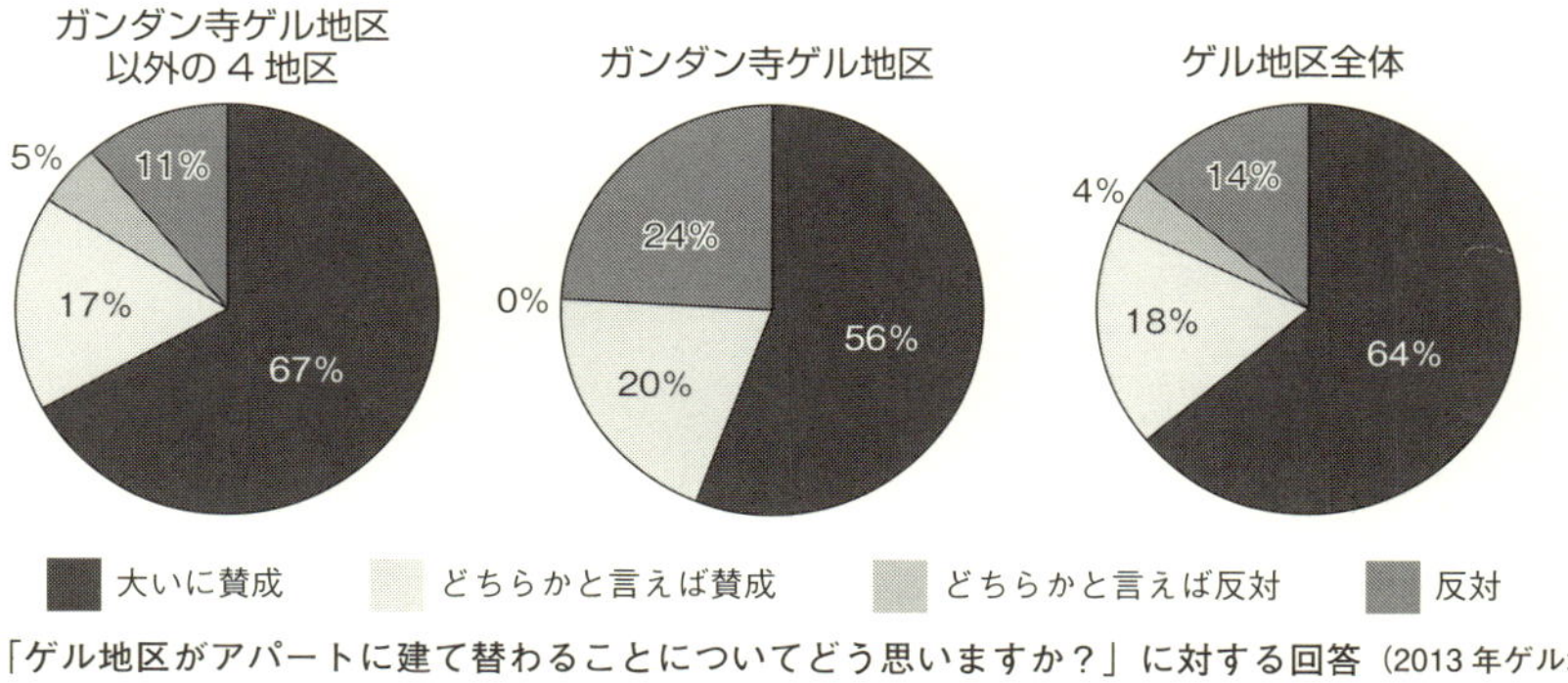

図２「ゲル地区がアパートに建て替わることについてどう思いますか？」に対する回答（2013年ゲル地区アンケート結果）

に済み、大気汚染問題が解決できる」というものであった。

調査対象とした5カ所のゲル地区には、チベット仏教の拠点であるガンダン寺を取り巻く歴史の古いゲル地区（以後、ガンダン寺ゲル地区と呼ぶ）や災害の危険性の高い場所にあるゲル地区など、それぞれ特徴がある。それゆえアンケート結果は、ゲル地区間に差が出るであろうと予想した。しかし、実際にはどのゲル地区でも、集合住宅化を歓迎する声が多いという結果だった。ただし、ガンダン寺ゲル地区では、他の4カ所とは異なる傾向が見られ（図2参照）、その割合は次のとおりだった。

大いに賛成：56％
どちらかといえば賛成：20％
どちらかと言えば反対：0％
反対：24％

ガンダン寺ゲル地区では賛成意見がやや少なく、明確に反対する意見が他のゲル地区に比べて2倍以上であった。ガンダン寺ゲル地区は、アンケートを実施した翌年には、他地域とは異なる展開をすることになる。

反対意見は個別事情によるものが多く、アンケートだけではよくわからない。そのため、聞き取り調査でこの理由を尋ねた。すると、土地を賃借りして住んでいる人にとっては土地の所有者が土地を売ってしまったら住む場所を奪われるとか、経済的に苦しい世帯は集合住宅化によって光熱費がかさむことを歓迎しないなどの事情が聴けた。また、「土地を売っても代わりにもらえる居住スペースが狭すぎる」という不満もあった。

ゲル地区では同一敷地内に数家族が同居している場合も多いため、「3家族9人で28平方メートルのアパート一部屋で生活することはできない」との声があった。

さらに、立地条件がとくに良い場合、住民は資産価値が高いことを知っているため、土地を手放すメリットを感じることができず、反対する。私有化によって手に入れた自分の土地への愛着を感じる人も少なくない。すでに敷地内にレンガの家を建てた人も多い。また、資産価値がますます高まっている自分の土地の権利を守ろうと、再開発計画を知った上で意識的に堅固な住居や店舗を新たに建てた人もいる。以上のように各論になると個別の事情が様々に存在する。

写真6　立ち退きの終わったゲル地区に建設されているマンション（2014年）

（3）2014年夏（1年後）の進捗と変化

2014年9月に再調査を行ったところ、ガンダン寺ゲル地区では集合住宅化が取りやめになっていた。ゲル地区をそのまま残して上下水・温水暖房システムを敷設することが決まり、敷設工事も始まっていた。2016年までに完了予定とのことである。

ガンダン寺ゲル地区においては、前年のアンケート調査で、集合住宅化に明確に反対する人の数が他地区に比べて多かったが、その人びとが中心となって反対運動が行われた。住民会議で反対派のリーダーを選出し、グループを結成してキャンペーンを行ったり、市役所に意見書を提出したりしたという。

ガンダン寺ゲル地区は、ウランバートル成立期からの古い歴史とモンゴル都市の原型を引き継ぐ地域である。住民は、歴史保存地区としてゲル地区のまま残すことに意義があることを理解している。さらに、都心にあって地価も高騰しているため、土地を手放さない方が得であることを意識している。

他のゲル地区では、すでに住民は立ち退き、マンション建設が始まっている場所もあった（写真6）。しかし、その建設現場の隣で、立ち退きを拒否して居残る家族も何世帯かあった。ゲル地区の敷地を利用して車の修理を行っている世帯や、商店を経営している世帯であった。土地を売ってマンションに入居すれば、商売が成り立たなくなり、生計を立てるのが難しくなってしまうからだ。周りのゲルがすべて立ち退いた後に、ぽつんと一軒だけ居残る商店のたたずまいは、あたかも自分勝手に反抗しているかのように見えるが、本来の趣旨からすれば当然の権利であり、不法に占拠しているわけではない。

別のある地区では、すでにマンション建設が決定しているが、住民とマンション建設会社との交渉が上手くいかず、計画が停滞していた。住民によると、集合住宅化するかどうかを話し合う地区の会議は一度開かれたが、その後の具体的なプランニングに住民の意見を反映させる機会は与えられなかったという。聞き取り調査では、一般に開発業者への不信感が非常に強いことを感じた。集合住宅化計画は住民の意見を最優先に進められることとなっていたはずであるが、２０１４年9月時点で予定通りには進んでいない面もあった。

パンフレット作成にあたった市役所担当者によれば、「当初の計画通りに住民の意見を反映させることはなかなか容易でない。手続きに定められた住民組織との事前の話し合いをせず、建設会社が個人と交渉し始めると対立が生じかねない」という。

今後、集合住宅化が進めば、遊牧民の柔軟な生活戦略が息づいてきたゲル地区がウランバートルから姿を消すかもしれない。ゲル地区の無秩序な拡大や人口集中がさまざまな深刻な都市問題を生み出していることは事実であり、集合住宅化の流れは止められない。環境問題等、直面する様々な問題を解決し、生活の快適性を獲得しつつ、同時に遊牧文化を継承できるような再開発はできないものだろうか。

例えば、集合住宅化によりできる空地を公共化して、そこに伝統的なゲル地区を残す。また、そのような公共的ゲル空間を市内に連続的に配置して、災害時の避難空間とする。モンゴル特有の観光資源としても有効であり、都会育ちの子供達が日頃ゲルに接する機会にもなる。こうしたことでモンゴル特有のレジリエンスを維持することに貢献できるかもしれない。重要なことは、集合住宅化と同時進行でこうした計画を立案し、実施することである。

4　モンゴルにおけるレジリエンス研究の取り組みに向けて

モンゴルは急速な経済発展を遂げつつあり、社会の状況も急変しつつある。日本のように一足先に経済発展を遂げ、安定期もしくは縮退期を迎えた国とは状況が大きく異なる面もある。しかしながら、レジリエンスの確保は、成長期であるが故に重要性が高いという意識がモンゴルにおいても高まっている。ゾドや砂漠化、地震などの自然災害問題や、都市化問題に直面し、レジリエンスの観点から今後の社会構造・国土構造の在り方を検討する必要がある。

レジリエンスを確保するための方策は、まずは様々なベスト・プラクティスに学ぶことであるが、一方で反面教師に学ぶこともある。確立された防災対策をモンゴルが他国から導入することも必要だが、伝統文化と相容れないこともある。経済効率を追及する考えとは対立することもありえる。

こうした問題は、様々な分野の知見を持ち寄り、伝統知に学びつつ、議論を深めなければ解決しない。分野間（インターディシプリナリー）の連携のほか、専門家だけでなく社会と協働したトランス・ディシプリナリーな取り組みも求められる。

日本とモンゴルの国際連携の一環として、モンゴル国立大学に名古屋大学とのレジリエンス共同研究センターを設立する準備が進んでいる。そこでのテーマは、「レジリエンスとサステイナビリティを重視する視点からモンゴルの環境・災害・社会を考えること」であり、モンゴルの若者が主体的に行動できるような仕組みをつくりたい。レジリエンスは、民族固有の文化や伝統を生かし、持続的な社会を構築する上で重要な概念である。レジリエンス研究を支える人材育成も進めながら、息の長い取り組みが求められよう。

［石井祥子］

参考文献

（1）梅棹忠夫（1991）『回想のモンゴル』中央公論新社、pp.77-78
（2）小長谷有紀（1997）「草の海の白い港─遊牧生活の舞台」小長谷有紀編『アジア読本─モンゴル』河出書房新社、pp.12-19
（3）上村明（1997）「移動と人生の節目」小長谷有紀編『アジア読本─モンゴル』河出書房新社、p.58

（4）青木信治編（1993）『変革下のモンゴル国経済』アジア経済研究所、pp.116-117

（5）Baabar1999 *History of Mongolia.*D.Suhjargalmaa, S.Burenbayar, H.Hulan&N.Yuya (trans.) C.Kaplonski (ed.) University of Cambridge. The White Horse Press, Cambridge,UK. p.168

（6）松川節（1998）『図説モンゴル歴史紀行』河出書房新社、p.73

（7）Neupert, Ricardo & Sidney Goldstein1994 *Urbanization and Population Redistribution in Mongolia.* East-West Center, Honolulu, USA. pp.14-36

（8）石井祥子（2009）「ポスト社会主義のモンゴルにおける都市と遊牧社会の動態に関する研究」（名古屋大学文学研究科博士論文）

6 サステイナビリティとレジリエンス
――ペルーの古代文明、先住民社会、現代都市の災害から学ぶ

1　はじめに

２００７年８月15日、ペルーでマグニチュード８の地震があった。首都リマ市から約３００キロ南の漁港・ピスコ市の沿岸部が震源だった。地震発生時、筆者は友人と訪れたマチュピチュ遺跡からクスコにもどる汽車に乗っていたため、揺れを感じることはなかった。リマでも、長い横ゆれがあったが、被害は建物の部分的損壊にとどまった。

写真１　ピスコの地震で倒壊したアドベの家々

地震発生の当日は、天野博物館が実施していた発掘の出土品を展示する特別展のオープニングに当たっていた。天野博物館は、１９３０年に海外雄飛を果たし、実業家として成功した天野芳太郎氏が、晩年リマ市に設立した博物館である。同博物館がある遺跡の発掘を組織し、筆者も関わっていたのだが、その発掘のテーマのひとつがまさに古代における地震災害への対応だった。

地震発生の数日後、テレビ関係の友人が取材に向かうというので、それに同行させてもらい現地を訪れた。ピスコ市街では、アドベ（日干しレンガ）造りの家々のほとんどが倒壊していた（写真１）。とくに、中央広場の古い教会の礼拝堂が崩落し（口絵vii頁下参照）、ミサに集まっていた百数十人が死亡した。津波も発生し、漁業用ボートがほとんど打ち上げられ、漁業は壊滅状態となった。

地震発生直後には商店の略奪も起こったため、市街に何台もの装甲車が展

開して、厳重な警戒にあたっていた。支援物資も、近隣の港に基地をもつ海軍が運びこみ、被災者を整列させて、軍人たちが直接手渡していた（写真2）。

写真2　軍が統率して、被災者への支援物資を配布する

筆者は、文化人類学を専門とし、35年にわたってペルー山岳地域の先住民インディオ（とくに高原でリャマ、アルパカを飼う牧民）の社会を研究してきた。山岳高所の厳しい自然環境にうまく適応し、多様な資源を最大限にしかもサステイナブル（持続的）に利用する、インカの末裔たちの知恵をみてきた。また、遺跡発掘への関与などを通じて、古代文明に込められた「レジリエンスの知」にも関心を惹かれていた。そして、ピスコで災害の現実を目にした。それによって、古代社会のレジリエンス、先住民社会のサステイナビリティ、現代都市社会のヴァルネラビリティ（脆弱性）―そのコントラストから、災害の人為的側面・文化的側面を実感させられた。自然災害は自然現象が引き起こすものだが、災害の生じ方（そして当然ながら、災害からの復興）は社会的、文化的なものだということを、である。

翌２００８年には中国四川大地震が起こり、前職の愛知県立大学が四川師範大学と提携大学にある関係で、支援活動のために現地にはいった。そして、２０１１年の東日本大震災。それらの経験を通じ、実感はさらに確信となった。

そこで、この節では、主としてペルーを事例として取りあげながら、災害の文化的社会的側面について、また、災害研究における文理の共同の重要性について論じたい。結論を先取りして言えば、サステイナビリティ（持続性）とレジリエンス（復元力）が結びついていること、したがって、サステイナビリティを優先してきた社会の古来の叡智に学ぶべきことが多い、ということである。事例にはいる前に、問題の所在を明らかにしておこう。

自然災害は、地震・津波、火山噴火など地殻変動にかかわるもの、旱魃、冷害、暴風雨、落雷など大気にかかわるもの、地滑り、洪水、火災など地表面の現象とに区別できる。これらは自然現象であるが、地球温暖化と異常気象は人間活動の影響だと考えられている。温室効果ガスの排出によって地球温暖化が進めば島国は水没の危機に晒され、異常気象は農業生産の低下を引き起こし、森林伐採はランド・スライドや下流の洪水などを引き起こす。

災害の人為的側面は、実は、そのような人間活動の自然現象への影響という問題を超えて、はるかに大きな広がりをもっている。まず被害の大きさについて言えば、地震などの被害は、都市や建物の構造や立地、居住パターンによって大きく異なる。被害は、地域社会内部においても平等ではなく、階層格差に影響され、貧困層や社会的弱者がリスクを負いやすい。権力構造、政治形態などの社会システムも災害と大いに関連する。社会的経済的格差、政治的腐敗などは被害拡大の要因となり、相互扶助は被害軽減と復興に役立つ。直接的な被災の後の疫病、被災地への救援、復興のあり方、災害が与える影響も社会によって多様である。災害は自然環境と社会文化との相互作用のプロセスである。

2 ペルー先住民社会の牧畜—定牧

以下ではペルーを事例として論じるが、まずは、筆者が1978年以来現地調査を行ってきた先住民族ケチュアの牧畜民の生活を扱う。彼らの牧畜形態は、(季節移動とミルク利用が重要な)モンゴルの遊牧とは「正反対」の特徴をもっており、比較すると興味深い。それぞれが固有の自然環境に適応し、サステイナブルな利用をしているからである。そこで、アンデスのリャマ・アルパカの牧畜についてやや詳しく紹介しておきたい(1)。

調査地はペルー南部アレキーパ県のプイカ行政区である。行政区の中心のプイカ村は峡谷の斜面の標高3600メートルの高さに位置している。峡谷の斜面の段々畑では、川底の約3000メートルから村の辺りまでトウモロコシが栽培され、そこから約4000メートルまではおもにジャガイモが栽培されている。峡谷を上流に遡っていくと、4000メートルを超えるあたりで高原に出る。U字谷とも呼ばれるそのなだらかな氷食谷では、所々に湧水沢によ

写真3　アンデス高原の湿原で放牧されるアルパカ

る湿原が形成され、そこで牧民たちがアルパカを放牧して生活している（写真3）。氷食谷からはずれた広い高原は乾燥しているが、イチュとよばれるイネ科の草が多く、リャマはこれを好んで食べる。

牧民たちの住居は、石積みの壁にイチュ草で葺いたもので、その周囲に石積みの家畜囲いが作られている。高原の牧民の家族はそれぞれが一定の放牧領域を占有し、その領域の範囲内で2、3百頭ほどの家畜を飼っている。各世帯の放牧領域の境界は、川や山の尾根や目立つ岩など自然の標識によって互いに認識されている。平均の広さはプイカでは20平方キロメートルほどで、その範囲内にアルパカの放牧に適した場所（湿原など）とリャマの放牧に適した乾燥地域がある。

牧民はその領域内に普通二つの固定住居をもち、その間で小規模な季節的移動を行っている。主に乾季に利用する主住居は、水を汲みやすいように、湧水沢の近くに位置している。11月から4月頃まで続く雨季には副住居に住む。副住居とそれに付随する家畜囲いはなだらかな台地上に位置し、水はけのよい場所にある。それでも、ラクダ科動物はタメ糞（同じ場所に糞をする）の習性をもっているため、雪や雨が降ると、囲いの地面は糞と混じった泥になり、病原菌で汚染しやすい。雨季は家畜の出産期と重なる。そのため、免疫のない仔家畜の死亡率を抑えるため、できるだけきれいな囲いを確保することが重要である。そこで、複数の囲いの間でローテーションが行われる。

このように、一見すると移動しているように見えるアンデスの牧畜であるが、モンゴルの遊牧とは全く異なっている。移動と言っても、それは世帯毎の放牧領域内に限定され、直線距離は数キロメートル以内で、放牧地はどちらの住居からも「日帰り放牧」できる範囲にある。つまり、家畜の移動は、雨季の幼畜の健康維持が目的である。つまり、中央アンデスの牧畜はむしろ、高所の一定の領域内で一年中家畜を維持する「定牧」と言える。

熱帯の高地である中央アンデスでは、一日の寒暖の差は大きいが、平均気温の年変化がたいへん小さい。また、乾季には雨量は少ないが一年を通じて氷河の湧水による湿原が多く、そこでは一年中アルパカの放牧に適した植生が維持される。つまり、中央アンデスの高地環境は、寒地適応の動物にとっては、むしろ安定した豊かな環境だといえるのである。そのため、年間を通じて高原の一定地域で畜群を維持する「定牧」が成り立ったのである。

モンゴルの遊牧では家畜の乳が食料として重要だが、アンデスの牧畜は、家畜の搾乳をしないという特徴もある。しょっちゅう家畜を殺して肉ばかり食べるわけにはいかないが、食糧確保はどうしているのだろうか。実は、彼らは、下流の峡谷に住む農民から農産物を得るのである。そのための伝統的な方法が二つある。ひとつは、農民に頼まれて、段々畑から家まで収穫物をリャマで運び、報酬として収穫物の一部をもらうという方法である。もうひとつは物々交換で、肉を農産物と交換するほか、リャマの輸送力を利用して岩塩、果実、土器などの交易品を農村に運んで、農産物と交換する（写真4）。

中央アンデスではおおよそ4000メートルを境に、高原の牧畜地域と峡谷の農耕地域が区分され、しかも二つの生態ゾーンは隣接している。そこでは、牧民と農民の住み分けが成り立ち、またリャマの利用によって安定した互恵的関係が維持されてきた。両者の関係は単なる経済的関係にとどまらず、祭りを一緒に行うなど、さまざまな社会的関係にまで発展した。このように、農耕との緊密な関係を背景として成り立ってきたアンデスの牧畜に、ミルクの利用の必要性がなかったこともうなずける。

一定領域内での小規模な群の移動、農産物運搬のためのリャマのキャラバンなどが見られることから、「アンデスでも、ヒマラヤと同じような移牧（標

写真4　農作物をリャマのキャラバンで高原に運ぶアンデスの牧民

高差を利用した上下の規則的な季節移動）が行われている」と誤解されてきた。しかし中央アンデスでは、「遊牧」や「移牧」は行われていないのである。

3　アンデスの移動する農耕——移農

ペルー南西部プイカ地区では、高原と峡谷は乾燥した不毛地帯によって明確に隔てられているため、このような専業的な牧畜がみられる。しかし、山本紀夫が調査したアンデス東斜面のマルカパタのように、アマゾンに面した湿潤な地域では、農耕地域と牧畜可能な地域がオーバーラップしているため、むしろ「農牧複合」の形態が一般的である[2]。農牧民は、標高4000メートル以上の高地でアルパカとリャマを飼養しながら高地種のジャガイモを栽培し、谷の中下流域で、ジャガイモ、トウモロコシ、トウガラシ、果実などの多様な作物を標高に応じて栽培している。そこでは、一家族の生活圏が標高差で3000メートルにもなり、播種や収穫など農作業のサイクルに合わせて、農牧民は頻繁に谷を上下する。そのときリャマが輸送手段として使われる。

熱帯の高地である中央アンデスの環境は、狭い範囲内に、標高差によって多様な作物の生産ゾーンを生み出した。そのため、農民は頻繁に上下移動することになる。つまり、アンデスでは、むしろ農耕において高度差の利用を促し、「移動性」を生み出しているのである。アンデスにおける農牧複合は、移動という点から見ると「移農定牧」と言うことができる。

アンデスの高所ではジャガイモは特に重要な作物であり、共同の農地で休閑システムをとって栽培されている。マルカパタでは、異なる標高を利用し、また栽培の時期をずらして、四つのグループのジャガイモの栽培が行われている。村の中だけでも100種におよぶ多様なジャガイモの品種があり、アンデス全体では品種の種類は膨大な数になる（写真5）。単一の品種を栽培した方が生産効率からすれば有利だし、実際、近代社会ではその傾向を強めてきた。しかし、アンデスの農民は同じ畑にも多くの品種を一緒に栽培してきた。その理由は、耐寒性、耐病性などが異なる

写真5　ジャガイモの極めて多様な形態（品種）、アンデスの民が作り上げた遺伝子レベルの生物多様性である（写真提供・山本紀夫）

品種を栽培することで、天候異変や病虫害に対するリスクを軽減できるからである。

標高４０００メートルの高地では、「ルキ」と呼ばれる苦いジャガイモが栽培されている。ルキは有毒成分をもち、寒さに強いという野生祖先種の特徴を維持している。イモに含まれる有毒成分は病害虫を防ぐし、また強い耐寒性のおかげで標高４０００メートル以上の高地でも栽培できる。アンデスの人たちは、ルキを食用にするため、「チューニョ」と呼ばれる加工食品を開発した。チューニョの加工には、昼夜の寒暖差が大きい中央アンデス高地の乾期の気候を利用する。収穫したジャガイモを野天に広げて、夜間にイモを凍結させ、日中は解凍させる。これを何日か繰り返したあと、足で踏んで水分を出し、乾燥する。こうして、ルキは毒ぬきされ、乾燥して軽くなり、輸送や貯蔵に適したものになる。

多品種の栽培や、有毒成分をもつ野生種の特徴を残したジャガイモを栽培するアンデスの農耕に、自然をゆるやかに管理する「在来の知」、すなわちサステイナビリティが生き続けている。

４　古代アンデス文明におけるレジリエンス

アンデスでは、古い神殿を覆って新しい神殿を建てる「神殿更新」と呼ばれる伝統がある。[3] 紀元前３０００年紀のピラミッド型の神殿では、更新の詰め物として、石を植物のネットで包んだ「シクラ」と呼ばれるものが使われた（写真６）。それが土嚢のような耐震性能をもつのではないかという仮説が、天野博物館によるチャンカイ谷の遺跡発掘の端緒となった（写真7）。シクラが実際に耐震性をもつかどうかの検証[4]は難しいが、後の時代のアンデス文明の建造物が地震に強いことは、複数の研究者によって指摘されている。

アンデス古代文明、とくに、フランシスコ・ピサロの率いるスペイン軍によって征服されたインカ文明（紀元後1420年-1532年に）は、巨大石造建築で有名だが、荷重や地震などの自然災害に耐える工夫が凝らされている。カミソリの刃も通さないと言われる、マチュピチュ（口絵vii頁上参照）などの石組みの壁は、建物の内側にわずかに傾いており、窓や入口は台形となるように設計され（写真8）、壁の角は特に念入りに組まれている。サクサイワマンの遺跡の巨大な構造壁はジグザグで、どの方向の地震波に対しても強い耐性をもつと考えられる。

地上絵で有名なナスカ文明（紀元後約100～600年）のカワチ遺跡の大ピラミッドはアドベ（日干し煉瓦）で造られ

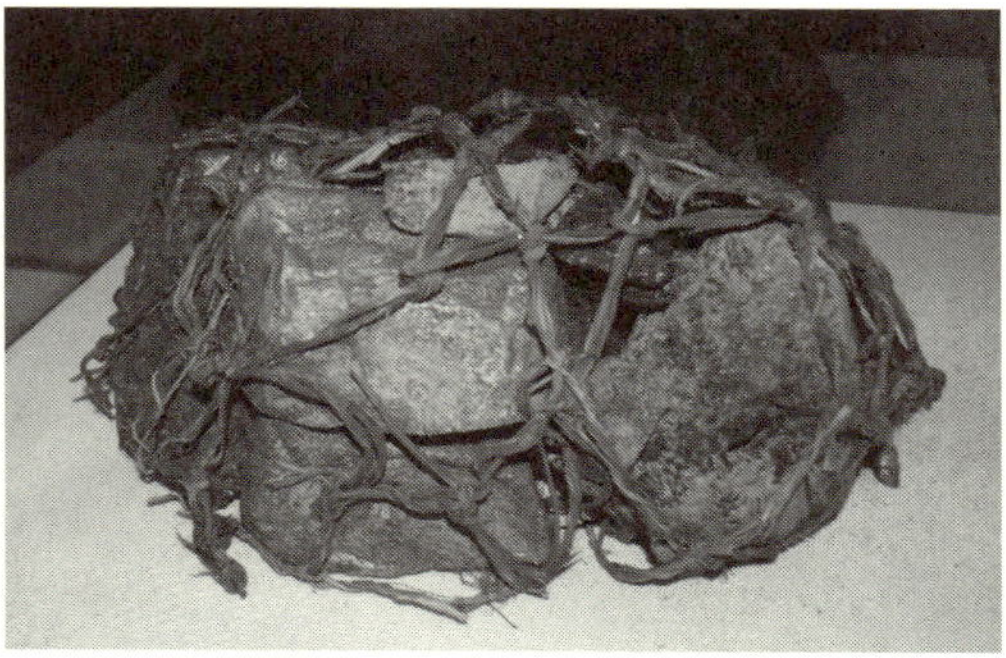

写真6　天野博物館で展示された、約5千年前の遺跡から出土したシクラ（石を包む植物ネット）

写真7　ペルー、チャンカイ谷で天野博物館が実施したシクラス遺跡の発掘

写真8　マチュピチュ遺跡の太陽神殿。台形の構造は地震にも強い

写真9　津波被害を受けたピスコ海岸線の仮設住宅。4年たっても仮設住宅での生活が続く

ているが、その内部構造の一部は土と植物層がサンドイッチ状になっている。発掘した考古学者オレフィッチは、それは荷重を軽減するとともに免震効果があると指摘している[5]。

ヌルは、地質学や地球物理学的研究から、西地中海や西アジア地方でも過去に非常に多くの地震を経験していることを指摘した[6]。多くの地震がある一方で、その地域でも、大規模建築を伴う偉大な文明が起こった。「これらの建造物が大きくなればなるほど、突然の地震による破壊にたいして脆弱となる。これらの構造物を生み出した社会システムは統治や安定性のためにそれらの建物に依存した。そしてそのために、これらの構造物の物理的な破壊がそれに続く社会秩序の崩壊につながったであろう」と述べる[6]。

プレートの重なりによって形成されたアンデス山脈は地震の多発地域であり、さらに、ふだん雨が降らない海岸地域は、時にエル・ニーニョ現象による大雨と洪水を引き起こす。このエル・ニーニョ現象のあとに地震や地滑りが複合したときに、大災害が引き起こされることが指摘されている[7]。そのような自然災害に適応するため、アンデスでは古い時代から、大規模構築物の建造に被害軽減の工夫が発達したと考えても不自然ではないだろう。

5　被災地ピスコの4年後——政治不信

2011年の8月中旬、被災地のピスコを再訪した。中央広場の崩落した教会の跡に新しい教会が建設中だった。隣の市庁舎は震災直後と変わらず壊れたままだった。海岸沿いの通りには仮設住宅が並んでいた（写真9）。その一つはカトリック聖女の祠になっていた。近くの住民に声をかけると、家の中に招いてくれた。間口は4メートル足らず、奥行4メートル余りの居間兼寝室の奥に台所、その先は浜に向かって開けている。一家は6人家族。ご主人のパブロさんと奥さん、それに20歳くらいの娘さんが震災後の生活について話してくれた。

「ちょうど食事をするところでした。ものすごく揺れて、アドベの壁が崩れて、なにもかも崩れて、近くの公園に逃げました。公園にみんな集まってきた。その日の夜は食べるものも水も何もなかった。怖かったけど、どこに逃げていいのか誰もわからなかった。翌日、家に戻ると、津波でぐちゃぐちゃ。毛布なんかを探して、また公園に行って生活しました」「援助物資が来て、トラックでばらまいて行った。私たちはそれを追いかけて、競って取りあった。犬みたいで、情けなかった」という。

それから、人びとが公園に集まり、米、豆、魚などを持ち寄り、オヤ・コムン（共同鍋）をやって、みなで外で食べた。およそ15日後に、小さいキャンプ用のテントをもらった。それから、地区のカトリック教会のホセ神父がビニール、木材などを援助し、それぞれ小屋を作った。仮設住宅が作られたのは、1年くらいたってからだった。

「援助はたくさんあったが、いいものはみなあの人たち（市長はじめ行政関係者）が自分のために取ってしまった」「4年たっても同じ。ずっと仮設住宅で暮らすしかない。支援金をもらいに行っても、『明日、明後日』と言われて何もくれなかった。もらって、何か買ってしまった人もいた。私たちは家を作りたいけど、何ももらえなかった」という。

「生活はどうしているんですか」と尋ねると、「仕事がない。それで、この辺を掃除して、ホセ神父から少しお金をもらって生活している」とご主人。「仕事をしたい」という20歳くらいの娘さんは、「ネットで日本のツナミを見ましたよ。日本はもっとたいへんだね。ここでも、そういうことが起こったかも」という。「私たちは生き残ったんだから、少しずつがんばっていかないと」と奥さん。とても善良なご家族だが、自立までの道は遠いように思えた。

港町ピスコの産業はなんといっても漁業である。漁港に行って港湾組合長のポンセ氏を訪ねた。「大きな揺れで棚の物が崩れた。防波堤に出ると水が引いて行くのが見えた。みんなに逃げろと言って、自分も逃げた。足が水に浸かったけれど、津波はそれほど大きくなかったので、助かった。しかし、漁業のボートはみんなやられた」。

震災前は７００名ほどの漁師がいて、１５０隻以上のボートがあった。２メートルほどの津波だったが、ボートのほぼ８割が被害を受けた。漁師が「教会」と呼んでいた岩が崩れてしまったし、海底の地形が変形していて、今も怖いという。最初はトラウマで漁に出られなかったが、震災後２カ月くらいから、徐々に漁が再開された（写真10）。２カ月前（２０１１年６月頃）に港湾のビルが再建された。１５００人以上に漁師が増え、ボートも３００隻くらいになり、震災前に比べて倍増した。それは、他の失業者を漁業が吸収したためだという。もう一つの大きな変化として、小さな「共同組合」が新たに50くらいできた。以前は大きな組合が一つだけあって、加入していない漁師も多かったが、震災後に人びとが相互扶助の必要性を感じたからである。

写真 10　復興して活気をとりもどしたピスコの漁港

　この漁港で感じたことは、分散型の産業は復興に強いということだ。東日本大震災のあと、漁業の集中化が語られていたが、それには疑問が湧いた。

　漁港を一巡したあと、地元のテレビ局に電話をしてみると、若い記者のロベルト君とエレンさんが、「一緒に取材をしよう」と会いに来てくれた。ロベルト君によれば、市長が津波の危険地域をソーナ・ロハ（赤い地区）と定めて、住民に退去を命じたが、住民は自分の土地だから離れたくないのだという。そのため海岸沿いの地域は再開発も行われず、住民は、薄い合板の仮設住宅に住み続けている。

　被災者への援助は市行政府の役割だが、援助はまったく不十分だ。インフラ整備として、各ブロックにレンガの塀を作った。しかし、これは住民のためというより、復興の遅れを隠すため、というのがもっぱらの評判だ。住民は、その壁を「ムーロ・デ・ベルグエンサ（恥辱の壁）」と呼び、大統領などの要人や支援の外国人の訪問にそなえて、復興の遅れを隠すために作ったと考えている。

6　災害にみるラテンアメリカ都市部の「脆弱性」

ここまで、先スペイン時代のアンデスの自然災害への適応、先住民社会が現代に伝えるサステイナブルな生活、そして、災害時における現代の海岸地方の社会のヴァルネラビリティ（脆弱性）をみてきた。

オリヴァー＝スミスによれば、アンデスにおける災害への適応の形態は、多様な生態階床の統御、分散した居住パターン、適切な住居の材料と技術、備え、イデオロギーなどであった。[8]「多様な生態階床の統御」とは、さきに紹介したような、高原における牧畜、峡谷の標高に応じて栽培される多様な作物、そしてそれらの生産をコントロールする仕組みのことである。

古代のアンデス社会は、レジリエントな社会を発達させた。しかしながら、スペインによる征服と植民地化の結果、ペルーの社会は大きな変化を蒙った。インカの国家は崩壊し、コミュニティと人びとの絆は弱体化した。権力と富は白人やメスティーソ（白人と先住民の混血）の一部に独占され、先住民の文化と社会の周縁化がもたらされた。アンデス高地の先住民社会は、伝統文化の一部とサステイナブルな生活を維持してきたが、海岸地方では特に、大土地所有制、サトウキビや綿のモノカルチャーの結果、先住民は厳しく貧しい生活を強いられた。独立後も政治と経済は少数のエリートと軍に握られてきた。１９６９年の農地改革、１９８０年以降の民主化を経て、近年は中間層がそだっているが、大きな経済社会格差と政治腐敗などの基本的な問題は現在も解決されていない。

征服以後の長い植民地時代を経て定着してしまった歴史的な負の遺産が、震災後の略奪行為と軍による治安維持、支援物資の横流しや分配の不公平、復興の遅れなどとして現れる。

オリヴァー＝スミスらが指摘するように、「災害は、短期間のうちに危機的な状況を生み出すことで、その社会の成り立ちの特性や危機への対応能力、さらには復元＝回復力などを明らかにする[9]」。アドベ建てられたスペイン式の建築物が脆弱なように、征服と植民地化に根をもつペルー社会の「脆弱性」が、残念なことに、現代においても災害時に顕在化するのである。

以上、災害と社会文化の関係性を論じてきた。被害の軽減化やレジリエントな社会の構想にとっての自然科学と人文科学の共同の重要性の所以である。

7 おわりに――災害復興と「コムニタス」世界

写真11　被災者の支えになってきたカトリック教会と神父

住民からよく名前を聞いたカトリックのホセ神父を訪ねてみた。日本から来たと言うと、たいへん温厚・誠実そうな神父が丁寧に応対してくれた。「地震で教会が完全に崩れた。たくさんの死者も出て、どうしていいかわからなかった。正直に言うと、ここから出て行こうと思った。でも、臆病者であってはいけない、と自分に言い聞かせてとどまった。それから、共同鍋、子どもへの『一杯のミルク』、人民食堂などを立ち上げ、仮設住宅の支援などをしました。震災後、人びとの役に立つことができて、今では本当によかったと思っています」。神父は、自らも演奏をしたチャリティー音楽祭など、住民を励ますフェスティバルの写真を見せてくれた。住民が参加して再建した木造の新しい教会で、ちょうどミサが始まった。教会が震災後の住民の心の拠り所となっていた（写真11）。

ホセ神父は、石巻で知った神社の宮司さんを思いおこさせた。筆者は、震災直後から復興ボランティアを続けている肥田浩氏を頼り、ボランティア見習いとして2011年7月下旬に石巻に入った。床下浸水しながら津波被災

写真12　災害ボランティアに「講義」をする石巻市の明神社の宮司。若者はボランティア活動を通じて多くを学ぶ

写真13　石巻市のボランティア活動の拠点のひとつ「ボランティア・ベース絆」

者の避難場所となった大宮町の明神社が、支援活動の拠点となっていた（写真12）。肥田さんらは、宮司の大國龍笙さんを支援して伝統の祭りを復興し、以後、神社の裏手の小さなテント村が、宮司とボランティアによる支援活動の拠点となった。神社の祭りの復興が地域の被災者を勇気づけ、神社には震災前にも増して多くの参拝客が訪れているという。

ピスコで震災の4年後も活動を続けていたNPO団体「ピスコ・シン・フロンテラス（国境なきピスコ）」の本部を訪問してみた。ラテンアメリカや欧米の若者たちが、仮設住宅の建設・改築や社会支援の活動を続けていた。ハワイ出身の若い女性がリーダーとなっていた。彼女によれば、震災の1年後に多くのNPOが撤退する中で、「国境なきピスコ」は長期の支援のために結成され、ネットで登録すれば誰でもが自由に参加できるのだという。

「国境なきピスコ」は、再び、石巻でお世話になった合宿所「ボランティア・ベース絆」の活動を筆者に思い起こさせた（写真13）。そこは神戸の震災で活躍したボランティアや地元のボランティアの方が中心となって運営されていた。次々とやってくる新メンバーは、朝のミーティングの「作業のマッチング」によって活動を始める。リーダーがその日の支援作業を順次告げ、ボランティアがそれに応募していく。
1日の作業が終わるころには、新メンバーにも仲間意識が生まれる。胸に張られたガムテープに書かれた出身地と名前（多くはニックネーム）がボランティア同士の「絆」のベースとなる。年齢や世間での身分や立場は関係ない。目的を共有した人間同士の柔軟で自由な絆が、ボランティア同士、ボランティアと被災者の間に形成される。

ボランティアと被災者の関係は、一方が一方を助けるという関係ではない。明神社での肥田さんらの活動を助けてきた被災者の佐藤尭さんは「私はボランティアのボランティア。せっかく来てくれたボランティアさんに気持ちよく活動して帰ってもらいたい。ウィン＝ウィンの関係ができればいい」と言っていた。ボランティアとして同行した学生の一人も「ウィン＝ウィンどころか、私たちの方がずっとずっと多くものを頂いた」と感想を述べた。

人類学的な用語で言えば、ヴィクター・ターナーが論じた「コムニタス（反構造）」の関係が、被災地で生成されていた。官僚組織のような、社会の中心を占め身分や地位によって関係づけられる「ストラクチャー（構造）」に対して、「コムニタス」は、流浪の民など、原初的で自由な関係性をもつ周縁的な存在のことである。「コムニタス」は、時には差別の対象となるが、社会の変革のための原動力として重要である。

「ストラクチャー」は、未曾有の大災害を前に、硬直し身動きがとれないかのように見えた。一方、被災地で生成し活発に機能していた「コムニタス的関係性」の中に、新たな社会の変革と創造の息吹が感じられた。

［稲村哲也］

参考文献

（1）稲村哲也（2014）『遊牧・移牧・定牧―モンゴル、チベット、ヒマラヤ、アンデスのフィールドから』ナカニシヤ出版
（2）山本紀夫（編）（2000）『アンデス高地』京都大学出版会
（3）加藤泰建・関雄二（編）（1998）『文明の創造力　古代アンデスの神殿と社会』角川書店
（4）福山洋他（2009）「ペルー・ラスシクラス遺跡のシクラ基礎の地震応答特性に関する振動台実験」『日本建築学会大会学術講演梗概集（東北）』2009年8月、pp.927-939
（5）Orefici, Guiseppe & Andrea Drusini 2003 Nasca: *Hipótesis y Evidencias de su Desarrollo Cultural*. Centro Italiano Studi e Ricerche

Arqueologiche Precolombiane.

（6）Nur, Amos 2008 *Apocalypse: Earthquakes, Archaeology, and the Wrath of God*. Princeton University Press.

（7）Morsley, Michael E. 2008 Convergent Catastrophe: Past Patterns and Future Implications Collateral Natural Disasters in the Andes. In Oliver-Smith, Anthony & Susanna M. Hoffman (eds.) *The Angry Earth: Disaster in Anthropological Perspective*. pp.59-71.

（8）Oliver-Smith, Anthony 2008 "Peru's Five-hundred Year Earthquake: Vulnerability in Historical Cotext." In Oliver-Smith, Anthony & Susanna M. Hoffman (eds.) *The Angry Earth: Disaster in Anthropological Perspective*. pp.74-88.

（9）オリヴァー＝スミス、アンソニー／スザンナ・M・ホフマン（2006）「序論：災害の人類学的研究の意義」ホフマン／オリヴァー＝スミス（編）『災害と人類学：カタストロフィと文化』明石書店、pp.7-75

第二部　レジリエンスを高める国土デザイン

第４章

ジオ・ビッグデータによる東日本大震災の検証と新たな展開

1 航空写真と国土基盤情報による津波の詳細マッピング

1 大規模災害時における被災地図

大規模災害は被災地が広域にわたることが多く、どこで何か起きているか、一番深刻な場所はどこかなど、その全貌がなかなか把握できない。このため災害状況を地図に示すことが重要になる。２０１１年東日本大震災の直後も、航空写真や衛星画像などリモートセンシングによる解析が行われ、被災地図が作成された。

被災地図に求められる内容や精度・解像度は、災害後の救助・救援期、復旧活動期、復興期のそれぞれに応じて大きく異なる。災害直後の「救助・救援期」においては、交通が遮断され、深刻な状況に置かれている地域の被災状況を把握することが重要になる。とくに生死を分けるような緊急事態においては、「おぼろげな全貌」では役に立たない。「確固たる一片の事実の積み重ね」こそが必要であり、細かい分析が最初から求められる。「復旧活動期」においては、復旧活動を展開する戦略を練るための地図が求められる。さらに「復興期」においては、より正確な位置情報とともに標高情報も求められる。

本節では、筆者ら日本地理学会が作成した津波被災マップ[1]を例に、時々刻々と変化する状況の中で被災地図に何が求められ、これがどのような役割を果たし得るかについて考えてみたい。防災を所掌する官庁と研究機関とがどのような役割分担をして作成を進めるべきかを検討することも重要である。

被災地図の役割は、こうした救援や復興に資するためだけではない。災害実績図として、災害を後世に残すという役割も大きい。今後のハザードマップの作成の基礎にもなる。さらに今回の震災が提起した「予測の不確実性」を防災上どのように扱えば良いかということを考えるための材料を提示している。

すなわち、地震も津波も多様性があり、単純に同じ規模のものが繰り返されるわけではない。例えば今回の津波が明治や昭和の三陸地震と同様だった場所もあるが、過去の地震よりも低かった場所も、高かった場所もある。必ずしも高くはないが浸水域が異常に広かった場所もある。また隣り合う谷同士でも、津波の高さが極端に違う場所もあった。こうした現象がなぜ起きたのかを一つずつ検討することにより、地震の震源断層（＝津波波源）の特徴に応じてどのように津波遡上が変わり得るかについて理解できる。こうして予測（津波）のばらつきとその原因が分かれば、「予測の不確実性」を「ただ曖昧で当てにならないもの」ととらえるのではなく、積極的に「意味のある不確実性」としてとらえ直すことができる可能性がある。

「想定外」や「安全神話」は、いざ災害に遭遇した時に容易に立ち直ることができない状況を生むため、レジリエンスの最大の敵である。災害教訓を語り継ぐ際にも、ただ事実を伝えるだけでなく、どうして地震ごとで津波が違ったのかも合わせて伝えていく。ハザードマップを見るときにも、盲目的に信じるのではなく、予測に幅があることを念頭に入れる。不確実性も含めた災害予測を受容することが、「想定外」回避につながり、レジリエンスを向上させることにつながるはずである。

今回の災害実績図はそのようにこそ伝えられるべきであり、その取り組みは今始まったばかりであるが、被災地図としての役割も含め、以下に我々の取り組みの現状を紹介する。

2　日本地理学会による地震直後の津波マッピング

東日本大震災直後、報道機関は東北から関東にかけて広域的に津波による甚大な被害が起きたことを伝えたが、どこで何が起きたか、詳細な被災情報はなかなか入ってこなかった。甚大な被害になればなるほど被災状況がわからないというのは常である。

日頃、我々は地震を研究していながら、今回は何もできない歯がゆさを感じ、多くの国民と同様に悲歎に暮れていたが、国土地理院が地震直後から航空写真撮影を行い、3月13日から公開を開始したことを知った。我々、地理学を学ぶ者は日頃から活断層調査等で航空写真を立体的に観察して調べることに慣れているため、ほとんど条件反射的にこれを見始めた。

3月18日には国土地理院が縮尺10万分の1の浸水地図を作り、浸水面積の概略値を公表した。しかし精度上の制約からさらに詳しい浸水地図が公表される目途は立っていなかった。写真を見ると壊滅して孤立した集落も多く確認され、とにかく救援活動のためにも詳細な地図を作る必要があった。そこで国土地理院にも連絡をとりつつ、我々は縮尺2万5千分の1の津波被災地図を作ることにした(2)。

3月24日には名古屋大学に全国の大学から11名が集まり、各自の検討結果を持ち寄り、クロスチェックを行いながら成果を取りまとめた。3月28日に日本地理学会災害対応本部津波被災マップ作成チームとして、岩手県から福島県北部までの「2万5千分の1津波被災マップ」をウェブ公開した（http://danso.env.nagoya-u.ac.jp/20110311/）。当初は津波浸水範囲のみを描こうとしたが、その中でも被害が圧倒的に大きく、壊滅的な被害地域を区別して示すことにした（図1）。

当初は手書き地図のスキャンデータを公開していたが、その後にGIS化を行い、国土地理院の電子国土Webシステムおよび防災科学技術研究所のｅコミマップ上で4月8日から公開を開始した。GISデータ化すると、電子国土情報の標高データと重ね合わせ、およその津波遡上高がわかる。これは4月9日付けの朝日新聞夕刊でも紹介された（図2）。その見出しは「奥行き浅い湾、駆け上がる津波」であり、今回の津波の特徴を端的に言い表していた。この取り組みは、後述する「津波遡上高分布図」作成へとつながっていく。

ところで数値情報を公開する際に気をつけたことは、データが一人歩きすることだった。数値情報化してしまうとどんなに大縮尺の地図にも重ねてしまうことができ、実際の位置精度を超えた議論をされてしまう危険性がある。このためGISデータ（shapeやkml）そのものは一般公開せず、ｅコミマップ等の地図画像上で見せるだけとした。しかも縮尺2万5千分の1相当の地図画像よりもさらにクローズアップすると、津波情報が消えるよう制限をかけた。ただし、救援戦略の立案や被害分析、あるいは防災教材の作成等、使用目的が明確な機関や団体等からは申請を受け

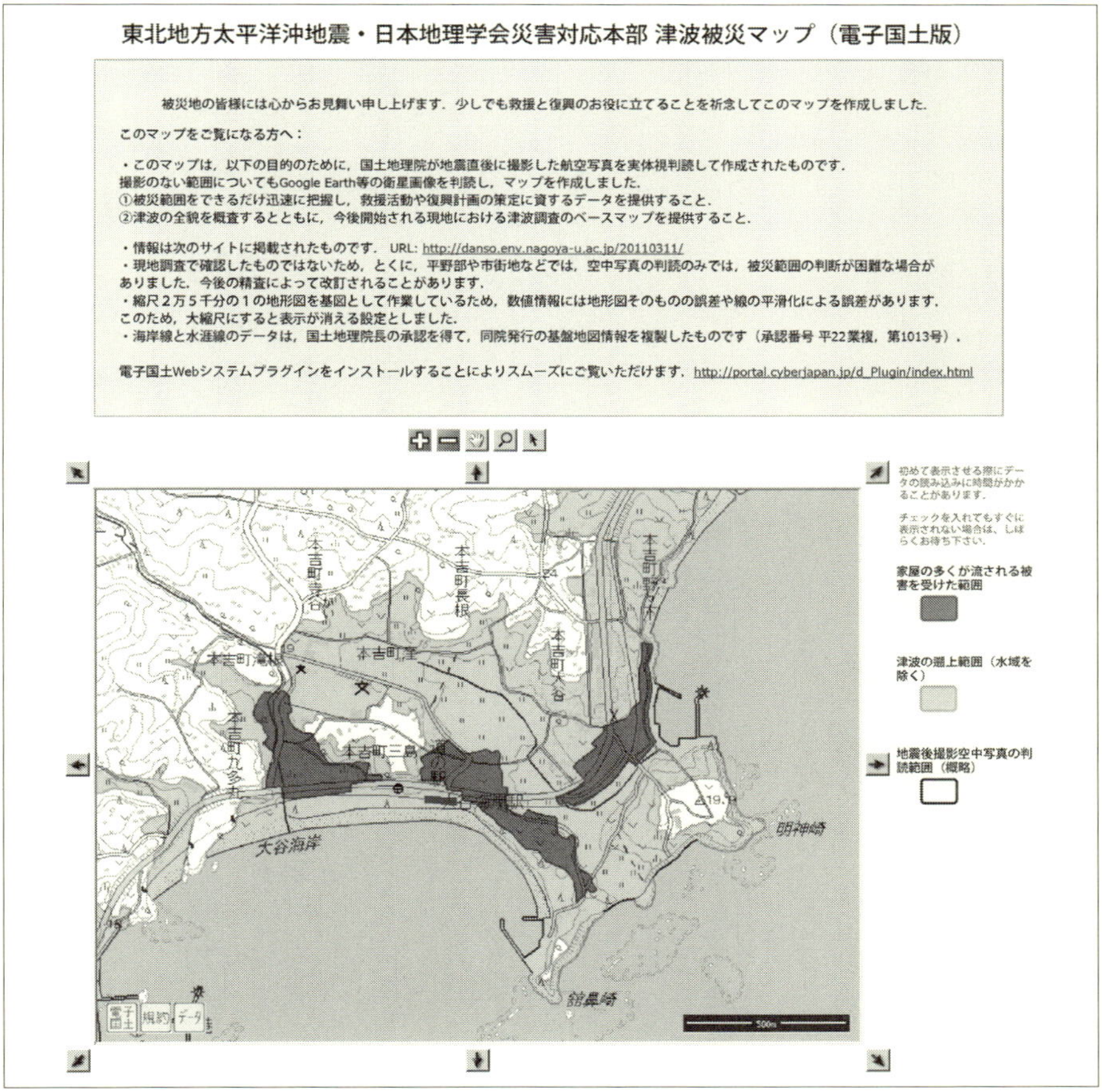

図１ 「津波被災マップ」の例 宮城県気仙沼市本吉町、大谷海岸付近[(2)]．一部改編 電子国土 Web システムによる表示。このほか e コミマップでも閲覧可能とした。

付け、位置情報の精度的限界に十分配慮することを条件に、GISデータを提供することとした。地震後3年間で15件の利用申請があった。手書き地図のスキャンデータや電子国土Webシステム、eコミマップについても、引用許可申請は多数にのぼった。

その後、4月8日以降も、我々は津波被災マップの改訂作業を継続した。航空写真が国土地理院から追加公開され、一部地域は民間会社からも購入することができたため、判読範囲を拡張した。原発事故のため航空写真撮影ができなかった福島第

（夕刊）　2011年(平成23年)4月9日　土曜日　3版　●　2

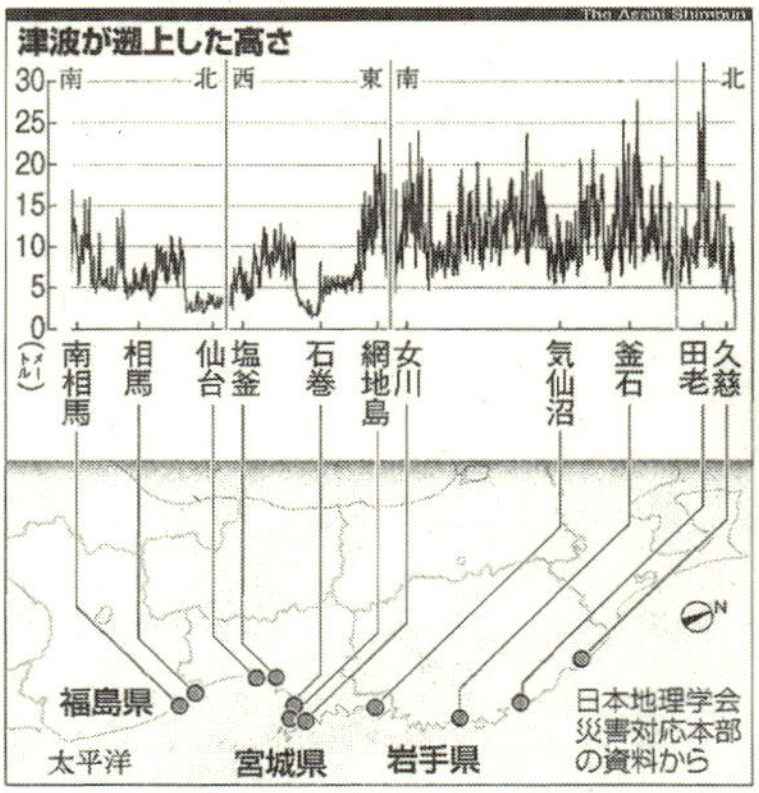

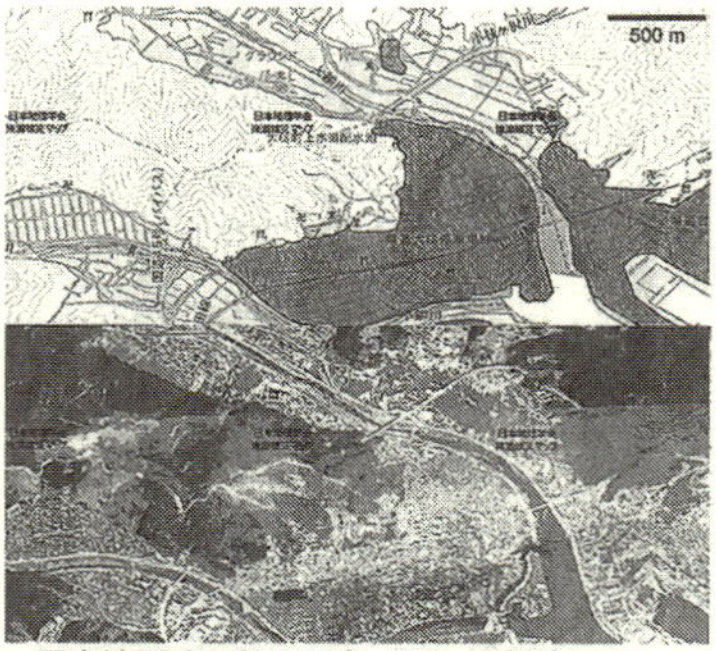

国土地理院の航空写真（下）を判読して、津波浸水域を赤、家屋などの流失が激しい場所を青で電子地図に示した（岩手県大槌町付近）＝日本地理学会災害対応本部提供

奥行き浅い湾 駆け上がる津波

地理学会が写真分析

東日本大震災による津波が、斜面を標高20㍍以上まで駆け上った場所は奥行きが浅い湾や切り立った海岸の谷が多いことが、日本地理学会の分析でわかった。震災後に撮影された航空写真から読み取った。

同学会災害対応本部は、復興計画などに役立ててもらう電子地図を作るため、国土地理院の航空写真から浸水域や家屋被害が激しい地域を判読した。

津波が高いところまで駆け上った「遡上《そじょう》高」を調べると、仙台平野などは5㍍以下で、三陸のリアス式海岸で15㍍を超す地点が目立った。隣接した湾でも地形によって津波の高さが大きく変わっていた。

リアス式海岸では、奥行きが深い湾の奥で遡上高が高いと考えられてきたが、浅い湾や外洋に面した切り立った谷で、津波のエネルギーが弱まらないままぶつかり、高い場所まで遡上することがわかった。こうした地形の岩手県宮古市田老地区では、現地で37・9㍍の遡上が確認されている。

また、奈良大の海津正倫教授らによると、同県大船渡市では幅約1㌔奥行き4㌔の低地全体が4㍍つかったと見られるという。

電子地図は、建物が判別できる地形図に被害を示しており、防波堤や避難施設の位置情報を重ねることができる。名古屋大の鈴木康弘教授は「防波堤の効果の比較や、避難施設の場所の選び方など、今後の調査や分析に使い、復興計画に役立ててほしい」と話している。

地図は日本地理学会災害対応本部のホームページで公開している。（瀬川茂子）

図2　2011年4月9日付朝日新聞夕刊に掲載された記事　記事内の地図は日本地理学会災害対応本部提供

一原発周辺については、Google Earth が公開する衛星写真も利用した。その結果、9月9日には青森県中部から千葉県北部までの「津波被災マップ」が整備された（図3）。

さらに、国土地理院から高解像度の航空写真の提供を受けて詳細な判読をやり直し、また福島県北部以北については縮尺1万分の1のオルソ写真上に津波遡上ラインを描き、これをGISデータ化し直す作業をした。これにより格段に認定精度および位置精度を向上させることができた。そして最終的に12月11日に「津波被災マップ」２０１１年完成版を公表した。

3　高解像度「津波遡上高分布図」の作成と意義

前項で述べた「津波被災マップ」を作成後、我々は「津波遡上高」の情報を細かく網羅的に地図上に示せないか検

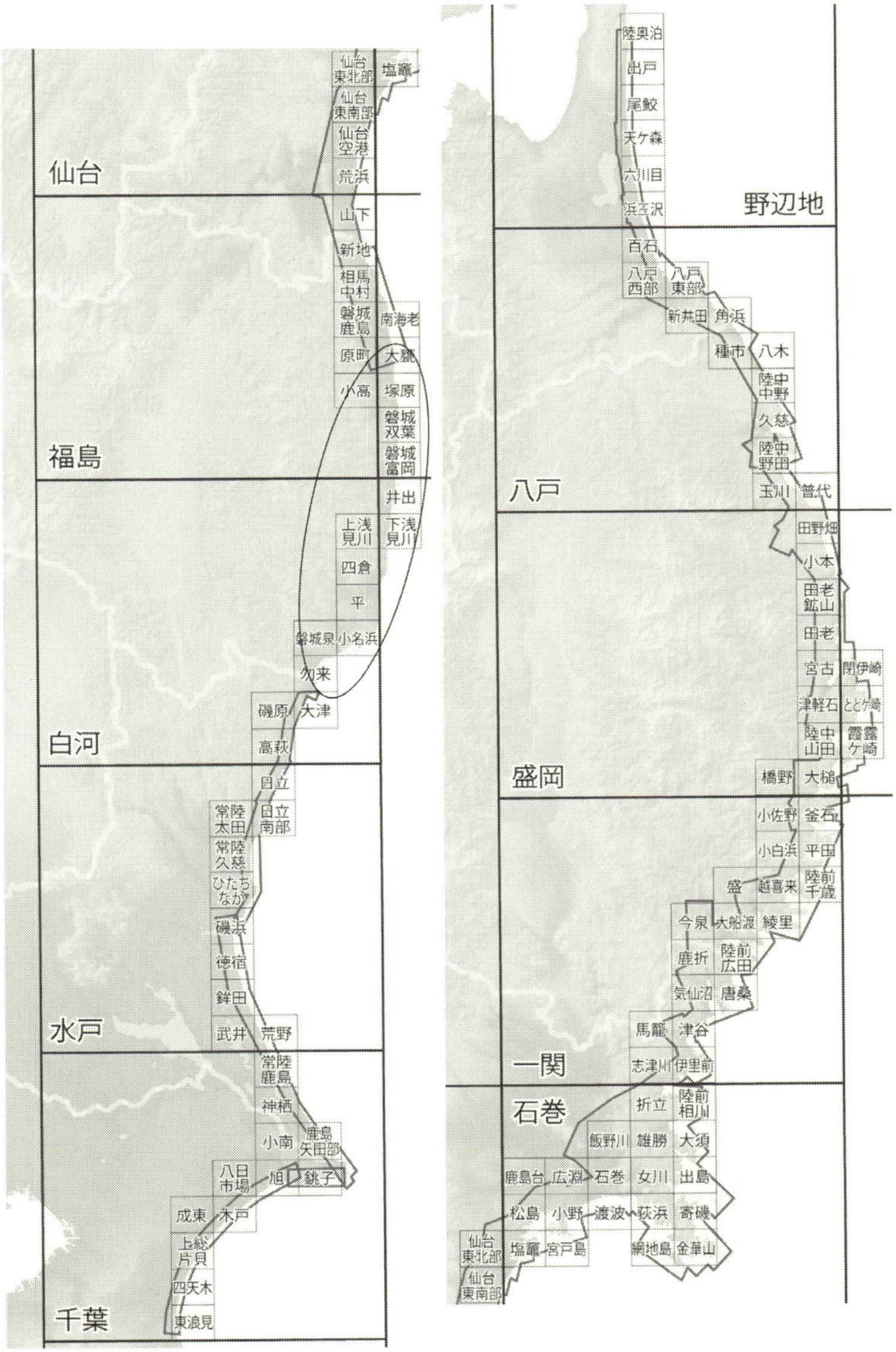

図3　「津波被災マップ」の作成範囲[3]．一部改編　太灰線は国土地理院による地震直後撮影の航空写真を判読した範囲。黒丸囲みで示した地域の判読には地震後撮影の衛星画像を使用。背景図は国土地理院のデータを使用して作成した。

討を始めた。

津波に関連する標高としては、①海岸線における津波の高さ、②浸水範囲内の各地で確認される浸水高、③遡上限界における遡上高などがある。このうち災害教訓として語り継がれるのはほとんどの場合「標高何メートルまで津波が来た」という遡上高であり、これを後世に正確に残すことの必要性を感じた。

また、遡上高は湾ごとで大きく異なり、すぐ隣の谷でも違うなど、驚くほどの地域性があった。平野部においても、わずかな起伏や河川の配置などが津波の挙動を左右していた。こうした複雑な津波の挙動を読み解くための第一歩として、「津波遡上高分布図」を作成する必要性が高いと考えた。

実は、航空写真の実体視判読による津波浸水域の認定は前例がほとんどないため、まずはその正確性についての検証が必要だった[3]。航空写真でどこまで見えるのか（見えないのではないか）という疑問もかなり聞かれたのも事実だった。

検証の結果、以下のようなものが正確に読み取れるため、有効性が高いことがわかった。①耕作地や道路、駐車場、空き地等の色調の異常、②津波で運ばれた稲わらや瓦礫等の漂着、③津波の浸入による耕作地の湛水。また、実体視により立体的に観察できるため、④津波の浸入経路の推定、⑤単なる路面の汚れ等との区別、⑥崖下や建物の背後など単写真では死角となる範囲の判読、が可能である点も重要である。現地調査による検証でも、実体視判読による浸水域認定結果がおおむね正しいことがわかってきている。さらに、現地調査では踏査不可能な場所も調査できる、広域を迅速かつ網羅的に判読できるといったメリットもあった。

次に、「津波被災マップ」の遡上限界ラインの標高を知るためには、ＤＥＭ（デジタル標高データ）が必要であった。最近は航空機から地表面にレーザーを発射して標高を測るＬｉＤＡＲ計測が行われ、国土地理院が５ミリメッシュのＤＥＭを提供するようになった。地震後に計測された国土地理院による「東日本大震災からの復旧・復興及び防災対策のための高精度標高データ」を入手してこれを用いた[4]。

実際には、災害直後に緊急に取得されたデータのうち、判読基図に用いたオルソ画像に歪みがあったため、それらを補正する作業が必要だった。また、植生に覆われた急崖の部分では遡上限界ラインの標高を正確に読み取れないな

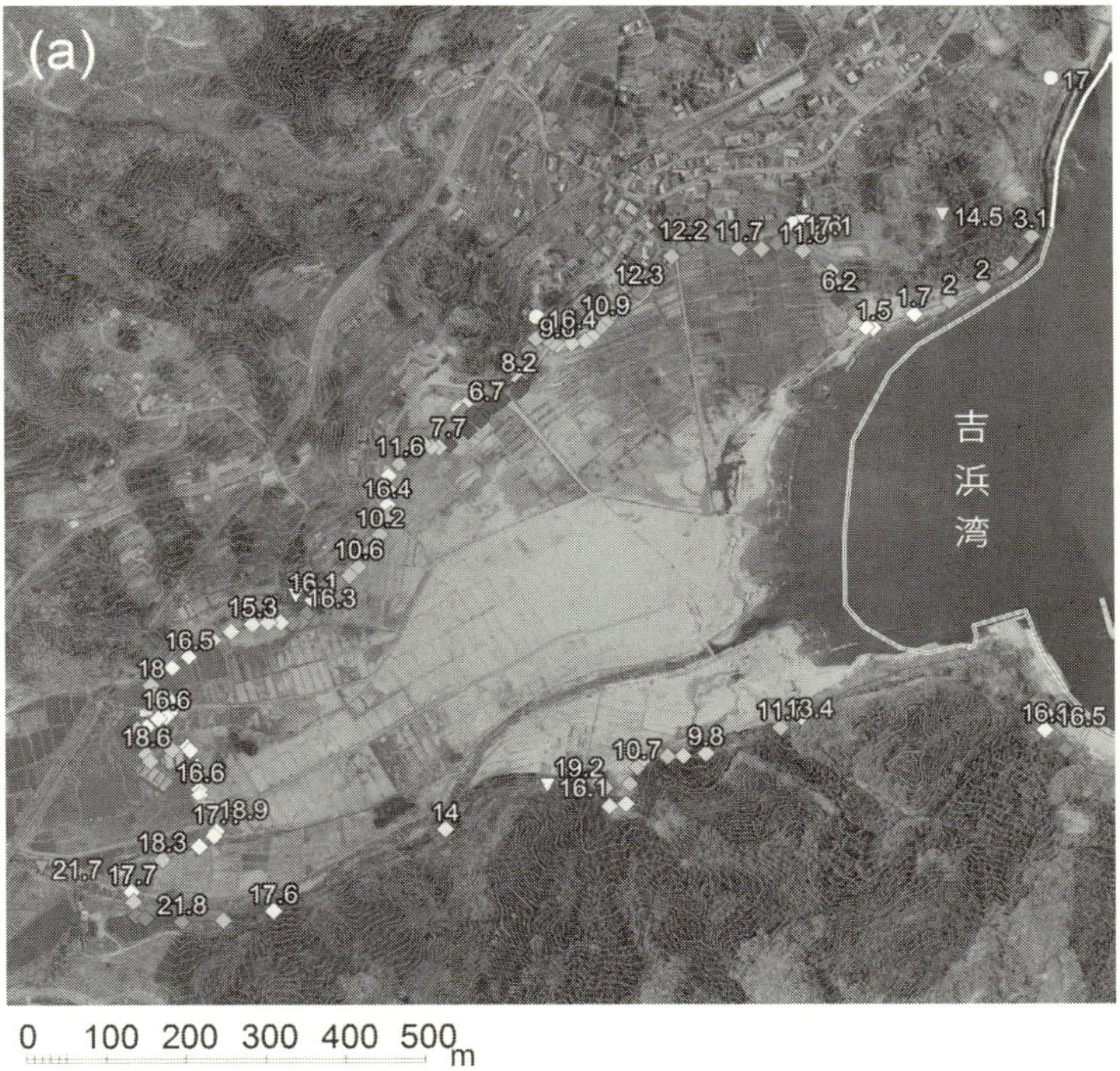

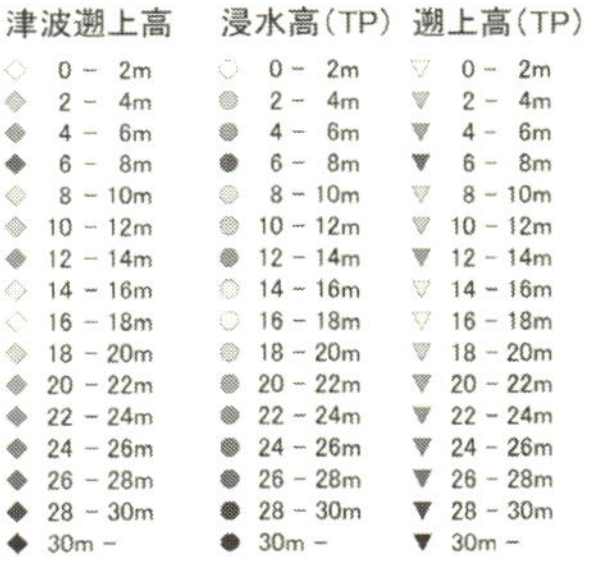

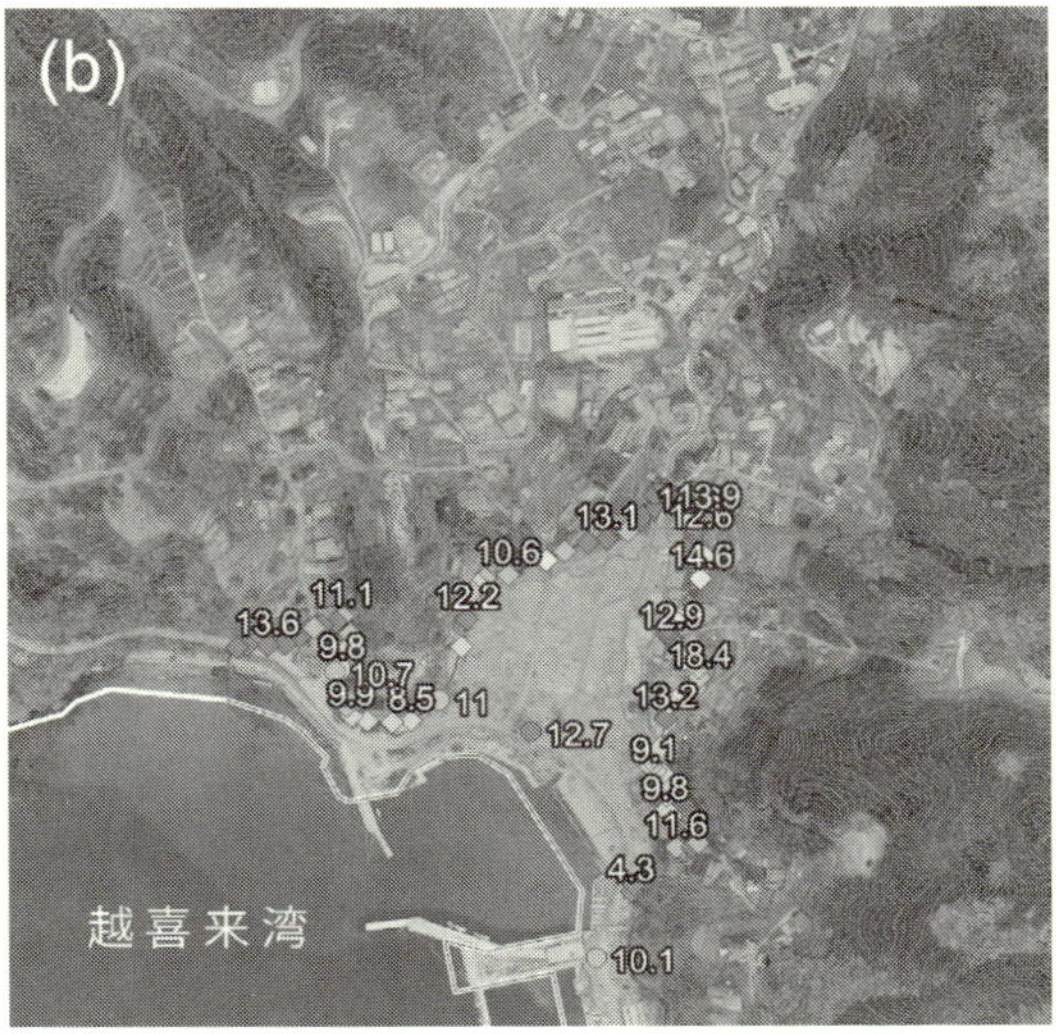

図4「津波遡上高分布図」の例：(a)岩手県大船渡市三陸町吉浜、(b)同町越喜来仲崎浜[4]．一部改編　丸印および逆三角印は現地調査グループによる[5]。背景図は国土地理院による地震後オルソ画像。吉浜においては内陸奥の方が高くなるのに対し、仲崎浜ではこうした傾向は認められない[4]。

ど、地形条件によって解析困難な場所はデータを除去する等の工夫も行った。こうした作業を経て、２０１４年３月にようやく「津波遡上高分布図」が完成した[5]（口絵iii頁参照）。

図４に一例を示す。遡上高が連続的に表示され、その地域的差異が一目でよくわかる。ただし、我々の作業では海岸線における津波の高さや、浸水域の中での浸水高はわからないので、合同調査グループのデータ[6]も掲載させていただいた。

４　津波地図の将来的活用

ここで紹介した「津波被災マップ」と「津波遡上高地図」は、東日本大震災の客観的な災害実績図である。今後の復興計画を検討する基礎資料として、また防災教育における災害教訓として今後も活用されることが期待される。また依然として検討途上であるが、津波遡上が場所ごとでなぜこれほど異なっていたかを検証する際の基礎データでもある。

我々は日本海溝付近の海底地形も調べているが、その結果によれば、海底には今回の地震の際にずれたと推定される海底活断層がある。プレート境界からの分岐断層的なものであるという解釈もある。またこの他にも歴史地震と関連した可能性のある海底活断層も多数見つかっている。こうした一つひとつの海底活断層を想定した津波シミュレーションと過去の歴史津波の際の遡上高を比較することで、日本海溝に沿う地震の多様性がわかる可能性がある。そのような議論を通じて、地震発生の多様性に留意した防災対策のあり方が議論できるようになることを今後目指したい。

［鈴木康弘・杉戸信彦・松多信尚］

参考文献

（１）日本地理学会災害対応本部津波被災マップ作成チーム*（２０１１）「２０１１年３月11日東北地方太平洋沖地震に伴う津波被災マッ

プ２０１１年完成版」http://danso.env.nagoya-u.ac.jp/20110311/（＊鈴木康弘・石黒聡士・碓井照子・海津正倫・後藤秀昭・杉戸信彦・中田高・廣内大助・堀和明・松多信尚・渡辺満久・宇根寛）

（２）松多信尚・杉戸信彦・後藤秀昭・石黒聡士・中田高・渡辺満久・田村賢哉・熊原康博・堀和明・廣内大助・海津正倫・碓井照子・鈴木康弘（２０１２）「東北地方太平洋沖地震による津波被災マップの作成経緯と意義」E-journal GEO、Vol.7, No.2, pp.214-224

（３）杉戸信彦・松多信尚・後藤秀昭・熊原康博・堀和明・廣内大助・石黒聡士・中田高・海津正倫・渡辺満久・鈴木康弘（２０１２）「空中写真の実体視判読に基づく２０１１年東北地方太平洋沖地震の津波浸水域認定の根拠」『自然災害科学』Vol.31, No.2, pp.113-125

（４）杉戸信彦・松多信尚・石黒聡士・内田主税・千田良道・鈴木康弘「津波浸水域データと数値標高モデルのＧＩＳ解析に基づく２０１１年東北地方太平洋沖地震の津波遡上高の空間分布」『地学雑誌』Vol.124（印刷中、２０１５年）

（５）松多信尚・杉戸信彦・石黒聡士・佐野滋樹・内田主税・鈴木康弘（２０１４）「東北地方太平洋沖地震津波遡上高分布図―２・５万分の１編集図―」名古屋大学減災連携研究センター

（６）東北地方太平洋沖地震津波合同調査グループ：ttjt_survey_29-Dec-2012_tidecorrected_web.csv, 2012.

2 津波被害のオンサイト情報アーカイブ

1 情報共有スキームのもとでの津波被害調査

プレート境界に位置する日本は津波常襲国であるため、日本海溝に面する三陸地方・東日本沿岸や南海トラフに面する本州南岸は特に、津波の記録が分析され、それに基づく総合的な対策が取られてきた。しかしながら、津波は数十年から数百年に一度程度の極めて低い頻度でしか発生しないため、正確な記録を残すことは困難である。被災直後には正確な記録が残されていたとしても、時間が経過するにつれ、あいまいな情報に変化してしまうことも多い。巨大津波の記録を長期間にわたって正しく残し、適正な対策を立案するためには、津波の挙動と被害の実態を科学的に記録して、これを安全な地域の創生に資する津波対策に活用することが重要である。一方、津波の科学的な記録は、数カ所の潮位計や、近年導入が進んだGPS波浪計などによるものしかなく、地震の揺れの記録に比べて圧倒的に不足している。これを補完するものとしては、津波の痕跡調査が有効で、過去の津波災害においても、津波の全体像を把握する検証データとして効果的に活用されてきた。

津波の浸水痕跡は、被災直後の各種情報が混乱する状況の中で、痕跡が消えないうちに津波来襲地域を効率的にカバーするように速やかに実施する必要がある。そのためには、個々には自発的な調査であるが、共通の調査手法と統一フォーマットでのデータ蓄積をベースとしたうえで、ウェブやメーリングリストによる情報共有が有効となる。このような協同的な津波調査は、１９９３年の北海道南西沖地震津波で国際的にその仕組みの有効性が確認され、２００４年のスマトラ地震津波などその後の津波において活用されてきた。２０１１年東北地方太平洋沖地震津波（以下、東北津波）においては、発災の翌日に土木学会や地球惑星科学連合など複数の学会が合同で情報を共有する場をインターネット上に設け、統一的な情報共有のもとで効率的な調査が実施されることとなった。東北津波の来襲範

囲は、北海道から九州に及ぶ極めて広大な地域であったため、調査地の集中や錯綜を避け、来襲範囲全体の痕跡情報

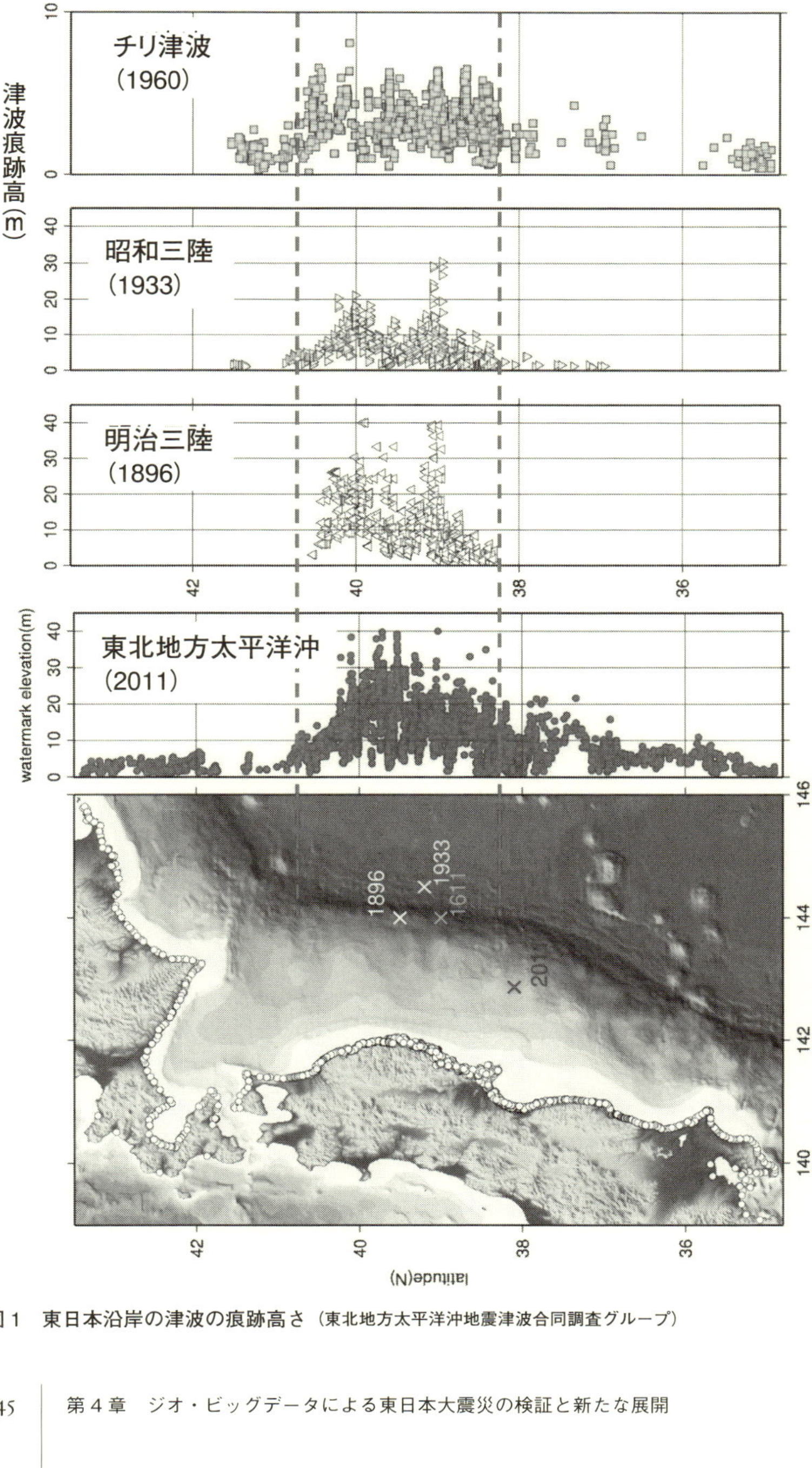

図1 東日本沿岸の津波の痕跡高さ（東北地方太平洋沖地震津波合同調査グループ）

を網羅的に記録することが重要となる。そのためには、調査予定地を調査の前日に共有する仕組みが特に重要であった。震災直後の物流が混乱する状況の中で、余震や福島第一原子力発電所事故の情報に注意しつつ、被災者の救援活動の障害とならないことを最優先しながら、現地での計測チームから、調査許可申請・データやウェブの管理などを担当する後方支援チームまで、津波挙動と被害の全容解明という共通した目標のもとで自律的な調査が進められることとなった。これにより、広域に影響した津波の全体像を把握し、今後の国土デザインに活用するためのジオ・ビッグデータを効率的に収集することができた。

図1は合同調査グループによる津波痕跡高の計測値を、過去の津波と比較したものである。２０１１年東北津波では、北海道から房総半島に至る広域で高い津波が観測されていること、三陸地方では津波の高さが特に高く、高い場所では海面上40メートルにまで津波が到達していることが確認できる。過去の津波と比較すると、東北津波の最高高さは明治三陸津波と同程度であるが、影響範囲は数倍以上の広域にわたることがわかり、津波の高さと影響範囲の双方において、最大級の津波であったことが確認できる。地震動や津波波源に関するその後の調査により、東北津波は、百年程度の周期で繰り返し発生している三陸津波（過去の事例は、１６１１年慶長三陸津波、１８９６年明治三陸津波、１９３３年昭和三陸津波など）と、千年程度の周期とも言われている広域津波（過去の事例は、８６９年貞観地震津波）が同時に発生した連動型の超巨大地震によって引き起こされた津波であったことがわかっている（堀・佐竹編[1]、２０１２）。

２　津波情報アーカイブスの構築と活用

福島県沿岸域は、津波による被害に加えて、福島第一原子力発電所事故による広域・長期避難の影響を受け、被害調査が遅れた地域である。筆者らは、津波情報アーカイブスの構築に当たり、情報が欠落している警戒区域内の調査を含めて、福島県内の調査を数回実施し、情報が不足している地域の津波特性の把握に努めた（佐藤ら[2]、２０１２、佐貫ら[3]、２０１２、Sato・Ohkuma[4]、２０１４）。これらにより、津波来襲後の被災地の状況に関する貴重な写真を取得する

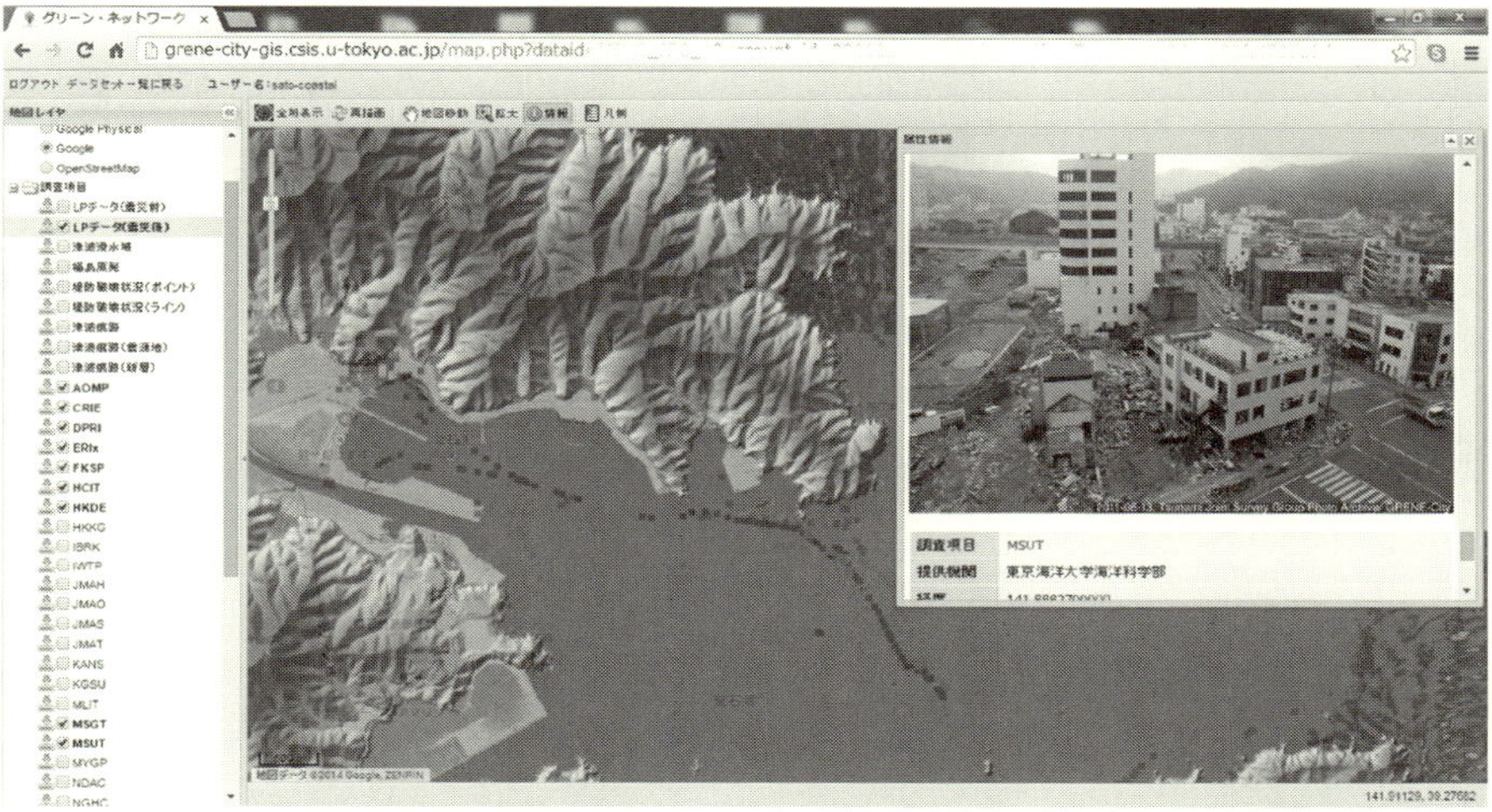

図２　津波情報アーカイブスの表示画面

とともに、福島県に来襲した津波の特性と被害の関係や海岸堤防の被害と浸水低減効果などを明らかにすることができた。

東北津波合同調査グループの調査結果は、筆者らの調査により取得された福島県内のデータを含めて、５０００点以上の地点における津波痕跡記録として、津波高さの詳細なデータが公開されている（合同調査グループ、２０１１）[5]。これらのデータは、津波特性の把握のみならず、津波シミュレーションを介して被災地の復旧・復興計画の策定にも活用されている。しかしながら、各種データを統合的に利用するためには、ＧＩＳをベースとする基盤的プラットホームを構築する必要がある。筆者らは、調査後に整理が不十分で散逸しがちな写真・映像データに焦点をあて、これらを撮影地点の緯度・経度つきの情報として収集・整理することとした。画像形式はＪＰＥＧフォーマットとし、ＥＸＩＦ規格にしたがって、撮影時刻、撮影地点の緯度・経度、撮影者のコメントなどを画像ファイル内に保存した。整理した写真・映像データは、２万点を超える。さらに、津波高さ、浸水範囲、地震前後の地形データ、津波による海岸堤防の破壊状況などを、写真とともに統合的に表示できるＷｅｂＧＩＳデータベースを構築した。膨大なデータの保存には、データ統合システムＤＩＡＳを活用している。これにより、被災地域の復興を議論するための基盤的プラットフォームを提供するとともに、記憶が薄れるにつれ混乱を招きがちな津波挙動の実態について、長期にわたり客観データを保管・提供し得る津波情報アーカイブス（２０１３）⑹を構築することができた。津波情報アーカイブスは、２０１３年９月に公開を開始しており、メールアドレスを登録することにより、誰でも利用することができる。図２は、アーカイブスの表示画面例である。震災後のレーザプロファイラによる地形測量結果の上に、写真の撮影地点が表示されており、地点のマークをクリックすることにより、それぞれの写真が閲覧できる。

3　沿岸域のレジリエンス向上のための課題

津波常襲国である我が国において、津波対策は人口と資産が集中する沿岸域のレジリエンス向上における中心的な課題である。津波の高さは、地震の規模や特性のみならず、海底や海岸の地形によっても大きく変動するため、次に来襲すると想定される津波の高さを、事前に詳細に予測することは困難である。また、洪水や高波に比べて、発生頻度が低いことや、瞬時的に被害をもたらす地震と比べて、津波が沖合で発生してから海岸に来襲するまでにはある程度の時間があることなどが津波災害の特徴である。そのため、津波対策は、堤防などの構造物によるハード対策と、集落の高所移転・警報・早期避難などによるいわゆるソフト対策を組み合わせて総合的に進められてきた。

海岸域に来襲する波浪・高潮・津波の規模を推定するためには、数十キロメートルスケール以上の空間スケールで波の発達や変形を検討することが必要になるため、海岸防災は海岸法のもとで都道府県知事が国と連携しながら推進することとなっている。例えば、ハード対策のひとつである海岸堤防は、海岸管理者である都道府県知事がその高さや構造を決定することになるが、その際には、潮汐・高潮・高波による水位と計画対象津波による水位の両者を検討し、どちらの場合においても陸域への海水の進入が防げるように、堤防諸元が決定される。

一方、地震や火災を含めた防災対策については、集落や地域ごとに固有の自然・社会的条件のもとで検討することが実効的であるため、基本となる法制度である災害対策基本法は、海岸管理の枠組みよりは小さな市町村レベルで検討される。津波対策に関しては、市町村長が策定する地域防災計画の一部として、堤防では防ぎきれない規模の津波が来襲した際の避難計画を策定することになる。堤防で守られた陸側の地域を堤内地と呼ぶが、堤内地に津波が氾濫する場合には、家屋などの構造物が浸水するため、被害を完全に防ぐことは不可能である。一方、津波に関しては、

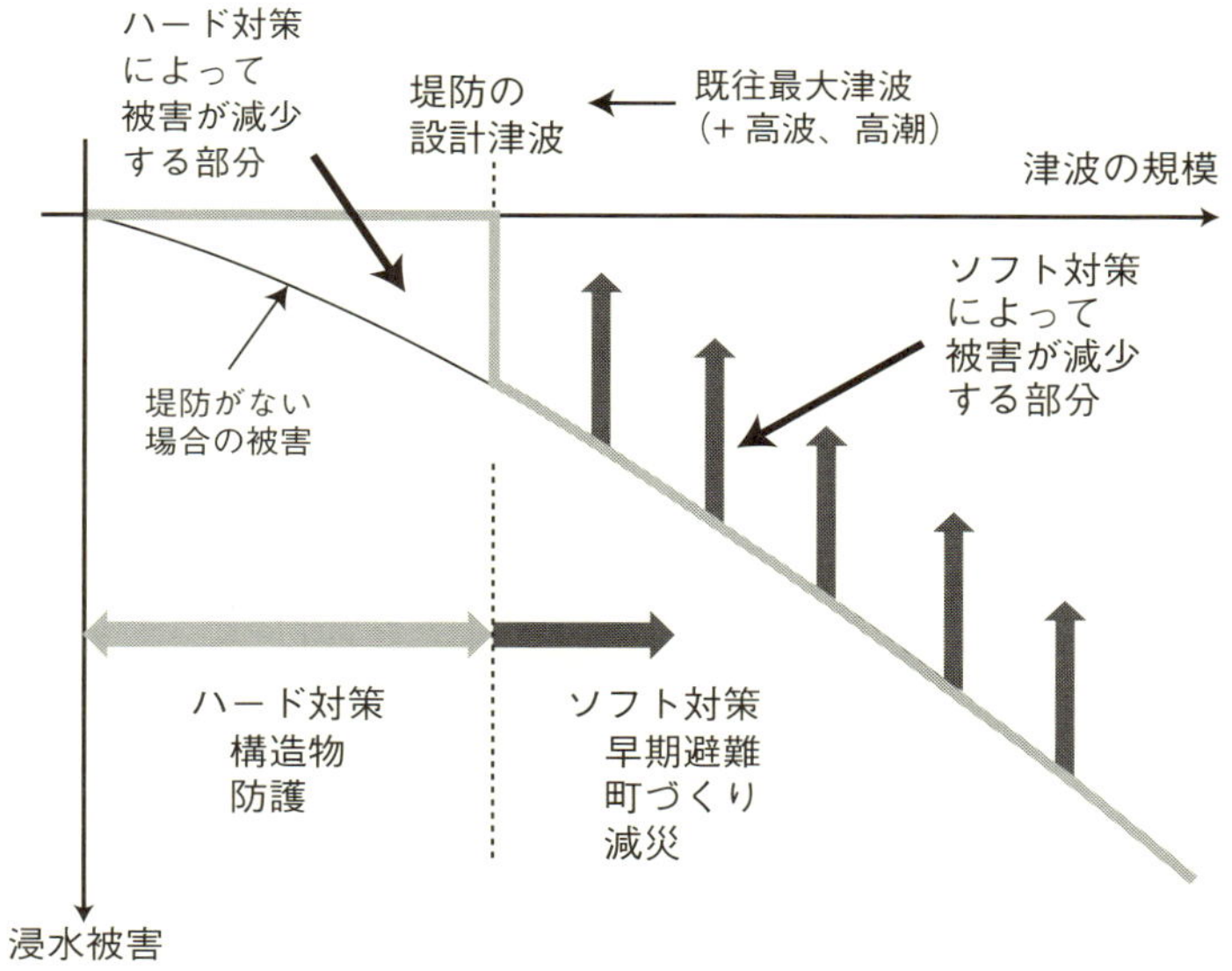

図3　ハード対策とソフト対策を組み合わせた総合的津波対策の概念図（東北津波以前の状況）

地震の発生から来襲までに時間的な余裕がある場合が多いため、迅速な避難により人命の損失は軽減することができる。これらのことから、浸水阻止による防災が目標となるハード対策とは異なり、ソフト対策では、人命の損失を防ぎ資産への被害を軽減する、いわゆる減災が目標となる。迅速で円滑な避難をベースとする減災を実現するためには、個々の住民レベルでの防災意識の維持やコミュニティとしての相互扶助が重要となるため、公助として認識される堤防の役割と限界を認識したうえで、共助や自助の概念を具体化することが重要となる。東日本大震災以前においても、北海道南西沖地震津波（1993年）、スマトラ沖地震津波（2004年）、カトリーナ高潮災害（2005年）など、堤防のみでは防ぎきれない規模の津波・高潮災害を経験し、公助だけでなく、共助や自助の重要性が指摘されていたところであった。

図3は、ハード対策とソフト対策の組み合わせによる総合的な津波防災の概念を示す模式図である。横軸

は津波の規模（高さ）であり、縦軸には負の方向に被害の大きさを示してある。津波被害は津波の高さが大きくなるにつれて加速的に増加するので、対策を実施しない場合の津波被害は、津波の高さが大きくなるにつれ被害が急増する上に凸な右下がりの曲線で表されることになる。堤防など構造物の建設によるハード対策では、同図に示すように既往最大津波の記録などをもとに計画対象とする津波の規模を決定し、高波や高潮の作用も踏まえたうえで、これらに基づいて設計される海岸堤防などにより陸地への浸水を防護する。しかしながら、堤防は、その天端高さを超えない規模の外力に対して設計されるものなので、それを超える規模の津波に対しては、堤防の安定性を含めて、その機能を期待できるものではない。堤防を越えて氾濫が生じる場合には、早期避難を中心とするソフト対策で被害の最小化を図るというのが総合的な津波防災の理念である。

２０１１年東北津波は、青森県から房総半島に至る東日本太平洋沿岸において、防護施設である海岸堤防の計画規模をはるかに超える高さの津波をもたらし、世界的に見て津波防災の先進的な地域であるこれらの地域においても、壊滅的な被害が生じることとなった。福島県北部より北の地域では、岩手県北部の譜代など津波の高さが海岸堤防と同程度で、堤防により津波の浸水が阻止された一部の地域を除いて、津波の高さが海岸堤防の高さより数メートル以上高く、多くの堤防が破壊され、堤防が残存している箇所においてもその減災効果を明確に確認することは困難であった。これに対して、福島県以南の地域では、堤防上の津波の越流水深が1~5メートル程度であり、堤防の破壊状況と陸地の被害に関して、明確な関連性が観察された。例えば、福島県勿来海岸では、越流水深1メートル程度の地域の堤防は破壊されず、浸水被害も軽微なのに対し、数百メートル離れた近傍の地域で越流水深が3メートル程度のところでは、ほとんどの堤防が破壊され、大規模な浸水被害が見られた（佐藤ら[7]、２０１１）。また、南相馬市の一連の海岸では、大規模な浸水被害が生じたものの、陸地の浸水水位は、堤防の全壊率が低い地域ほど低くなる傾向が見られ、海岸堤防には、全壊まで至らなければ、越流量低減効果があることも確認されている（Satoら[8]、２０１４）。

これに加えて東北津波では、いくつかの避難場所が浸水するなどの被害が生じ、ハード対策のみでなく、ソフト対策においても計画で用いる津波の規模を具体的かつ科学的に設定することが重要であることが認識された。また、設計条件をはるかに超える津波によって多くの海岸堤防が破壊されたが、堤防を越流する津波に対しても、勿来や南相馬で観察された例のように、堤防が完全な破壊にまで至らなければ、浸水被害を軽減することも報告されており、ハード対策の効能と限界が定量的に解明されつつある。これらをもとに、図4に示すように、数十年から百数十年に一度の頻度で発生し、堤防などの設計に用いるレベル1津波と、数百年以上に一度の低い頻度で発生し、避難計画の策定などに活用されるレベル2津波の、二段階の津波規模設定の考え方が導入されるとともに、計画対象規模を超える津波に対しても粘り強く機能を発揮する堤防構造の検討が進められている。具体化されたソフト対策を、粘り強さを加えたハード対策と組み合わせることにより、なんとしても人命を守り、資産の被害を軽減することを目指すものである。

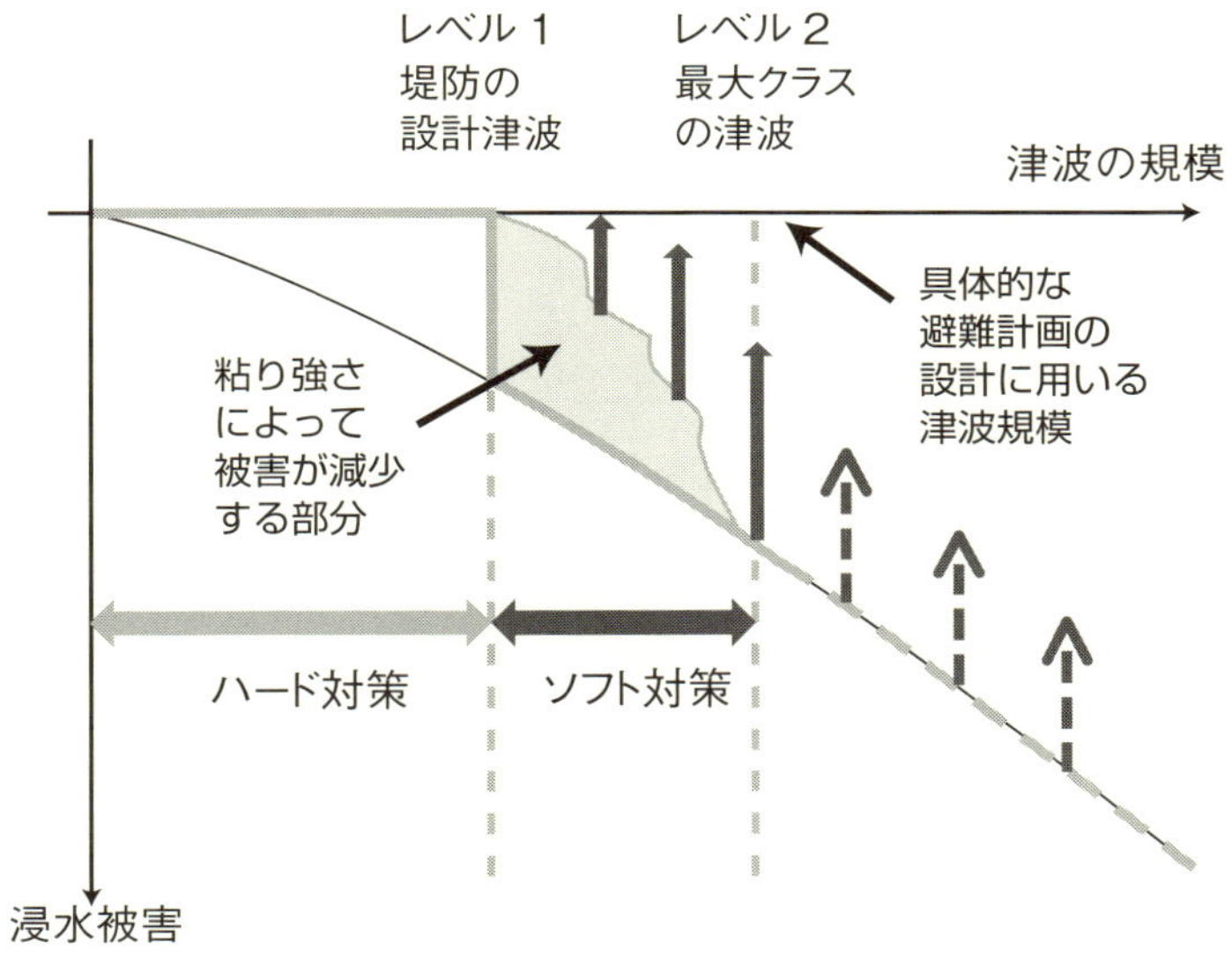

図4　二段階の津波レベルと粘り強い防護施設による新しい総合的津波対策の概念図
(2011 東北津波以後)

2011年東北津波において巨大津波が来襲した東日本沿岸においても、ハード対策とソフト対策を組み合わせた総合的な津波対策が取られていた。図5(a)は、岩手県に来襲した過去の津波に対して、海岸付近における高さと堤防高さを比較したものである。明治三陸津波(1896年)は特に岩手県北部に高い津波をもたらしたため、北部地域では高い堤防が整備されていたことがわかる。三陸地方は、記録に残る津波の高さが高く、多くの海岸で、高波や高潮の打ち上げ高さより津波の高さが

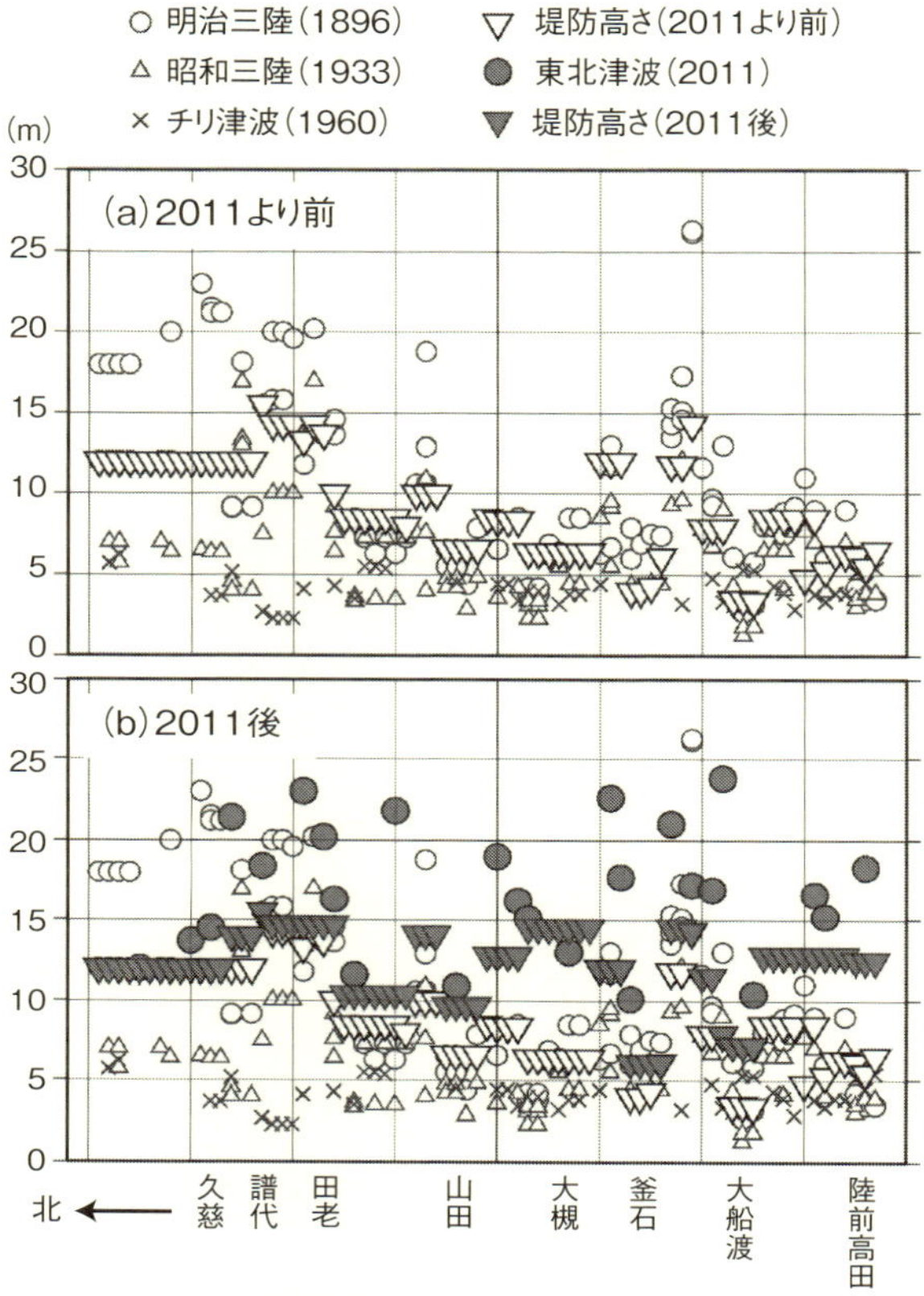

図5(a)(b)　岩手県沿岸における津波の高さと海岸堤防の高さ
(a)東北津波以前　(b)東北津波以後

高いため、津波の高さで堤防高さが決定されているが、日本の海岸は台風や冬季風浪による厳しい海象にさらされているため、全国的には、このような海岸はむしろ例外的であり、津波より、高潮や高波の打ち上げ高さの方が高くなる場合が一般的である。東北被災地においても、仙台湾や福島県の海岸では、ごく一部の例外を除いて、高潮や高波で堤防高さが決定されている。図5(a)に示した岩手県の例においても、南部の海岸では、明治三陸・昭和三陸・チリ地震のそれぞれの津波による既往最大の津波高さは低く、高波の打ち上げ高さの方が高くなるため、堤防高さは高波の諸元で決定されていた。例えば陸前高田市においては、チリ津波（1960年）などで海岸の松林が津波の背後陸地への氾濫を軽減する効果があったことが報告されているが、松林の中にそれに覆われる形で、高さ5〜6メートルの海岸堤防が整備されていた。

　2011年の津波の高さとその後の分析で決定された海岸堤防高さを、図5(b)に示す。津波高さのデータは、合同調査グループ[5]（2011）および岩手県[9]（2011）が公表しているデータを用いた。陸前高田においては、東北津波の高さは過去の記録よりはるかに高く、松林や堤防がほぼ完全に破壊されることとなった。その復興に当たっては、後述するように二段階の津波規模設定が導入され、レベル1津波による浸水を防ぐ高さ12・5メートルの海岸堤防が計画されている。また、図5(a)(b)において、釜石などでは、周辺地域より海岸堤防の高さが低く設定されているが、これは、津波低減機能を持つ湾口防波堤と合わせて二段構えの津波対策が採られているためである。湾口防波堤の設計においても、レベル1津波が用いられるとともに、「粘り強さ」の概念に基づく構造検討が実施され、復旧断面が決定されることとなった。

図6　粘り強い海岸堤防の事例（福島県楢葉町、2012年8月24日撮影）

越流する津波に対する海岸堤防や防波堤の減災機能については、従前の設計では具体的な検討対象とされていなかった機能であるため、研究例がほとんどない。図6は、福島県楢葉町における現地調査で見られた倒壊を免れた海岸堤防で、堤体内の材料がほとんど流出しているにもかかわらず、隔壁の存在により、自立構造となっており、粘り強い堤防構造の一例を示唆していると考えられる。粘り強い堤防の具体的な構造については、同事例だけでなく、ヒントとなる事例を現地調査から抽出することが重要であるが、これには、津波調査写真アーカイブスが有効となると考えられる。さらには、堤防の形状と越流する津波の流量や流速の低減機能との関係についても、減災設計に供し得る定量的な評価法を確立する必要がある。「防災」に比べて「減災」の検討事例は不足している。何としても人命の損失を防ぐ津波減災対策と沿岸地域の再生を推進していくためには、「粘り強い構造」の堤防の評価のみならず、ハードとソフトを組み合わせた諸対策を、社会的公平性や経済的観点、リスク管理の観点などから総合的に評価したうえで、円滑に実施することが求められる。沿岸域のレジリエンスをさらに向上させるためには、土地利用を誘導する災害事前アセスメントや津波対策を包含する統合的沿岸域管理制度などが必要であり、これらを学際的・分野横断的に検討することが今後の課題である。

［佐藤愼司・田島芳満・下園武範］

参考文献

（1）堀宗朗・佐竹健司（編）（２０１２）『東日本大震災の科学』東大出版会、p.272

（2）佐藤愼司・Harry YEH・磯部雅彦・水橋光希・相澤広志・蘆野英明（２０１２）「福島県中部沿岸における２０１１年東北地方太平洋沖地震津波の挙動」土木学会論文集Ｂ２（海岸工学）、68-2、I_346-I_350

（3）佐貫 宏・竹森 涼・田島芳満・佐藤愼司（２０１３）「ビデオ映像と数値シミュレーションに基づく河川津波の氾濫解析」土木学会論文集Ｂ２（海岸工学）、69-2

（4）Sato, S. and S. Ohkuma: Destruction mechanism of coastal structures due to the 2011 Tohoku Tsunami in the south of Fukushima, Proc. 34th Conf. on Coastal Engineering, 2014.

（5）２０１１東北地方太平洋沖地震津波合同調査グループ（２０１１）：http://www.coastal.jp/ttjt/（２０１４年11月参照）

（6）東北津波調査写真アーカイブス（２０１３）：http://grene-city.csis.u-tokyo.ac.jp/（２０１４年11月参照）

（7）佐藤愼司・武若 聡・劉 海江・信岡尚道（２０１１）「２０１１年東北地方太平洋沖地震津波による福島県勿来海岸における被害」土木学会論文集Ｂ２（海岸工学）Vol.67, No.2, pp. I_1296-I_1300

（8）Sato, S. A. Okayasu, H. Yeh, H.M. Fritz, Y. Tajima and T. Shimozono: Delayed survey of the 2011 Tohoku Tsunami in the former exclusion zone in Minami-Soma, Fukushima Prefecture, Pure Appl. Geophys., Springer, DOI 10.1007/s00024-014-0809-8, 2014.

（9）岩手県（２０１１）：岩手県沿岸における海岸堤防の高さについて、http://www.pref.iwate.jp/kasensabou/kasen/fukkyuu/008326.html（２０１４年11月参照）

3 津波被害による「失ったストック」量の推計

1 「失ったストック」把握の重要性

甚大な被害をもたらした東日本大震災から一定期間が経過し、復興へ向けた議論が活発になっている。その際、被災地域の社会活動の再建と建築物やインフラの整備は強く結びついており、被災前の状況と比較しつつ、復興計画を立てる必要がある。また、都市の成長とともに建築物や道路などの構造物として建設資材が蓄積しており、それによる社会サービスを得ることで発展してきた。そのため、被災地域における構造物の物質量を把握することだけでなく、そのストックが発生していた社会サービスおよび社会活動量を明らかにする必要がある。

こうした背景から、本節では「失ったストック（Lost Material Stock）」を、「何らかの被害により本来提供すべきサービス機能を失った構造物の物質重量」と定義し、東日本大震災により津波による失ったストック量の推計を行った。失ったストックを推計することにより、被災前に当該地域が有した社会活動量を回復するために、元々どの程度の建築物およびインフラに支えられていたか、復興に向けた資材必要量のベースラインを示すことが可能になる。また、空間情報を用いた推計であるため、被災前の建築物とインフラ（道路）を対象に、構成していた資材の量と質について地域の分布を地図で示すことができる。そのため、例えば、福島原発周辺で除去・撤去を行う物質量の推計も可能である。

加えて、地上と地下といった垂直位置での分類にも対応可能であるため、被災後に残存しているストックを示すことができ、被災前と同位置に残存基礎を共有して住宅等を建築する場合の建設資材の回避量を検討することができる。以下、2では構造物として蓄積している物質量の推計方法について述べる。物質蓄積量は、各構造物の空間情報を用いて規模を算出し、それに対応する建設資材投入原単位（単位面積あたりに投入される建設資材の物質量）を乗じて計算する。3では、東日本大震災の津波の被災地域を対象として、構築した物質蓄積量の空間情報と、津波浸水データとを重ね合わせることで「失ったストック」量を推計した。また、4では同様の手法により、近い将来発生するとされる南海トラフ巨大地震により津波被害が想定されている地域における失ったストック量を予測した。最後に、5では、失ったストックの推計結果を配信する「Map Layered Japan」について説明する。Map Layered Japanでは、他の地理情報と重ね合わせて表示することが可能であることから、行政や研究者だけでなく、個人レベルでの環境・防災活動にも貢献できる。

2 物質蓄積量の推計方法

失ったストック量を推計するためには、まず、現在社会に構造物の形として蓄積している物質量の推計を行う必要がある。そこで、各構造物の物質蓄積量を、

物質蓄積量＝構造物の規模×建設資材投入原単位

として計算する。ここで、構造物の規模は、建築物の場合には延床面積であり、道路の場合は道路幅員に道路延長を

表1　建築物の建設資材投入原単位

単位：kg/㎡

建物構造	上部・基礎	資材種類									合計
		砂利・石材	コンクリート	モルタル	木材	ガラス	陶磁器	鉄	アルミニウム	その他	
木造	上部構造	–	–	3	88	5	52	2	2	32	184
	基礎	78	221	–	–	–	–	5	–	–	304
S造（1階建て）	上部構造	–	–	67	8	0	2	132	0	25	234
	基礎	339	584	–	–	–	–	7	–	–	930
S造（2階建て）	上部構造	–	–	109	20	3	1	104	2	22	261
	基礎	100	587	–	–	–	–	14	–	–	701
S造（3階建て）	上部構造	–	–	143	4	1	1	165	1	–	315
	基礎	214	416	–	–	–	–	13	–	–	643
RC造	上部構造	–	1451	44	0	1	3	60	2	8	1569
	基礎	138	776	–	–	–	–	37	–	1	952

表2　道路の建設資材投入原単位

単位：kg/㎡

舗装種類	道路幅員・種類	表層		基層		路盤	合計
		アスファルト	骨材	アスファルト	骨材	骨材	
簡易アスファルト	幅員 < 5.5m	3.1	43.9	–	–	311.8	358.8
高級アスファルト	5.5m ≦ 幅員 < 13m	7.6	109.9	7.6	109.9	926.1	1,161.1
	13m ≦ 幅員 < 19.5m	7.6	109.9	6.5	94.0	1,144.1	1,362.1
	幅員 ≧ 19.5m	7.6	109.9	6.5	94.0	1,518.1	1,736.1
	高速道路	7.6	109.9	6.5	94.0	1,770.1	1,988.1

乗じた面積である。また、表1と表2に示す建設資材投入原単位は、当研究室において、構造種別、資材別、建築年代別に整備された原単位を用いた(1・2)。また、原単位は建築物の上部構造・基礎にも分類することが可能であるため、物質量を上部構造・基礎に分けて推計することができる。そのため、被災前と同位置に残存基礎を共有して住宅等を建築する場合の建設資材の回避量や、津波により流出した建物上部だけの物質蓄積量を推計することが可能である。

建築物の物質蓄積量の推計には、建築物データとして（株）ゼンリンが提供するZmap TOWN IIを用いた*注1。Zmap TOWNでは、各建築物の形状が空間情報として保存されており、用途種別・階数・建築物の名称といった情報が属性情報として付されている。建物形状から各建築物の建築面積を測定し、建築面積に階数を乗じた値を延床面積とする。なお、Zmap TOWNには推計に必要となる、階数や建物構造、延床面積に関する情報が不足しているため、住宅土地統計調査や補正式によって設定している。詳しくは、平川ら（２０１１）(3)を参照されたい。また、道路データは、（株）ＥＳＲＩジャパン社が提供する「ＡｒｃＧＩＳデータコレクションスタンダードパック」に含まれる国土数値情報の道路（線）データを利用する。道路網が空間情報として保存されており、道路種・幅員・道路名称といった情報が属性情報として付されている。

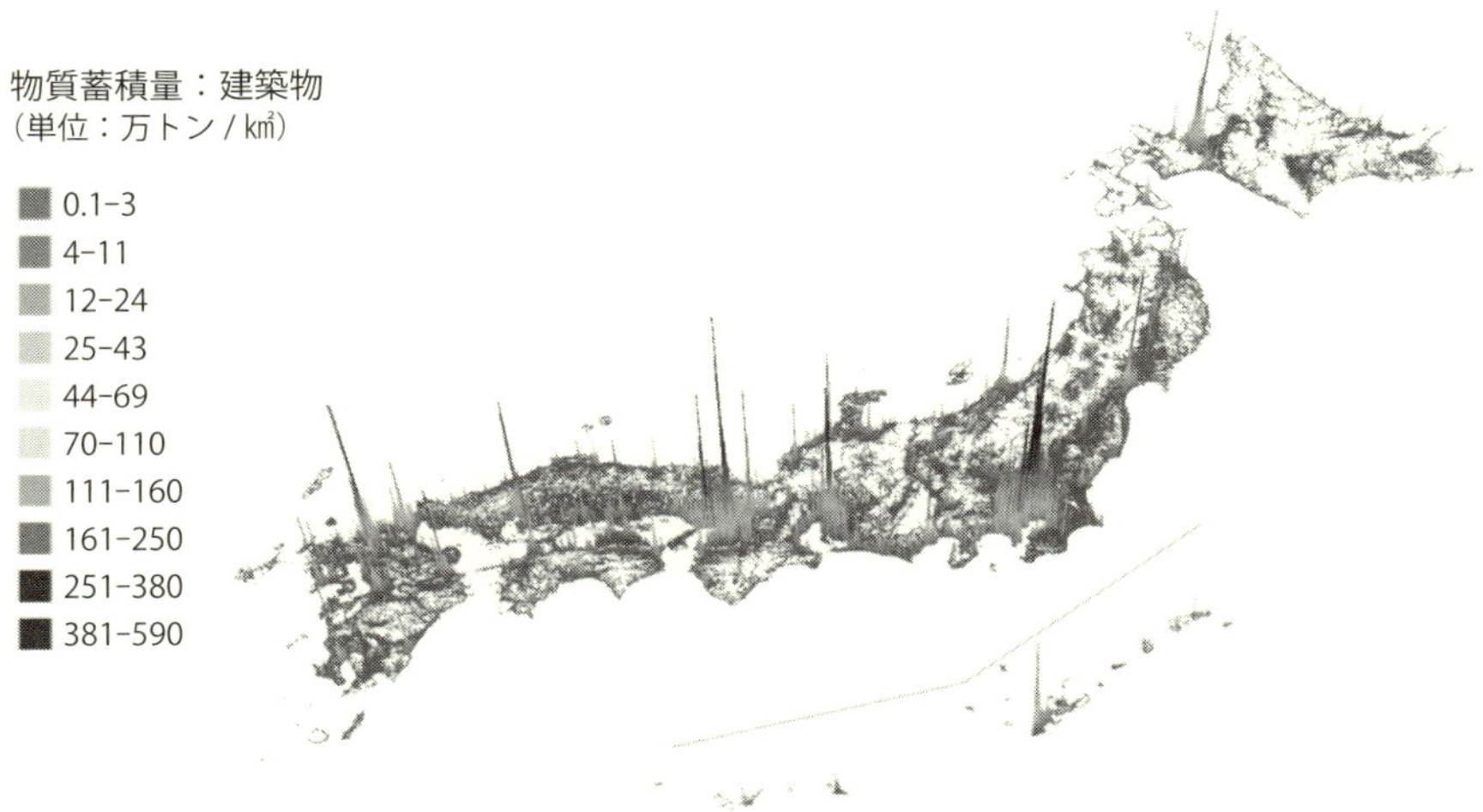

図1　物質蓄積量（建築物）の空間分布

図1に日本全国における建築物の物質蓄積量について、3次地域メッシュ（約1キロメートル）で集計した空間分布を示す。建築物が存在しているメッシュは日本全国で約20万メッシュあるが、その多くは蓄積量が0～2000トン／1平方キロメートルと比較的少ないメッシュが占めている。したがって、東京や大阪などの大都心部やや政令指定都市の中心部において、蓄積量が突出して大きなメッシュが偏在していることがわかる。

3 東日本大震災の津波による失ったストック量

前節で構築した物質蓄積量の空間情報に、東日本大震災により発生した津波の遡上データを重ねあわせることにより、被害を受けた物質量を抽出し、失ったストック量を推計した。対象地域は津波被害の大きかった青森県、岩手県、宮城県、福島県、茨城県の5県とする。津波範囲データとして、日本地理学会の津波被災マップ[4]を用いた。このマップは、震災後に撮影された空中写真を実体視判読し、家屋流出等の甚大な被害を受けた範囲と津波遡上範囲を縮尺1／2万5000の地形図に記したものである。

被災範囲（①家屋の多くが流される被害を受けた範囲、②津波の遡上範囲）に含まれる建築物の数、物質量を都道府県単位で集計した結果を以下の表3に示す。比較のため、消防庁災害対策本部から発表されている

表3　失ったストック量（建築物）

	消防庁	環境省	家屋の多くが流された範囲				津波の遡上範囲			
	全壊棟数（棟）	がれき量（千トン）	建物数（棟）	建設資材ストック			建物数（棟）	建設資材ストック		
				上部（千トン）	基礎（千トン）	合計（千トン）		上部（千トン）	基礎（千トン）	合計（千トン）
青森県	308	0	0	0	0	0	4,215	514	1,220	1,734
岩手県	19,107	5,837	28,032	814	1,530	2,344	53,840	795	3,577	5,372
宮城県	82,911	18,692	45,472	1,283	2,657	3,940	158,847	6,487	13,187	19,675
福島県	21,235	3,837	8,387	201	404	605	30,196	1,160	2,480	3,649
茨城県	126,189	28,366	81,891	2,298	4,592	6,890	255,702	10,367	21,440	31,807

表4　失ったストック量（道路）

	交通規制道路		家屋の多くが流された範囲		津波遡上範囲	
	資材量（千トン）	延長（m）	資材量（千トン）	延長（m）	資材量（千トン）	延長（m）
岩手県	202	23,060	865	201,684	2,518	580,676
宮城県	1,785	207,072	1,154	332,384	10,013	2,882,856
福島県	2,053	237,221	2,190	582,272	15,927	4,376,978

被害状況（第149報、2014年3月7日版）と、環境省から発表されている沿岸市区町村の災害廃棄物処理の進捗状況（2014年4月25日版）を合わせて記す。また、被災範囲に含まれる道路の物質量を表4に示す。消防庁が発表している建築物の全壊棟数と、家屋の多くが流される被害を受けた地域内の建築物数はおおむね近い値となった。がれき量については、多くの市区町村で推計値の方が小さな値となったが、これは今回の推計では津波被害しか考慮していないためであると考えられる。しかし、被害の大きかった陸前高田市、釜石市、気仙沼市、南三陸町などでは推計値の方が大きな値となっており、さらなる精査が必要である。

日本地理学会による浸水範囲をもとに推計を行った結果、青森県、岩手県、宮城県、福島県、茨城県における建築物の失ったストック量（Lost Material Stock）の合計は、約3180万トンであった。また、道路の失ったストック量の合計は、岩手県、宮城県、福島県の三県で約210万トンであった。また、資材別にみると上部部分においては、コンクリートが約2269千トン、モルタルが約1459千トン、木材が約2089千トン、ガラスが約123千トン、陶磁器が約1165千トン、鉄が2165千トン、アルミニウムが約60千トン、その他で約1038千トンとなった。基礎部分では砂利・石材が約6162千トン、コンクリートが約14954千トン、鉄が313千トン、その他で約1千トンとなった。三陸沖において失ったストックの分布の俯瞰図を口絵v頁下に示す。

なお、推計結果に関して、誤解しやすい点および注意点は以下の通りである。まず、定義に従って、最終結果として示した重量は、サービス機能を失っただけで、津波により直接流出していない物も含まれるため、直接的にがれきの量となるわけではないことに留意されたい。また、データ制約上、個々の建築物やインフラの構造の推定に際し、文献や現地調査等に基づいたいくつかの仮定により推計している部分があるため、データの更新の可能性がある。

4　南海トラフ巨大地震による津波被害が想定される失ったストック量

これまで推計してきた東日本大震災における津波は東北地方太平洋側を中心に大きな被害を引き起こしたが、近い将来発生するとされる南海トラフ巨大地震ではさらに甚大な津波被害が想定されている。例えば、中央防災会議の報告書[5]によると、東海地方が大きく被災するケースでは、津波による全壊建物棟数は、東海地方太平洋沿岸部三県において最大で約7・8万棟と想定されている。また、環境省[6]による推計では、全被災地において最大約3・5億トン、中部地方で約9800万トンの災害廃棄物の発生が予測されている。したがって、南海トラフ巨大地震の津波による被害が想定されている地域における「失ったストック」を推計することは、資材別での発生量を把握でき、適切な処理や再利用を促すことが可能になると考えられる。

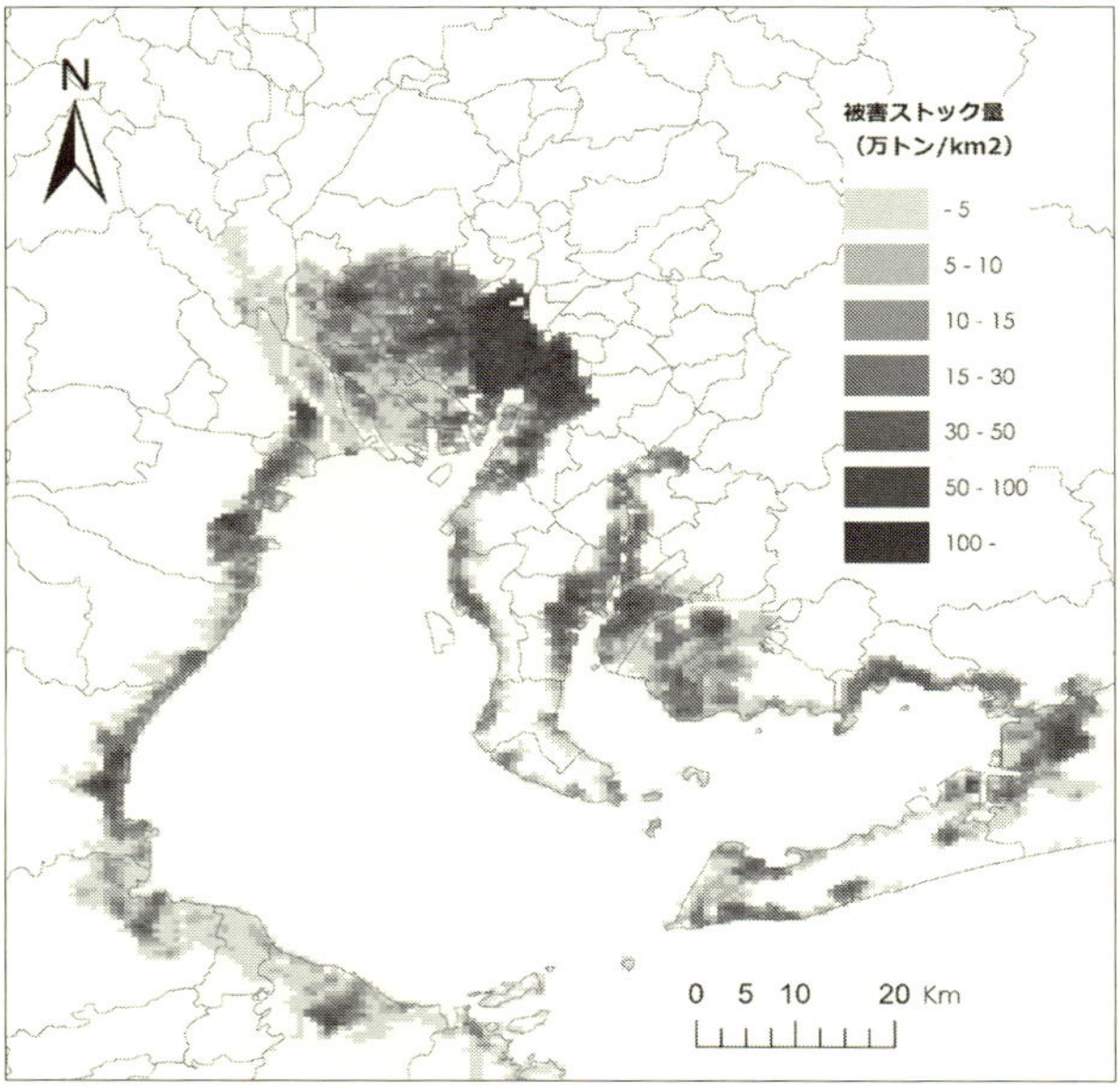

図２上　全浸水範囲（伊勢湾周辺）

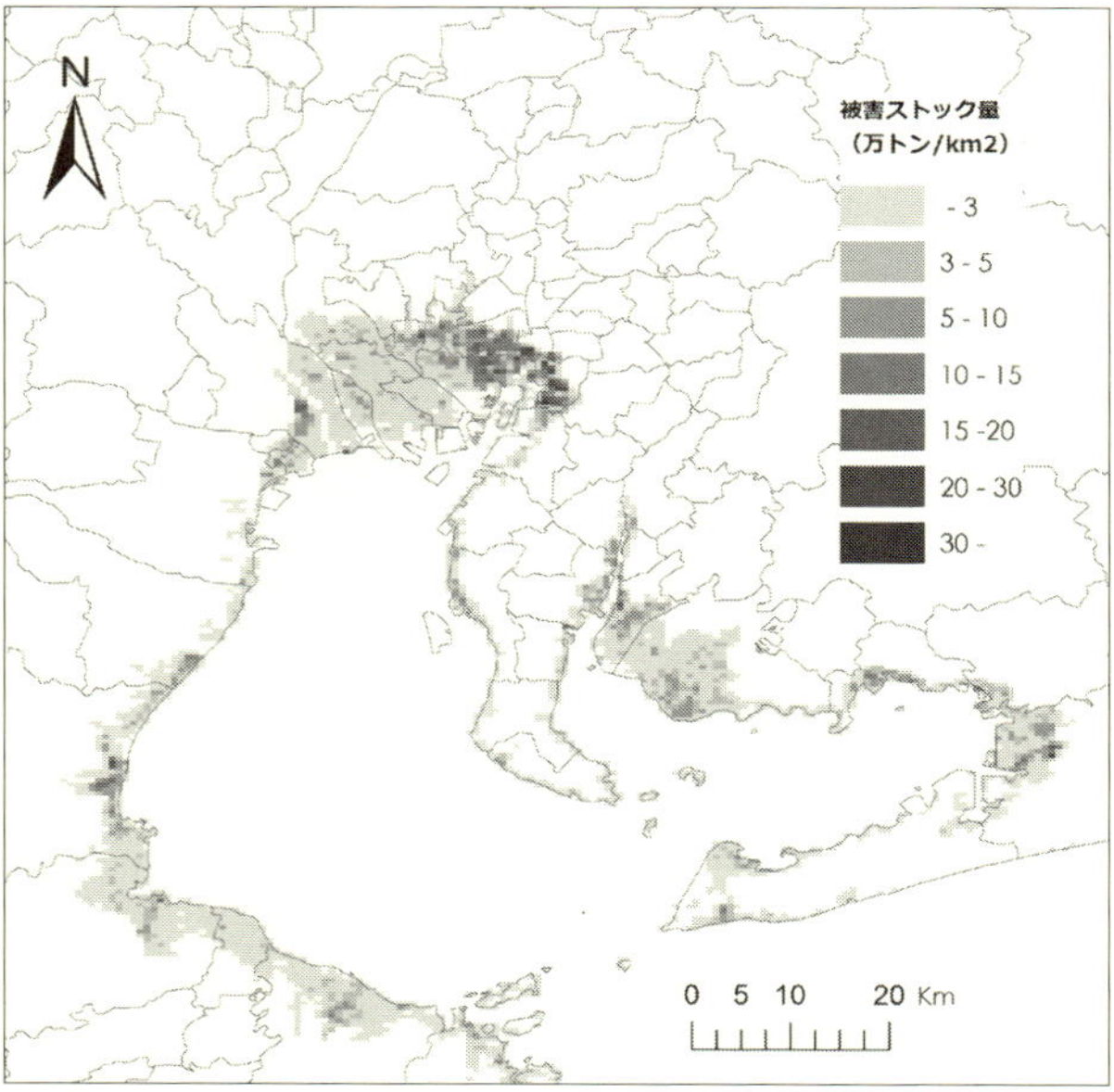

図２下　大きな被害が想定される範囲（伊勢湾周辺）

そこで、南海トラフ巨大地震の津波による失ったストック量を、さきほどと同様に物質蓄積量の空間情報に、津波遡上予測データとの重ね合わせにより推計した。対象地域は、大きな被害が想定されている静岡県、愛知県、三重県の3県の建築物を対象とした。

津波浸水データとして、川崎ら（2012）[7]によって算出された浸水予測を用いた（図2）。中央防災会議による三連動型地震（M8・7）を基に、地殻変動量を推計したものであり、地震規模がM8・7からM9・0に増加した場合に、地震エネルギーが2・82倍となることから、波源域を変えずに地殻変動量を2・82とし、M9・0の三連動型地震での津波浸水予測計算を実施している。また、一部の地域では震度7の強い揺れが予測され、地震動により防災構造物が破壊されることが考えられていることから、防潮堤や防波堤といった防災構造物が設計通りに完全に機能した場合と、地震動により全壊し、機能しない場合についてそれぞれ検討している。また、東日本大震災での津波被害調査[8・9]を踏まえ、浸水全範囲に存在する建築物を抽出するだけでなく、さらに大きな被害が予測される範囲、つまり、木造については津波浸水深2メートル以上の範囲内に、非木造構造物（S造、RC造）については4メートル以上の範囲内に存在する建築物をそれぞれ抽出した。

三県における失ったストック量の推計結果について、表5に示す。津波被害を受ける可能性のある建築物数及びその資材量は、三

表5　南海トラフ地震の津波による失ったストック量

	推計結果											中央防災会議による試算	
	津波浸水全範囲		大きな被害が予測される範囲										
			木造		S造		RC造		合計		浸水面積（㎢）	全壊棟数（棟）	浸水面積（㎢）
	棟数（棟）	ストック量（万トン）	棟数（棟）	ストック量（万トン）	棟数（棟）	ストック量（万トン）	棟数（棟）	ストック量（万トン）	棟数（棟）	ストック量（万トン）			
静岡県	239,820	3,877	99,102	424	4,895	250	299	169	104,296	842	233	31,100	150
愛知県	581,654	12,369	224,322	1,053	7,516	630	180	120	232,018	1,803	640	4,500	99
三重県	284,584	3,325	212,008	898	4,916	297	155	79	217,079	1,274	460	42,800	157
合計	1,106,058	19,570	535,432	2,375	17,327	1,177	634	367	553,393	3,919	1,333	78,400	406

表6　南海トラフ地震の津波による失ったストック量（資材別）

単位：万トン

	資材種類									合計
	砂利・石材	コンクリート	モルタル	木材	ガラス	陶磁器	鉄	アルミニウム	その他	
木造	382	1,074	12	431	24	254	35	10	154	2,376
S造	282	611	95	12	1	2	150	1	23	1,177
RC造	20	325	6	0	0	1	14	0	1	367
合計	684（17%）	2,010（51%）	113（3%）	443（11%）	25（1%）	257（7%）	199（5%）	11（0%）	178（5%）	3,920

県合計で、約110万棟、1・95億トンとなった。また、比較として、本推計で用いた浸水予測面積と推計結果、および中央防災会議による試算結果と浸水面積を合わせて示す。今回用いた浸水範囲のデータは、防災構造物が全壊し、機能しない最悪のケースを想定したものであり、浸水面積は三県合計で1333万平方キロメートルとなり、中防災会議の浸水予想面積の約3倍となっている。名古屋市や津市、浜松市といった海抜の低い都市部を抱える東海地方では、浸水範囲に多くの建築物が存在しているため、失ったストック量は大きくなり、特に、名古屋市の西部に広がる海抜0メートル地帯や、河川沿いでといった内地において被害が発生すると予測される。

表6に資材別の推計結果を示す。大きな被害が予測される範囲において廃棄物となる可能性のある資材量のうち、5割にあたる2000万トンのコンクリートが廃棄物として発生する可能性がある。東日本大震災での実績からこれらのほとんどは再利用を望むことができると考えられる。また、建築物に投入されるコンクリートの多くは基礎部分に使われるが、津波被害を受けても上部構造物だけが流され、基礎部分が残されることが多いことから、実際のがれき発生量は少なくなることが予想される。なお、推計された廃棄物発生量は、コンクリート、木材については平常時の約8倍、廃棄物全体では約5倍となることがわかった。コンクリートは、復興資材としての利用率が高く、被災後の需要も大きくなることが予想されるため、これら発生したコンクリートを有効に利用するための計画が必要となる。

5 情報配信サイト「Map Layered Japan」

近年、東日本大震災や豪雨などの自然災害を契機として、防災や減災に対する意識が高まっている。また、各自治体はハザードマップや避難施設情報をホームページなどで公開しており、平常時から、発災時に自分が何をすべきか、どこへ避難すべきかの判断を考えることが必要となる。また、そのためには、地域がどのような状況に置かれているのかといった安全性、あるいはこれまでに推計結果を示してきた、効率的な被災地の復興に資する「失ったストック」などの被害の想定に関する情報を得ることも不可欠である。

これらの種々の情報を効果的に公開するための技術として、ＧＩＳ（地理情報システム：Geographic Information System）が多く利用されている。ＧＩＳはコンピュータ上に地図情報や様々な付加情報をもたせ、それを作成・保存・利用・管理し、地理情報を参照できるように表示・検索機能をもつシステムである。例えば、従来の紙媒体の地図で特定の店舗を探す場合、店舗名や住所を読み取り、それを地図上で特定する必要があったが、ＧＩＳによる店舗名、住所、電話番号などの情報を重ねた地図では、店舗名だけでもその場所を表示することができる。また、最近利用者が増加しているスマートフォンやタブレットＰＣなどのモバイル端末では、ＧＰＳ機能との併用により位置情報の把握や、周辺施設の検索と表示が可能である。そうした利便性の良さに加えて災害発生時にも通信機器として重要度が高いため、平常時だけでなく発災時にもモバイル端末からでもＧＩＳの利用や情報の取得ができる環境にある。

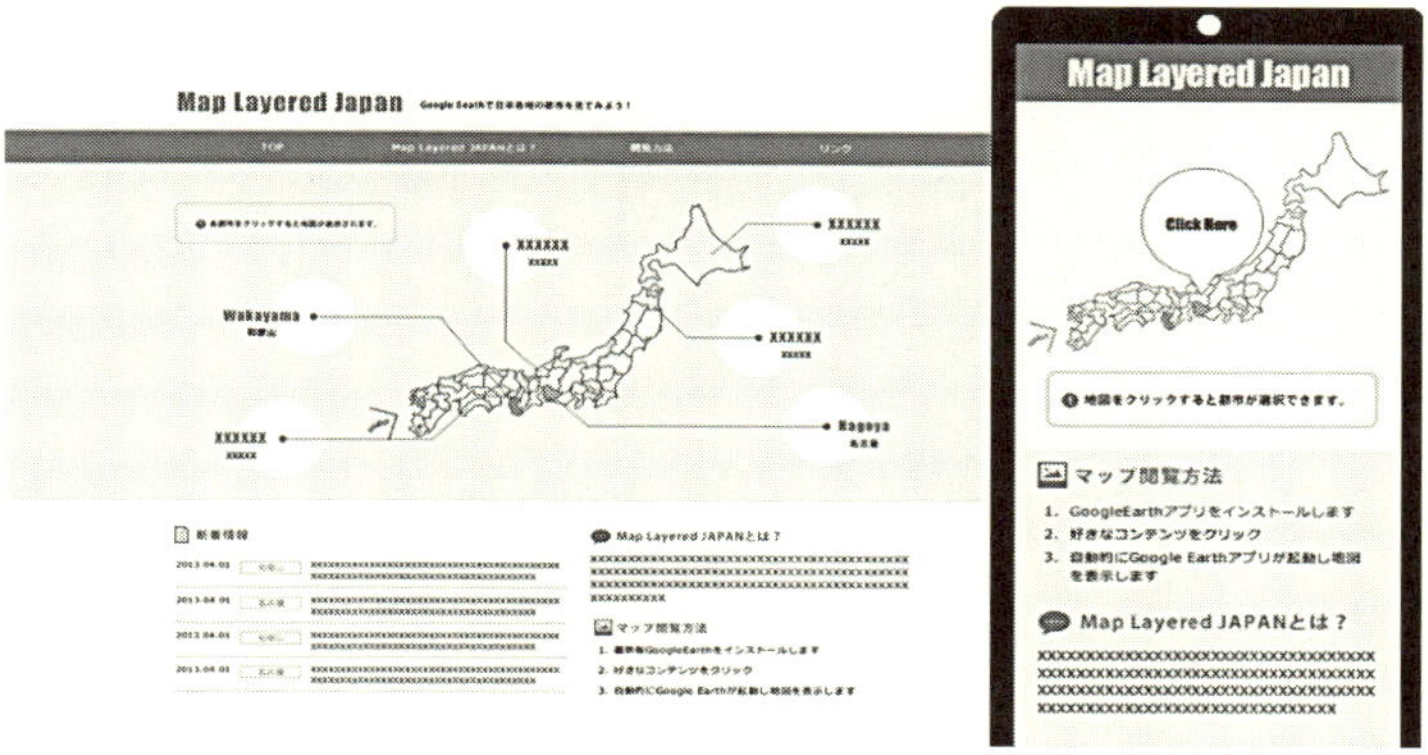

図３　Map Layered Japan の Web サイト

加えて、自治体が公表している社会経済や自然環境、生活に役立つ情報は、ファイル形式や座標系が統一されていないために、重ね合わせによるそれぞれの関係性を把握することが難しい。したがって、配信形式を統一し、様々な主題図を重ね合わせて表示されることで、それぞれの関係性が用意に把握でき、さらには新たな関係性を見出す可能性がある。

こうした背景から、様々な空間情報を統一した形式で整備し、それらの情報の重ね合わせ表示を容易に行うことが可能なマルチレイヤー型の情報配信サイト「Map Layered Japan」を構築した（図３）。Map Layered Japan は和歌山県での先行研究[10]を参考に、地理情報のファイル形式をＫＭＬ（Keyhole Markup Language）に統一することにより、ＰＣやモバイル端末のＷｅｂブラ

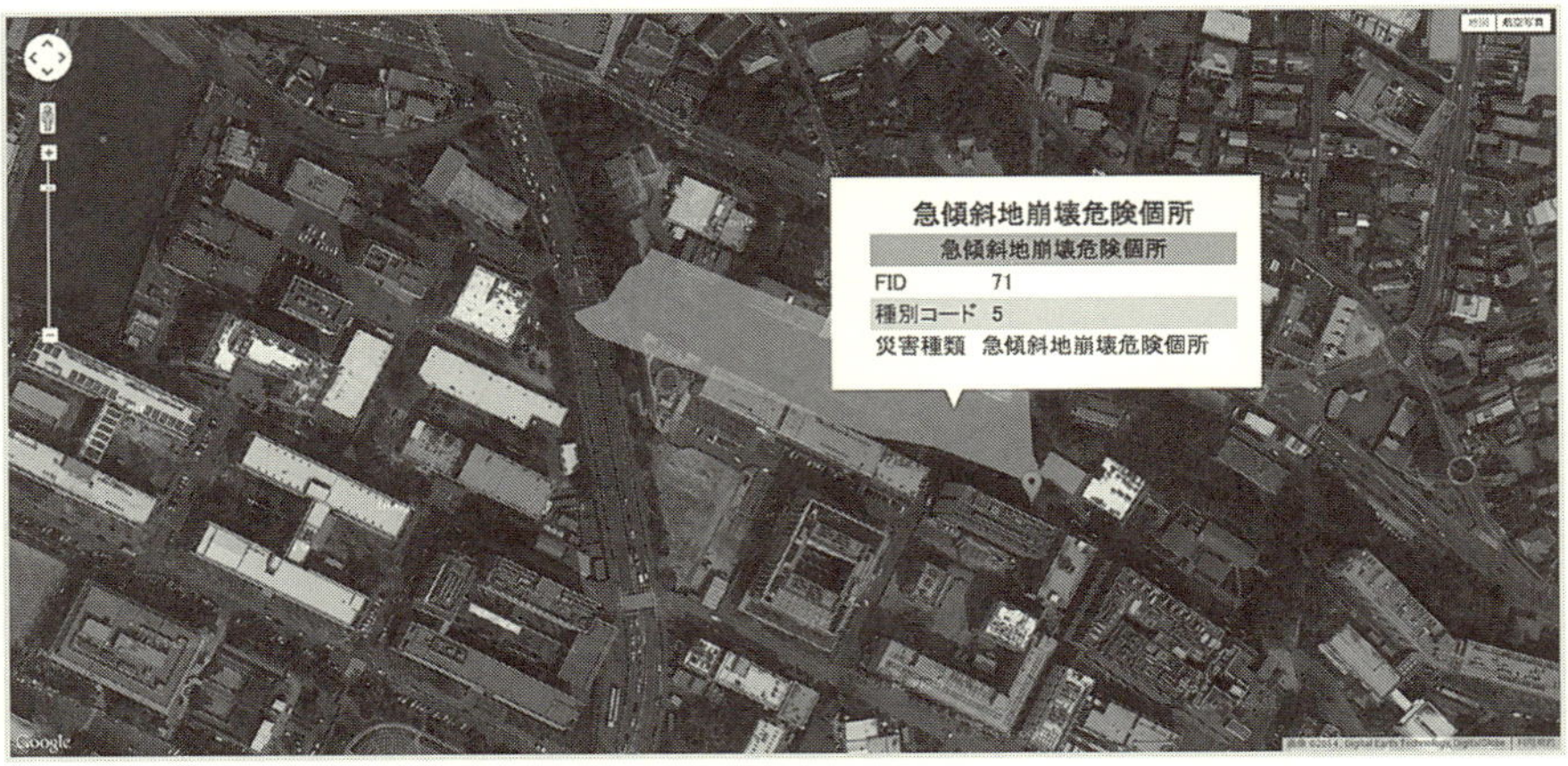

図4　地図情報と現在位置の表示例

ウザ上での閲覧だけでなく、ダウンロードしてGoogle Earthでの表示も可能である。それにより、公開されている他の情報やデータ利用者自身の持っているデータと重ね合わせによる可視化を行える。

図4にMap Layered Japanによる表示例を示す。上部に設置されたセレクトボックスから表示したい地図情報を選択し、新たに別の地図情報を選択することで重ねて表示される。また、マップ上で知りたい地点をクリックすることで属性情報を表示することができる。情報タブは一度表示すると非表示ボタンを押すまで消えることがないため、一度に様々な情報を閲覧することが可能である。さらに、Google Geolocation APIにより、GPS対応の環境で閲覧した場合には現在地の緯度、経度、標高がマップ上にアイコンとして表示される。これによって、モバイル端末で利用した場合は閲覧者の現在地情報を簡単に得られることから、近隣の避難施設までのルート決定といった、自身がいる場所がどのような状況になるかの想定を行うことが可能である。

以上のように、地理情報の収集を行い、フォーマットを統一して整備すれば、Map Layered Japanによって日本全国での情報の可視化と配信を行うことができる。本部で推計した津波被害による失ったストック量も含め、現在も格納しているデータは整備中であるが、システムの機能性や利便性の検証についてヒアリング調査を行ったり、利用者の関心に合わせた充実を図ったりしていく予定である。

［谷川寛樹・杉本賢二］

注

（注1）東京大学空間情報科学研究センター共同利用システムより提供された、株式会社ゼンリンの「Zmap TOWN II ２００８／２００９年度」を使用した。

引用文献

（1）東岸芳浩、谷川寛樹、橋本征二（２００７）「複数年の空間情報を用いた建築物の耐用年数の推計手法の提案」環境情報科学論文集、No.21、pp.37-42
（2）長岡耕平、谷川寛樹、吉田登、東修、大西暁生、石峰、井村秀文（２００９）「全国都道府県・政令都市における建設資材ストックの集積・分布傾向に関する研究」環境情報科学論文集、No.23、pp.83-88
（3）平川隆之、黒岩史、鬼頭祐介、田中健介、谷川寛樹（２０１１）「東日本大震災により失った建設ストックの推計」ＬＣＡ学会誌、Vol.7、No.3、pp.1-5
（4）日本地理学会：津波被災マップ http://danso.env.nagoya-u.ac.jp/20110311/（２０１２年２月取得）
（5）中央防災会議：南海トラフ巨大地震の被害想定について（第一次報告）http://www.bousai.go.jp/jishin/nankai/taisaku/pdf/20120829_higai.pdf（２０１３年８月取得）
（6）環境省：災害廃棄物の発生量の推計方法 http://www.env.go.jp/recycle/waste/disaster/earthquake/conf/conf01-05.html（２０１４年３月取得）
（7）川崎浩司、鈴木一輝、高須吉敬（２０１２）「東海・東南海・南海三連動地震による津波浸水予測に関する研究」土木学会論文集Ｂ３、vol.68、I_150-I_155
（8）内閣府中央防災会議南海トラフ巨大地震対策検討ワーキンググループ：南海トラフの巨大地震建物被害・人的被害の被害想定項目及び手法の概要、p.8、http://www.bousai.go.jp/jishin/nankai/taisaku_wg/pdf/20120829_gaiyou.pdf
（9）国土交通省：東日本大震災による被災現況調査結果について（第1次報告）http://www.mlit.go.jp/common/000162533.pdf
（10）門前沙希、谷川寛樹、江種伸之、吉野孝（２００７）「マルチレイヤー型地理情報配信システムの構築に関する研究」第35回環境システム研究論文発表会講演集、pp.325-330

4 被災に伴うＱＯＬの低下と回復度

1 はじめに

災害は、直接の死傷者を出すのみならず、生き残ってケガがない人たちも、日常よりも劣悪な生存・生活環境の中で一定期間暮らすことを余儀なくされる。これは、家屋や、道路・電力網・通信網・災害拠点施設等のインフラ、そして病院やスーパーマーケットといった様々な施設が破壊されたり使用不能となり、さらに日常生活を支える様々なサービスも機能しなくなることが原因である。これによって食料等の基本的な物資や場所が不足したり、救助・避難・復旧等の活動に支障が生じたりする。劣悪な環境に長期間置かれた場合、健康を損なうことや、場合によっては死に至ることさえある。

このことから、災害への事前対応策を検討する際は、死傷者を減らすことはもとより、生存者の生活環境を確保する策、すなわち、交通・電力・通信網の冗長性確保や、避難所・備蓄所の整備などを合わせて講ずることが必要不可欠である。さらに、生存環境が長期間脅かされると判定される地区については立地を抑制・禁止することも必要となるかもしれない。

著者は、東日本大震災発災後の新聞記事や、その他大規模災害の被災者を対象としたアンケート調査[1・2・3・4]・既往研究[5・6・7]等から、被災者の主なニーズの時系列変化を表1のようにまとめた。被災直後においては食料の有無等、生命維持に直結するニーズが中心となっている。その後は衛生面に対するニーズが増加し、物資についても量から質へ移っていった。このように、被災者のニーズは時々刻々と変化していくが、それに関する情報を得て整理し判断して発信することが容易でないため混乱が起きやすい。その状況で救援活動を効率よく進めていくために、限られた人員や物資等を適時適切な場所に供給し、より早期に元の社会生活へと立ち直るための事前準備と事後の早急なフォロー体制

表1　被災者の主なニーズ変化

時期	発生（顕在化）するニーズ	
被災直後	緊急避難施設や医療施設へのアクセス、食料、飲料水、避難所の寒さ対策、家族の安否	生命の維持に対するニーズ
避難段階（短期）	避難所の開設状況、水・食料等の避難物資・医薬品の供給、トイレの衛生状態や入浴施設の整備状況、着替えの確保、生活用品の確保、余震による二次災害への不安	衛生環境に対するニーズ
避難段階（長期）	温かい食料、プライバシーの確保、衛生状態の改善、感染症の抑制、空調設備、レクリエーション	健康・衛生環境に対するニーズ
復旧段階	プライバシーの確保、仮設住宅への入居、仕事や学校の再開に合わせた交通手段の確保	社会生活を送るためのニーズ
復興段階	通勤・通学・通院・買物等の利便性 住宅や周辺環境の快適性 次の災害への備え	住みよさの向上

が求められることとなる。その準備として、災害の状況とそれに伴う被災者の生存・生活環境の変化を、発災から復興に至るまで時系列的に把握できる体制を整えておく必要がある。

そこで、大規模災害発災後における被災者の生存・生活環境を「生活の質（Quality of Life：QOL）」水準を用いて小地区単位で時系列的に評価可能なシステムを構築した。そして、東日本大震災時の岩手・宮城両県の発災から2カ月間の状況にシステムを適用した[8]。本節ではそれについて詳しく紹介する。

2　災害時の生活環境（QOL）評価の方法

(1) QOL水準の定義

ここでは、災害時におけるQOL水準を「人の活動機会（選択の幅）がどれだけ確保できるか」と定義する。そして、それを決定づける各種の要因を整理し構造化することで、評価システムの構築へとつなげていく。

能島ら[9]は、日常生活をニーズの発生とその充足の繰り返しと考え、その時間サイクルに注目して、生存・生活環境へのニーズの構造を、より基礎的な要素から順に以下のように分類している。

(a) 生命の保持に必要なもの（食事・睡眠など：時～日サイクル）
(b) 健康・衛生の保持に必要なもの（入浴・洗濯など……日～週サイクル）
(c) 社会的存在として要求されるもの（勤労・教育など日～週サイクル）

(d)文化的生活の維持に必要なもの（娯楽・精神的休息など……週～月サイクル）

これによれば、時間サイクルが短いものほど生命維持に必要不可欠であることがわかる。そして、表2に示した被災者のニーズ変化と符合していることも理解できる。災害によって、平常時に様々なニーズを充足可能としていたインフラ・施設が機能停止すると、ニーズ発生の時間サイクルが短い、生命維持に必要不可欠なものほど他のニーズを差し置いて顕在化する傾向が顕著となる。

この構造は、下位の欲求が充たされるにつれて上位の欲求の充足を目指すというMaslow[10]の欲求階層説とも類似している。被害が大きい地区では、水・食料といった基本的な物資や避難所が供給されている状態で初めて次の段階の入浴といったニーズが顕在化する。その後、仮設住宅を求めるが、建設が決まった後に建設場所の利便性に対するニーズが顕在化する。一方で、いくら住宅被害が皆無であっても、道路損壊により孤立している地区では、食料確保が困難となり、仕事に行けない心配よりも先に食料の確保の心配をすると想定される。このような生存・生活環境ニーズ変化の構造は、ライフライン復旧と同時に避難所から自宅へ戻る被災者が多いというような被災者の行動からも読み取ることができる。

以上のことから、災害時のQOLは、生存・生活環境変化と被災者の心理的な時間経過に対応した階層をなすと考えることができる。ここではその階層を、レベル1：生命の保持、レベル2：健康・衛生の保持、

表2　QOL構成要素

QOL水準	QOL構成要素		
文化的生活の保持 レベル4	機会獲得性	居住快適性	安全安心性
社会的生活の保持 レベル3	教育機会	住居の確保	余震リスク
	就業機会	プライバシーの確保	
	買物機会	通信環境	
健康・衛生の保持 レベル2	入浴機会		余震リスク
	衣類清潔性		傷病リスク
	医療機会	プライバシーの確保	犯罪リスク
	食料の確保　質）	トイレ環境	
	生活用品の確保	空気環境	
		温熱環境	
生命の保持 レベル1	飲料水の確保		余震リスク
	救急医療機会	寝るところ	家族の安否情報
	薬の確保	寒さ・暑さ	
	食料の確保　量）		

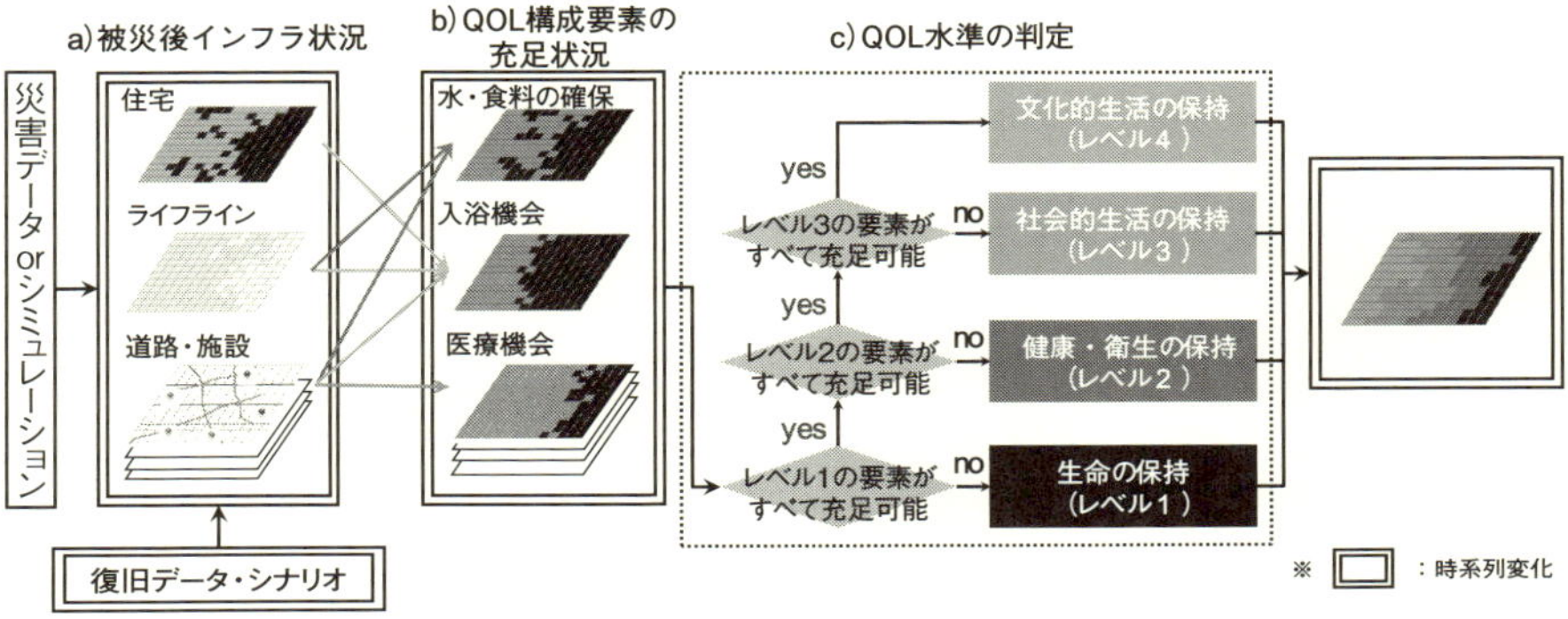

図１　災害時QOL水準評価システムの概要

レベル３：社会的生活の保持、レベル４：文化的生活の保持、の全４段階で構成され、下位から順に充足されるものとした。そして、各レベルにおけるＱＯＬ構成要素を表２のように整理した。

(2) ＱＯＬ水準評価システム

著者が構築した災害時ＱＯＬ水準評価システムの概略を図１に示す。小地区単位（後の分析では第3次メッシュ単位〈約1キロメートル四方〉を用いている）で、被災者のニーズ（需要側）を充足できているかどうかを、インフラ・サービスの状況（供給側）から判定する。そのためにまず、被害の実データもしくはシミュレーション、その後の復旧データから、(a)インフラ・建物の機能停止・阻害状況を小地区単位で明らかにする。その状況から、(b)各ＱＯＬ構成要素（被災者ニーズ）の充足状況を小地区単位で判定する。最後に、各ＱＯＬ構成要素の充足状況を総合し、(c)表２で示したＱＯＬ水準の下位から順にどのレベルまで充たされているかを判定し、小地区単位でＱＯＬ水準を確定する。レベルｎの地区とは、レベルｎのインフラ・サービスが必要とされている（充足されていない）地区のこととする。各水準の要素がすべて充足可能と判定されたときはじめて当該レベルが充足され、次の水準へ移行すると考える。例えば、発災直後において被害が甚大な地区においては、食料が不足し、避難所での生活を余儀なくされ、まずそれらを充足する必要があるため、より高いレベルのＱＯＬ構成要素が満たされていたとしても、ＱＯＬ水準はレベル１と判断する。

また、各ＱＯＬ構成要素の充足状況の判定にあたっては、その構成要素が満足される水準に達するために必要なインフラ等の要件が全て揃った場合を充足可能、一つでも欠ければ充足不可能とする。このとき、各ＱＯＬ構成要素を充たすには、(a)居住地（避難地）で充足可能な場合と、(b)移動することにより充足可能な場合との２種類が存在することに注意が必要である（図2）。(a)については、ＱＯＬ構成要素を支えるインフラが全て機能している場合、充足可能と判定する。一方(b)については、道路や公共交通の供用状況から決定される居住地からの到達可能範囲の中に目的施設があれば充足可能と判定する。

さらに、災害時には各ニーズ間の代替補完関係を考慮に入れる必要もある。例えば、「入浴機会の確保」（入浴ニーズの充足）のためには「住宅」と「ライフライン（上下水道・ガス）」もしくは「交通機関」と「入浴施設」の組み合わせのうち、少なくともどちらか一方が正常に機能している必要がある。このような関係も考慮してＱＯＬ水準を決定する。

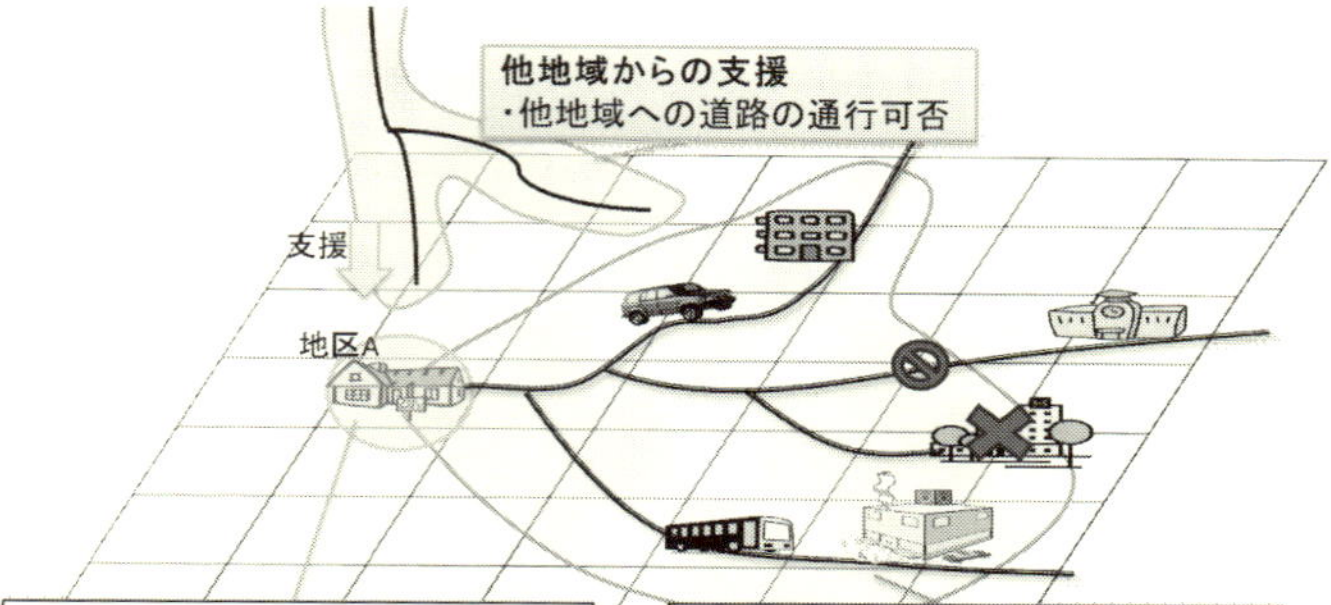

図２　充足状況の判定

３　ＱＯＬ水準の算出結果

以上の方法を用いて、東日本大震災時の岩手・宮城両県のＱＯＬ水準を評価した。ここでは、実際のケース（１）に加え、実際には一部供用にとどまっていた三陸沿岸道路が全線供用されていたとし、震災によって通行止めにはならなかった場合（２）についても評価し、この両者を比較することで、インフラの整備状況が被災者のＱＯＬ水準へ及ぼす影響の差異を分析してみた。

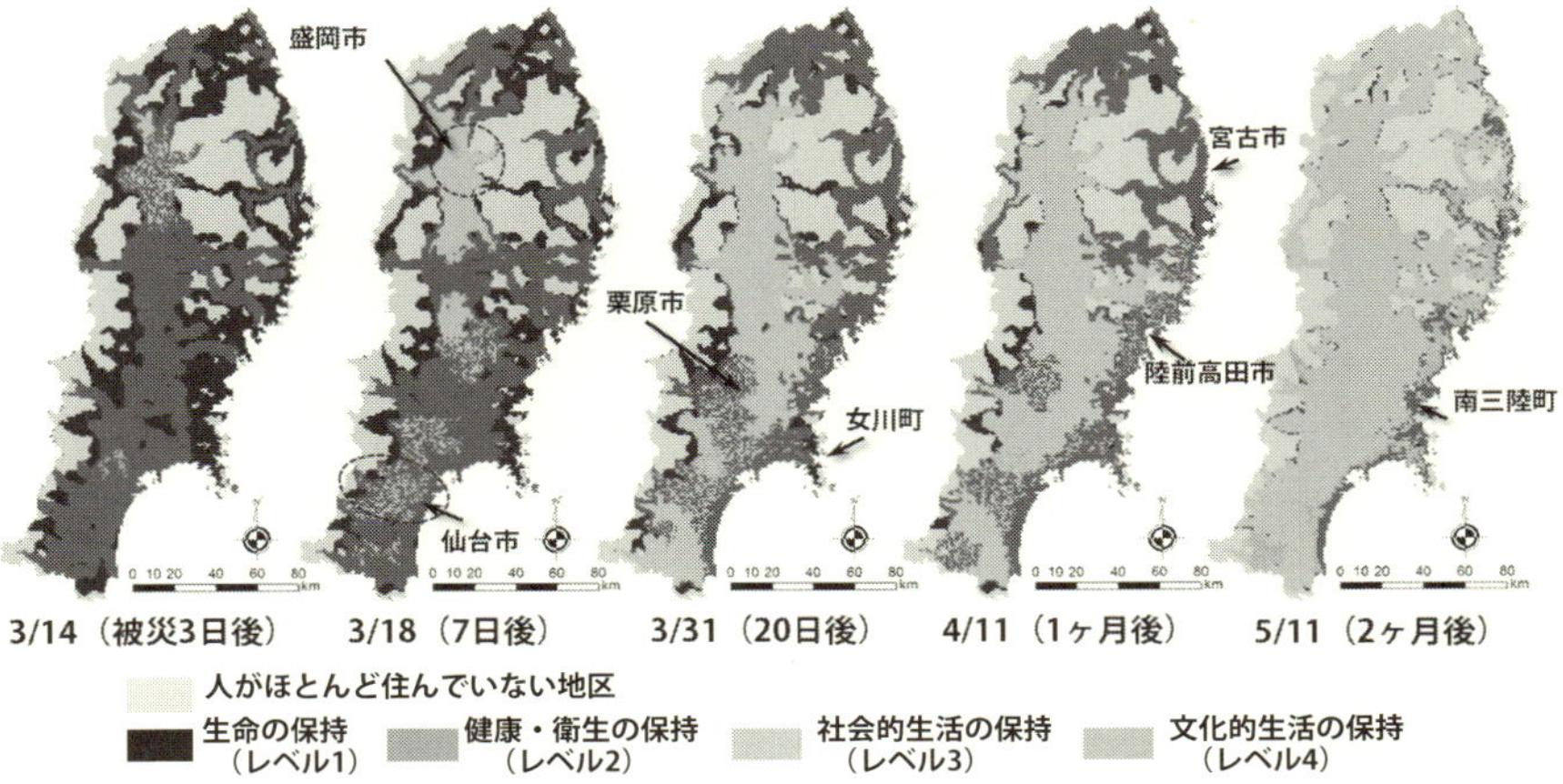

図3　各地区における QOL 水準の変化

（1）実際ケース（三陸沿岸道路一部供用）

図3に、発災3日後の3月14日から2カ月後の5月11日までの各地区におけるＱＯＬ水準の推移を示す。ただし、本分析では被災後の就業機会を考慮できなかった（すべての地区で充足と設定した）。このため、健康・衛生の保持の段階（レベル2）の要素をすべて充足した段階で、就業機会以外の社会的生活の保持の段階（レベル3）の要素も充足され、レベル2からレベル4へと移行する地区が多く、レベル3の地区が少ない結果となっている。

全体の傾向として、内陸側は回復が早い一方で、沿岸部では津波被害によるインフラ損壊が甚大なため、回復に時間を要している。沿岸部では、発災3日目に、内陸からの道路が繋がっている地区では被災者のニーズを充たすインフラが確保されたことにより、ＱＯＬ水準がレベル1からレベル2へ移行している。これは「くしの歯作戦」（県や自衛隊が協力して緊急輸送道路を「くしの歯型」に啓開（障害を取り除き道を切り開く））[11]の効果としてみることができる。

被災から1カ月後の4月11日時点では、沿岸部の多くの地区でレベル2へ回復している。ただしその範囲は津波浸水域に比べ広い範囲となっている。これは、住宅への直接被害がなくとも、津波による重要施設の流出や主要道路の被害に伴い、津波浸水域でない高台の住民も移動が大きく制約されていることを示している。加えて、浄水施設等のライフライン供給元の被災によって、供給範囲内の地区全体に影響が及んだことも反映されている。そして、更に1カ月後の5月11日でもレベル2から上位レベルへの改善は進んでいない。これは、津波によるインフラ被害箇所の復旧に長期間かかっているためである。

一方、内陸部では、津波被害がなかったため利便施設の再開が早く、また道路網も充実しており、QOLの回復が早い。ただし、震度7を記録した岩手県内陸部にある栗原市では、QOLの回復が遅くなっている。この理由として、市内の水道の復旧率が低く、トイレの衛生環境が悪化したことや、入浴機会が確保されなかったことが挙げられる。また、仙台市の内陸部と盛岡市を比較すると、QOLの回復は盛岡市の方が早い。盛岡市では各家庭に設置するLPガスを利用していたため個別に復旧対応できた[12]のに対し、仙台市は都市ガスの配管ネットワーク全体の復旧が遅れ、入浴のニーズが充たされなかったためである。

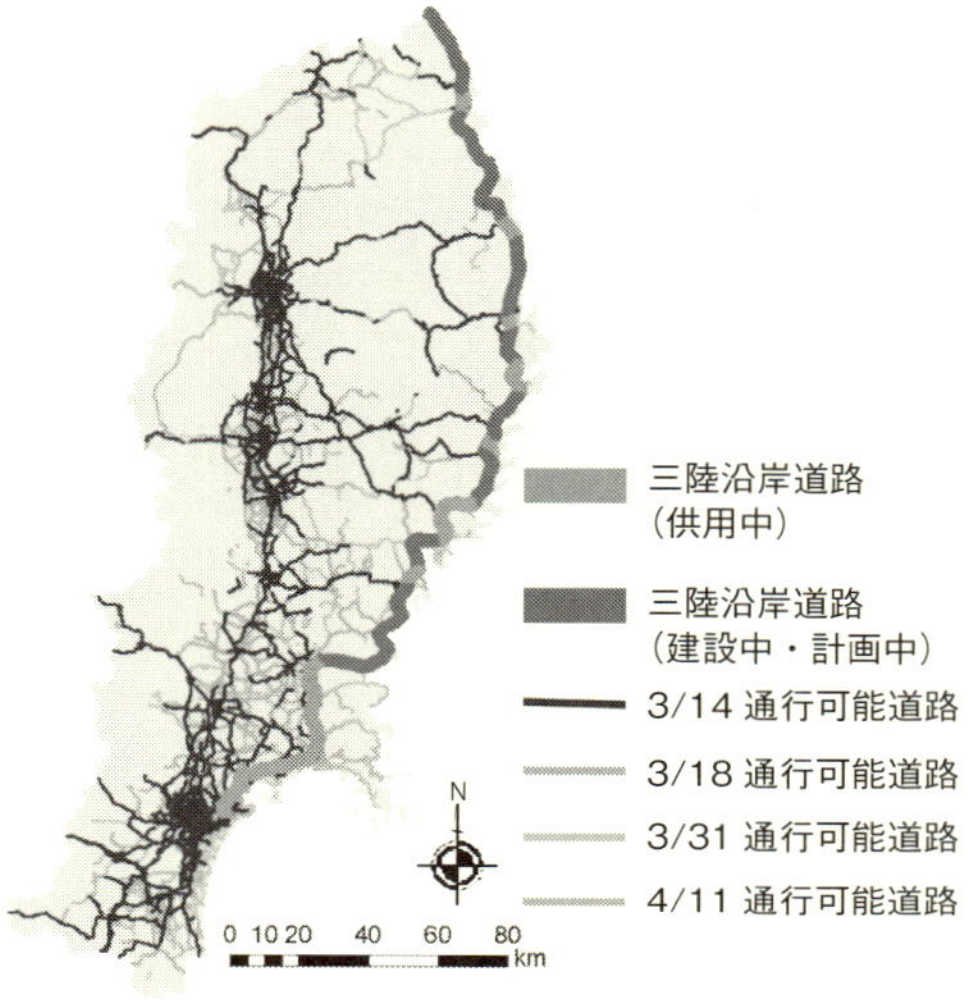

図4　三陸沿岸道路の概要

（2）三陸沿岸道路全線供用ケース

三陸沿岸道路は津波を考慮して高台に計画された道路であり、東日本大震災発災時に供用していた区間では住民避難や復旧のための緊急路として大きく貢献した。そこで、計画されている全区間（図4）が開通しており被害もなかったものと仮定し、QOL推移にどう影響するかを分析する。

図5に実際ケース（三陸沿岸道路一部供用）の場合と全線供用ケースそれぞれについての、各地区のQOL水準の推移（被災後1週間）を示す。実際ケースでは、3月14日時点において沿岸地域のQOL水準はほぼレベル1となっている。一方、全線供用ケースでは、三陸沿岸道路沿いに加え、そこから横方向に通じる道路周辺地区のQOL水準がレベル2に回復している。

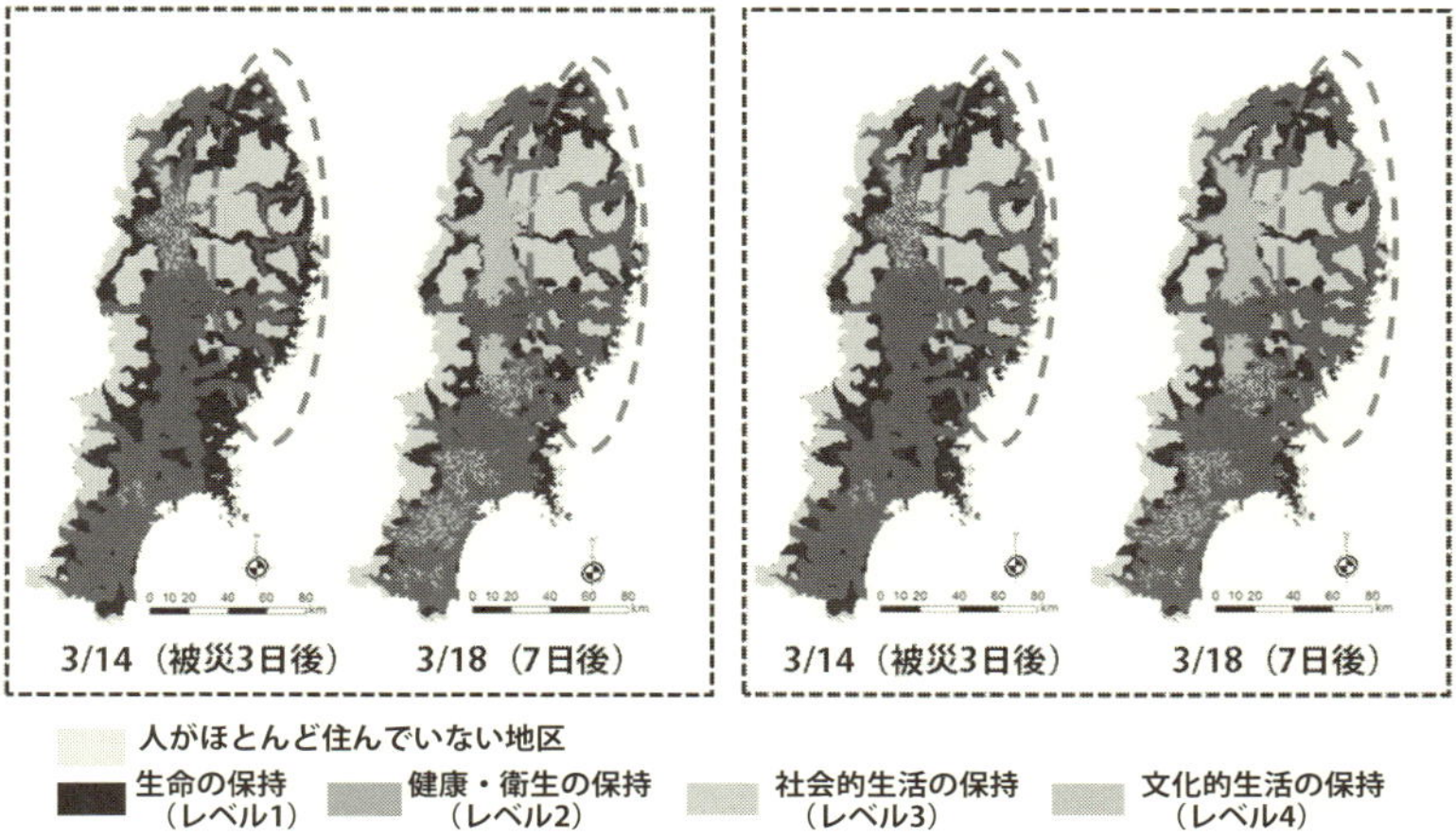

図５　各地区の QOL 水準の推移　（左）実際（三陸沿岸道路一部供用）（右）全線供用

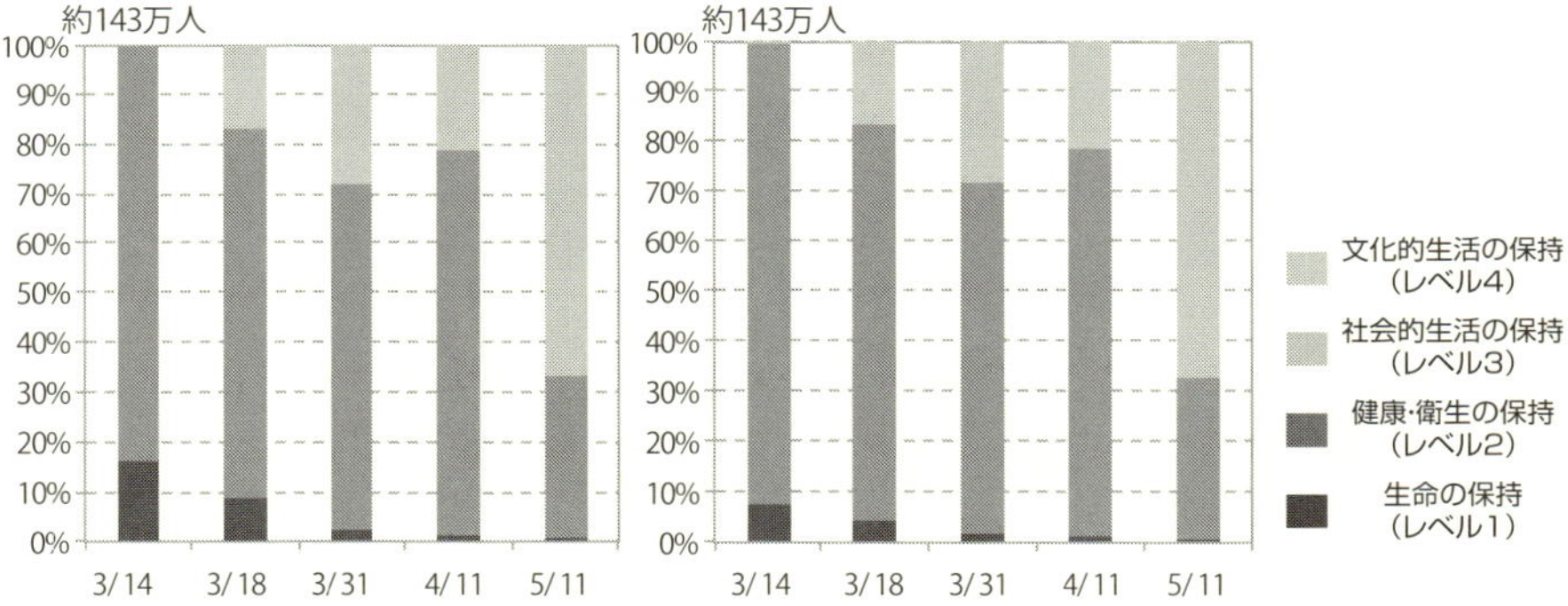

図６　沿岸市区町村における各 QOL 水準の被災者数の推移　（左）実際（三陸沿岸道路一部供用）（右）全線供用

さらに図6に示す沿岸市区町村の各QOL水準の被災者数（夜間人口ベースで計算）より、全線供用ケースでは3／14時点でレベル1の被災者数が約8・5％（約12万人）減少することがわかる。しかし発災から1週間経過時点での差異は小さい。この理由は、広域的な道路網が利用可能であっても、津波によって地区内の道路や住宅、ライフライン、利便施設が損壊しており、これらは道路アクセスによって他の地区に行けても得ることができないサービスを提供するために、下位のQOL構成要素が充足できず、地域内で自立した生活を送ることが困難であるからと考えられる。

以上から、道路ネットワー

クの強化は災害直後時点のＱＯＬ確保に有用であるが、中長期的なＱＯＬ低下を抑制するには、各地区における施設・建物の災害安全性を高め、機能損失の低下を避ける対策を講ずる必要があることが示唆される。

［加藤博和・林良嗣］

参考文献

（１）つなプロ（２０１１）「多賀城市アンケート結果調査結果報告書提言編・資料編」
（２）中森広道（２００８）「地震災害に関する住民の意識と対応―社会調査から考える課題―」クォータリー生活福祉研究、66号、Vol.17, No.2、pp.24-40
（３）城仁士（１９９５）「阪神大震災における災害ストレスの実態調査」平成７年度ひょうご科学技術創造協会「阪神・淡路大震災に関連する緊急調査研究助成」研究実績報告書、p.28
（４）第６回地方都市等における地震防災のあり方に関する専門調査会：地震発生後の被災者の生活環境対策（概要）、２０１１。
（５）伊村則子、石川孝重（１９９６）「兵庫県南部地震の復興過程における生活からとらえた住居の位置づけ」社団法人日本建築学会研究報告集構造系、第66号、pp.17-20
（６）松井克浩（２００５）「被災生活におけるニーズと支援：中越地震「生活アンケート」の試み」日本行動計量学会大会発表論文抄録集、Vol.33、pp.26-29
（７）松浦正浩：被災者の声に基づく課題分析（ステークホルダー分析）調査、Ver.1.0: 2011/4/4版 http://mmatsuura.com/research/20110311/0311-SHA-as_of_20110404.pdf（最終閲覧２０１３年７月10日）。
（８）高野剛志、森田紘圭、戸川卓哉、福本雅之、三室碧人、加藤博和、林良嗣（２０１３）「東日本大震災における被災者生活環境の時間的変化の評価」土木学会論文集Ｄ３（土木計画学）Vol.69, No.5（土木計画学研究・論文集第30巻）、pp.I_125-135
（９）能島暢呂、亀田弘行、林春男（１９９３）「地震時のライフライン機能障害に対する利用者の対応システムを考慮した生活支障の評価法」地域安全学会論文報告集、No.3、pp.195-202
（10）Maslow, A. H.: A Theory of Human Motivation, *Psychological Review*, Vol.50, No.4, pp.370-396, 1943.
（11）国土交通省：「くしの歯」作戦、三陸沿岸地区の道路啓開・復旧 http://www.thr.mlit.go.jp/road/jisinkannrenjouhou_110311/kusinohatohk.pdf（最終閲覧２０１３年２月13日）
（12）東日本大震災被災地の方々の声（日本ＬＰガス協会ＷＥＢアンケート調査結果）www.j-lpgas.gr.jp/feature/dl/campaign_FA.pdf（最終閲覧２０１３年７月７日）。

第5章
ジオ・ビッグデータによる地震災害リスク評価とレジリエントな国土デザイン

1 マイクロジオデータベースによる地震災害リスク評価

1　既存の被害予測における課題

２０１１年３月11日に発生した東日本大震災は、東北・関東地方を中心に広い範囲に甚大な被害をもたらした。今後も我が国では、南海トラフの巨大地震をはじめとする大規模地震により被害が発生する可能性が、大小はあるにせよ全国にある。そのため日本各地の自治体（都道府県・市区町村）では各々に地震被害想定や地震危険度に関する調査を行い、その結果を公開・提供し、地域住民や民間企業などが閲覧・利用できる環境作りを進めている。

しかしこれまでのところこれらの情報の多くは自治体ごとに作成され公開されている。またそれらは町丁目単位やメッシュ単位で集計されたものしか公開されない場合が多い。更に調査の方法や被害予測の基準が自治体間で必ずしも同じでないため、地域間の比較を行うことが難しいという課題もある。そのため現在公開されているこのような情報だけでは、自治体の壁を越えた広域災害への備えや、住民自身による身近な防災力の向上といった、今日の社会的課題には十分に対応できないと言える。

このような課題を乗り越えるために我々は何をすればよいだろうか。この課題に対して我々は「建物一棟一棟が見える細かさで、しかもそれが自由なスケールで集計可能で、都道府県・市区町村の壁が無い状態で日本全国、スケールシームレスに被災状況が分析・推定ができる空間情報プラットフォーム」を実現することが望ましいと考えた。このような空間データが実現すれば、日本全土を対象に大規模地震による広域災害発生時における地域ごとの被災リスクや、被災への初期的な対応力を、定量的かつ高精度に評価・比較できる環境が実現する。

そこで我々は国勢調査などの様々な公開統計情報、緯度経度座標付き電話帳データベース、デジタル住宅地図などの一般的に利用可能で、しかも日本全土をカバーできる様々な統計・空間データを用いて、地震災害のリスク（より具体的には地震による建物倒壊と火災のリスク）と、災害への初期対応力を評価するための建物一棟一棟単位のミクロな空間データ（＝マイクロジオデータ）[1]の基盤整備を行った。またそれらを用いた地震災害リスクと初期対応力の簡易的な評価手法を提案し、日本全国を対象に適用することで、地域間の相対的な地震災害リスクと災害対応力の可視化を実施した。

２ 建物単位のマイクロジオデータの整備

本研究ではまず建物一棟一棟単位のミクロな空間データを整備するために、デジタル住宅地図[注1]から日本全土の建物約６０００万棟の位置情報を取得し、ポイントデータ化することで、建物一棟一棟の分布を観察できるデータ（以下「建物ポイントデータ」）を整備した。このデータを用いれば建物一棟一棟の位置情報、面積、階数、建物の用途[注2]が観察できる。そのデータに対して様々な統計情報やミクロな空間データの情報を配分することで、建物一棟一棟の災害リスクと災害への初期対応力を計算できる環境を実現した。

建物一棟一棟には図１に示す以下の情報が付加される。

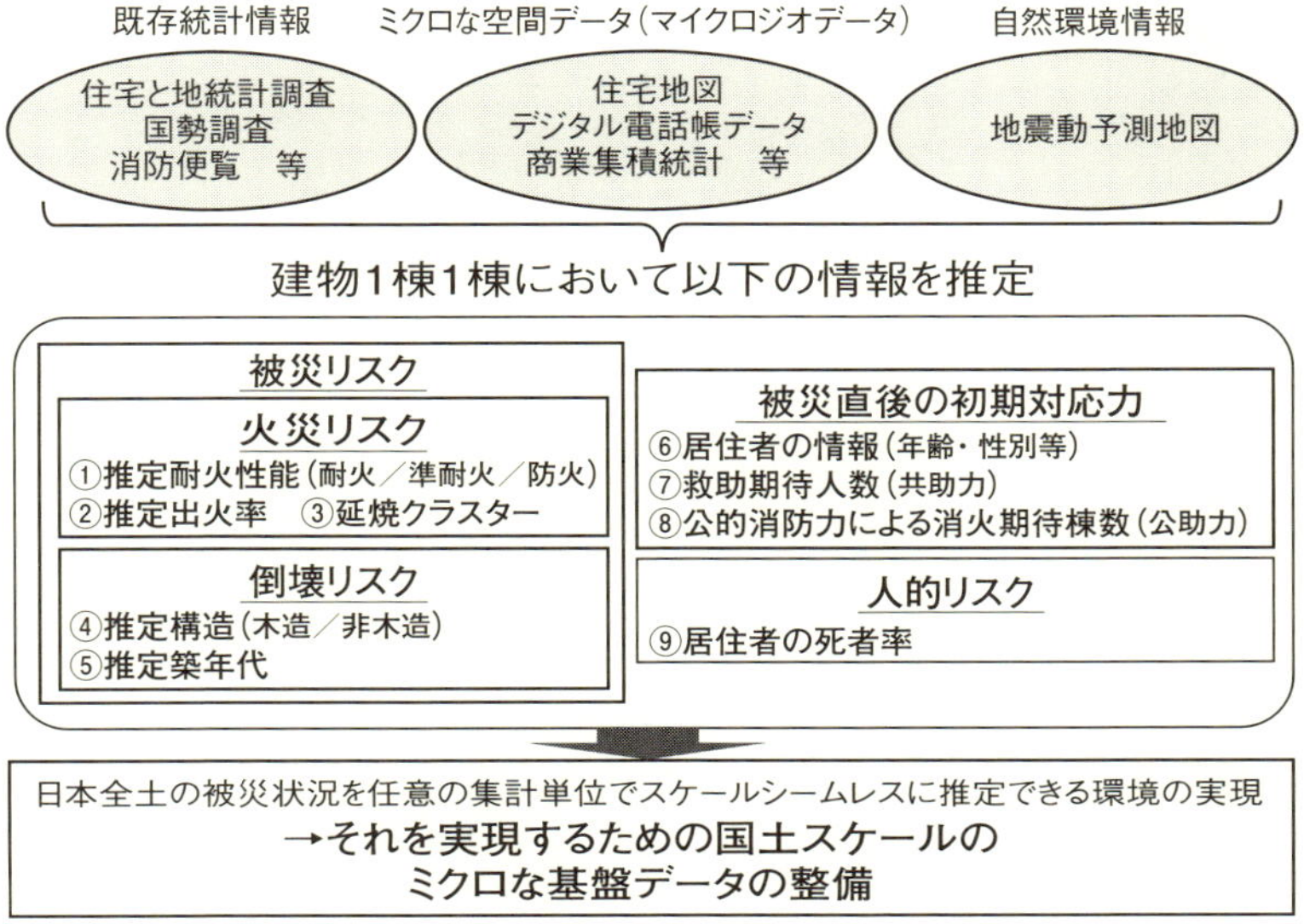

図１　建物単位のマイクロジオデータの整備の流れ

●被災リスク情報
・地震後に火災が発生し焼失する可能性（火災リスク）
・地震の揺れによって建物が倒壊する可能性（倒壊リスク）
●被災に対する初期対応力情報
・周辺の消防組織による出火建物の消火力（本研究では「公助力」と呼ぶ）
・地域住民によって期待される倒壊建物からの救助力（本研究では「共助力」と呼ぶ）
●人的リスク情報
・そこに居住している住民が被災する可能性（人的リスク）

建物ポイントデータに対して様々な属性情報を連続的に付加していくことで、最終的には建物一棟一棟に地震による被害に関する多様な情報が付加される。それらを任意の空間単位（例えば町丁目や学区、メッシュなど）で集計することで、任意の地域で被災リスク（大規模地震による建物倒壊・火災によって発生する可能性がある人的被害）と、災害への初期対応力の計算が可能になる。また人的被害から初期対応力を差し引くことで、その地域の最終的な人的被害の推定が可能になる。集計単位が高精細なため、被災リスク、初期対応力、人的被害推定の結果を任意の地域間で定量的に比較評価することが可能になる。以下では図1の流れに従い、建物ポイントデータに、火災リスク、倒壊リスク、被災直後の初期対応力、人的リスクを計算する方法を紹介する。なおこれらの手法の詳細については秋山ほか（2013）[2]、加藤ほか（2013）[3]、Ogawa et al.（2014）[4]を参照されたい。

●火災リスクの計算（①〜③）
①耐火性能の推定
本研究では耐火性能の推定の際に、耐火造と準耐火造を非木造と仮定した。市区町村毎に戸建・非戸建別の非木造

表1　震度別・建物用途別の出火確率

（%）

用途	震度5弱		震度5強		震度6弱		震度6強		震度7	
	夏昼	冬夕	夏昼	冬夕	夏昼	冬夕	夏昼	冬夕	夏昼	冬夕
映画館	0.0043	0.0039	0.0115	0.0125	0.0300	0.0305	0.0832	0.1005	0.1865	0.2956
キャバレー	0.0000	0.0041	0.0000	0.0100	0.0000	0.0242	0.0006	0.0860	0.0229	0.2902
料理店	0.0044	0.0058	0.0044	0.0086	0.0131	0.0231	0.0323	0.0771	0.0954	0.2292
飲食店	0.0069	0.0073	0.0096	0.0106	0.0291	0.0306	0.0808	0.0858	0.2058	0.2168
百貨店	0.0271	0.0211	0.1000	0.0774	0.2513	0.1928	0.7232	0.5694	1.8200	1.6071
物品販売店舗	0.0017	0.0014	0.0041	0.0042	0.0107	0.0105	0.0384	0.0458	0.3243	0.3866
旅館・ホテル	0.0148	0.0151	0.0644	0.0653	0.1600	0.1618	0.4566	0.4752	0.9663	1.0709
共同住宅	0.0007	0.0012	0.0011	0.0027	0.0031	0.0070	0.0090	0.0249	0.0349	0.0757
病院	0.0045	0.0035	0.0093	0.0089	0.0247	0.0222	0.0701	0.0759	0.2191	0.4329
診療所	0.0013	0.0014	0.0013	0.0034	0.0040	0.0082	0.0106	0.0282	0.0495	0.1250
寄宿舎	0.0014	0.0016	0.0028	0.0025	0.0075	0.0068	0.0228	0.0244	0.1116	0.1456
保育所	0.0025	0.0002	0.0033	0.0009	0.0095	0.0019	0.0246	0.0094	0.0694	0.0393
幼稚園	0.0019	0.0013	0.0019	0.0042	0.0056	0.0109	0.0137	0.0594	0.0431	0.1772
小学校	0.0083	0.0022	0.0136	0.0058	0.0374	0.0142	0.1002	0.0612	0.2989	0.2175
大学	0.0037	0.0007	0.0062	0.0020	0.0170	0.0050	0.0458	0.0155	0.1263	0.0604
公衆浴場	0.0006	0.0009	0.0009	0.0027	0.0026	0.0064	0.0073	0.0225	0.0282	0.0874
工場・作業場	0.0016	0.0013	0.0046	0.0046	0.0118	0.0117	0.0330	0.0564	0.0796	0.1529
事務所	0.0024	0.0012	0.0069	0.0038	0.0176	0.0095	0.0496	0.0307	0.1208	0.0980
住宅	0.0007	0.0016	0.0007	0.0035	0.0021	0.0094	0.0058	0.0505	0.0274	0.1521

出典：東京都第16期火災予防審議会答申

戸数が掲載されている住宅土地統計調査（２００８年）を用いて、市区町村毎の木造・非木造の建物棟数の割合を明らかにした。そしてこの割合に合うように各建物に木造か非木造の情報を与えた。例えばある町では非木造率が20％で建物の総数が１万棟だったとすると、２０００棟は非木造、残りの８０００棟は木造となる。ただし１万棟に対してランダムに２０００棟を選んで非木造とするわけではなく、各建物の階数や商業地域の内外判定(注3)、建物の用途、面積など様々な情報を組み合わせることにより統計的に推定した。

②出火率の推定

建物の出火率はその建物の用途と地震動の大きさで決まる。表１は震度と建物用途別の出火確率(5)である。表１が示すように建物の用途に応じてその建物の出火率を決定することができる。即ち建物の用途が判明すれば、その建物の出火率を明らかにすることができる。そこで本研究ではデジタル電話帳(注4)を建物ポイントデータに結合することで各建物の用途を明らかにし、さらに地震動予測地図の情報を結合することで全ての建物の出火率を明らかにした。

③延焼クラスターの導入

阪神・淡路大震災でも見られたように大規模な地震が発生した直後は、複数の建物を巻き込む大規模な火災が発生する恐れがある。つまりある建物においてその建物の出火のリスクが小さい場合でも、周辺建物からの延焼により火災が発生するリスクが高まる可能性を考慮する必要がある。

そこで本研究では一旦火災が発生するとまとまって延焼してしまう可能性が高い区域（延焼クラスター）を加藤ほか（2006）[6]の手法を用いて計算し、延焼による火災リスクも導入することで、より実態に近い出火率を計算できるようにした。各建物の出火率は②で計算した建物の用途によって決まる出火率に加えて、その建物が属する延焼クラスターそのものの出火率も影響するようになる。

以上①②③の結果を組み合わせることで日本全国の建物ごとの出火率を明らかにすることができた。この結果を集計すれば日本全国の大規模地震時の出火率を任意の空間単位で明らかにできる。

●倒壊リスクの計算（④〜⑤）

本研究では地震による建物の倒壊リスク（ある建物にある地震動が与えられた時のその建物の倒壊可能性）をその建物の④「構造」と⑤「築年代」によって決定した。ここでは建物ごとの構造と築年代を推定する手法を簡単に紹介する。

④建物構造の推定

一九九五年の阪神・淡路大震災時の神戸市の調査によれば、全壊率および全半壊率ともに木造が最も高く、次いで鉄骨造（以下S造）、軽量鉄骨造（以下軽量S造）、鉄筋コンクリート（以下RC造）の順で低くなっている。ただしS造とRC造の判別は、公開されている統計情報などからは困難であったため、本研究では木造と非木造（S造、軽量S造、RC造）の2区分で推定を行う手法を開発した。

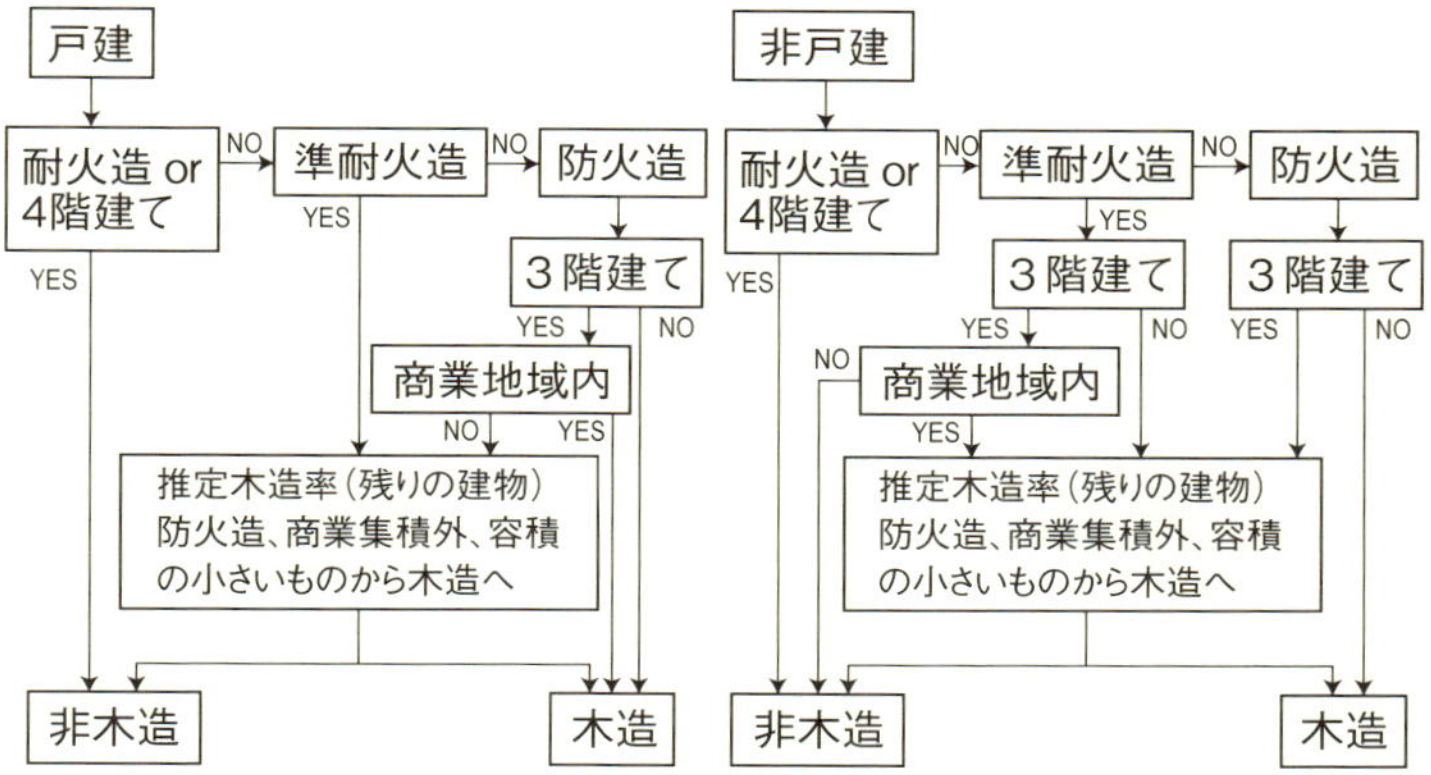

図２　建物構造の推定方法

ここまでに既に作成した耐火性能付きの建物ポイントデータと、市区町村ごとに戸建・非戸建別の非木造戸数が掲載されている住宅土地統計調査データ（２００８年）を併用することで建物構造を推定する。ここでは図２の手法で建物構造を推定した。この手法に基づいて建物構造を割り当てることで、防火造、商業地域外、容積の小さい建物ほど木造に配分されやすいようになる。

⑤築年代の推定

建物倒壊リスクを評価する際には、建物構造に加え、築年代が大きな影響を与える。特に１９８１年６月１日の建築基準法施行令改正（新耐震）が行われたことで、その前後で建物倒壊に対する地震の耐力が大きく異なる。しかしながら建物の築年代のデータについては市区町村単位の集計値でしか公開されておらず、建物単位の築年代データは多くの場合公開されていない。建物毎の倒壊確率の多様性を被害推定に反映させるためには、市区町村単位の集計値ではなく、建物毎の築年代情報を利用できるのが理想的である。

そこで本研究では住宅土地統計から得られる様々な統計表を組み合わせることで、建物用途×建物構造×建物階数それぞれの組み合わせにおいて築年代の割合を明らかにし、その割合を元にマルコフ連鎖モンテカルロ法と呼ばれるマイクロシミュレーションを実施した。更に過去及び現在のＤＩＤ地区（人口集中地区）のポリゴンデータ(注5)を用いてＤＩＤ地区指定時期による重み付けを行うことで、より市区町村内の地域特性を反映させることができるようにした。同手法により１９７０年以前、1971～1980年、1981～1990年、1991～2000年、2001年～現在までの五区分の築年代を建物一棟一棟に与えることができた。

以上④と⑤の結果を組み合わせることで日本全国の建物ごとの倒壊率を明らかにすることができた。この結果を集計すれば出火率と同様に日本全国の大規模地震時の出火率を任意の空間単位で明らかにできる。

●被災直後の初期対応力（⑥～⑧）

本研究では大規模地震災害発生直後の初期対応力を評価する簡易的な手法を提案した。本研究では初期対応力を、⑦地震発生に伴う倒壊建物における救助期待人数（以下「共助力」）と、⑧火災建物における公的消防力（消防ポンプ車、消防職員および消防団）による消火期待棟数（以下「公助力」）によって評価した。また共助力を計算するため必要な⑥各建物に居住している可能性がある居住者の情報の推定も行った。

⑥居住者情報の推定

現在、我が国における全国規模の居住者分布情報として広く公開されているものは、国勢調査である。しかし公開されている国勢調査は、市区町村単位や地域メッシュ単位に集計されているため、ここで目的としているより詳細な人口の分布状況の把握は困難である。またメッシュ等への集計により、実際には人口がそのメッシュ内で空間的に偏在している地域においても、その分布が均質化してしまう課題もある。[7]

そこで本研究ではAkiyama *et al.*[8]により整備された、建物単位の高精細な推定人口分布データ「マイクロ人口統計」を用いて建物一棟一棟に分布する世帯と居住者の情報を整備した。

表２　年齢性別による救助到達人数

年代	男子体力	女子体力	実施率	男子活動率	女子活動率	男子期待値	女子期待値
10	1	0.85	0.228	0.76	0.24	0.1733	0.0465
20	1	0.76	0.228	0.76	0.24	0.1733	0.0416
30	0.96	0.76	0.229	0.72	0.28	0.1583	0.0487
40	0.93	0.73	0.298	0.72	0.28	0.1995	0.0609
50	0.90	0.72	0.228	0.63	0.37	0.1293	0.0607
60	0.84	0.70	0.191	0.74	0.26	0.1187	0.0348
70 〜	0.78	0.65	0.129	0.75	0.25	0.0755	0.0210

⑦建物ごとの救助期待人数（共助力）の推定

阪神・淡路大震災時の調査から、倒壊建物から救助された住民の八割はその地域の住民により救助されていることがわかっている[9]。そこでここではある建物の周辺に居住する住民が、その建物の住民を救助すると仮定する。ここでいう「建物の周辺」とは道路ネットワーク距離で１００メートル以内とした。また地域住民による救助能力として、住民一人一人の性別、年齢、体力、救助要員となる周辺住民がいる建物からの距離を考慮する。つまりある建物が倒壊した時に、ネットワーク距離で百メートル以内に分布する建物の住民が救助に来ると仮定した。年齢・性別による住民の救助活動状況は、阪神大震災時の調査結果から表２となることが明らかになっている[5・10]。表２の値を用いることで、ある建物における救助期待人数が推定できた。

⑧消火期待棟数（公助力）の推定

公助力、即ち火災状態の建物を消火できる力である消火期待棟数は、その建物が立地する地域の公的な消防力（消防ポンプ車、消防職員および消防団による建物火災の消火力）により推定できる。

そこで本研究では全国消防長会ホームページ[11]や消防便覧を用いて全国の消防施設の分布および、そこに配属されている消防機器や消防職員数、また地域の消防団員数を明らかにし、各建物から道路ネットワーク距離で最近隣の消防施設を検索することで、火災発生時に各建物に到達が期待される消防ポンプ車台数と消防職員数、およびそれらが配置されている消防施設からの距離、さらには到達が期待される消防団員数を計算した。これらの値を用いることで各建物の消火期待棟数（公助力）の推定ができた。

以上により日本全国で建物に到達する公助力と共助力を明らかにすることができた。この結果を集計すれば出火率・倒壊率と同様に日本全国の大規模地震時の公助力と共助力を任意の空間単位で明らかにできる。

3 マイクロジオデータを活用した大規模地震発生時の被害予測

図3に建物ごとに推定した①〜⑨の値の例を示す。同様の結果が日本全国の建物約6000万棟に対して与えられる。そして図4に示すようにこれらの値を組み合わせることで、その建物の被害状況とそこに与えられる共助力・公助力を考慮した上での被害状況を明らかにすることができる。ただし建物ごとに与えられた値は「推定値」であるため、一棟一棟の結果は必ずしも正確であるものではない。そのため最終的な被害推定結果はメッシュや街区などで集計化することで明らかにできる。

口絵i頁に50年超過確率2％の地震動（冬期夕刻発生）による被害想定の結果を示す。特に被害が大きくなることが予想される地域は根釧台地、石狩平野南部、仙台平野、越後平野、房総半島北東部、糸魚川静岡構造線沿い、富山平野、静岡県から愛知県の太平洋沿岸、伊勢湾沿岸、奈良盆地、徳島平野、高知平野などである。これらの地域は想定される被害の大きさに対する初期対応力が不十分な地域と考えられる。特に静岡県の太平洋沿岸は被害の大きくなると考えられる地域が連続的に分布しているため、三連動地震などで想定される広域災害となった場合には、現状の備えでは被害が大きくなることが予想される。

三大都市圏に注目してみると、それぞれの都市圏で状況が異なることがわかる。東京都市圏では耐震化が比較的進んでいるため倒壊による被害は少なかったものの、東京都心部を取り囲むように分布する高密度住宅地域において、延焼による火災の影響を強く受けるため、被害が大きくなる地域が東京都心の周辺にドーナツ状に分布することがわかる。一方、都心部や東京湾岸では比較的被害が小さくなった。大阪も東京と類似した傾向が見られた。一方、中京都市圏では東京や大阪で見られた中心部で被害が小さく、その周辺で被害が大きくなるというドーナツ状の構造が

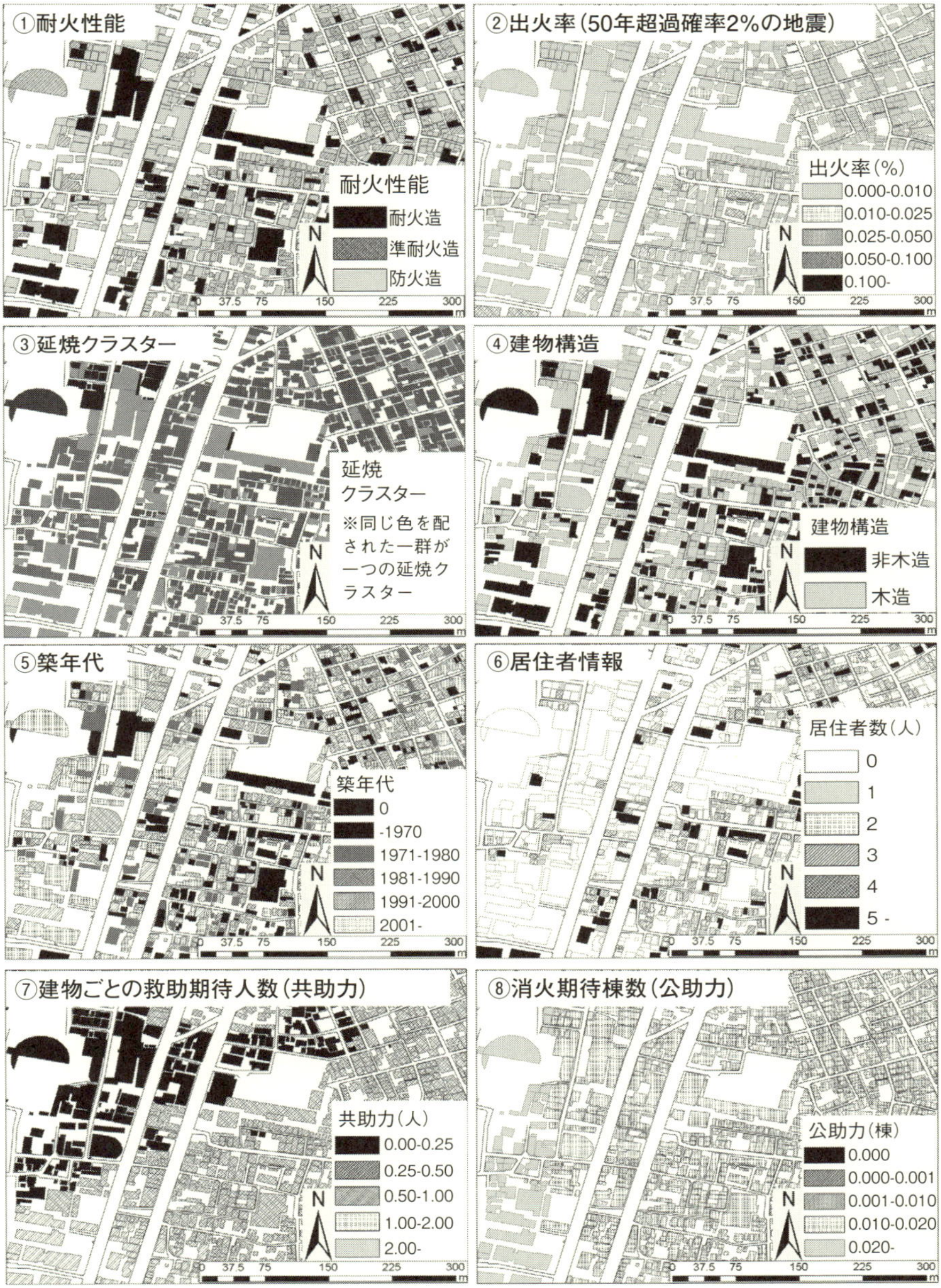

図3　建物単位の様々な推定値の例

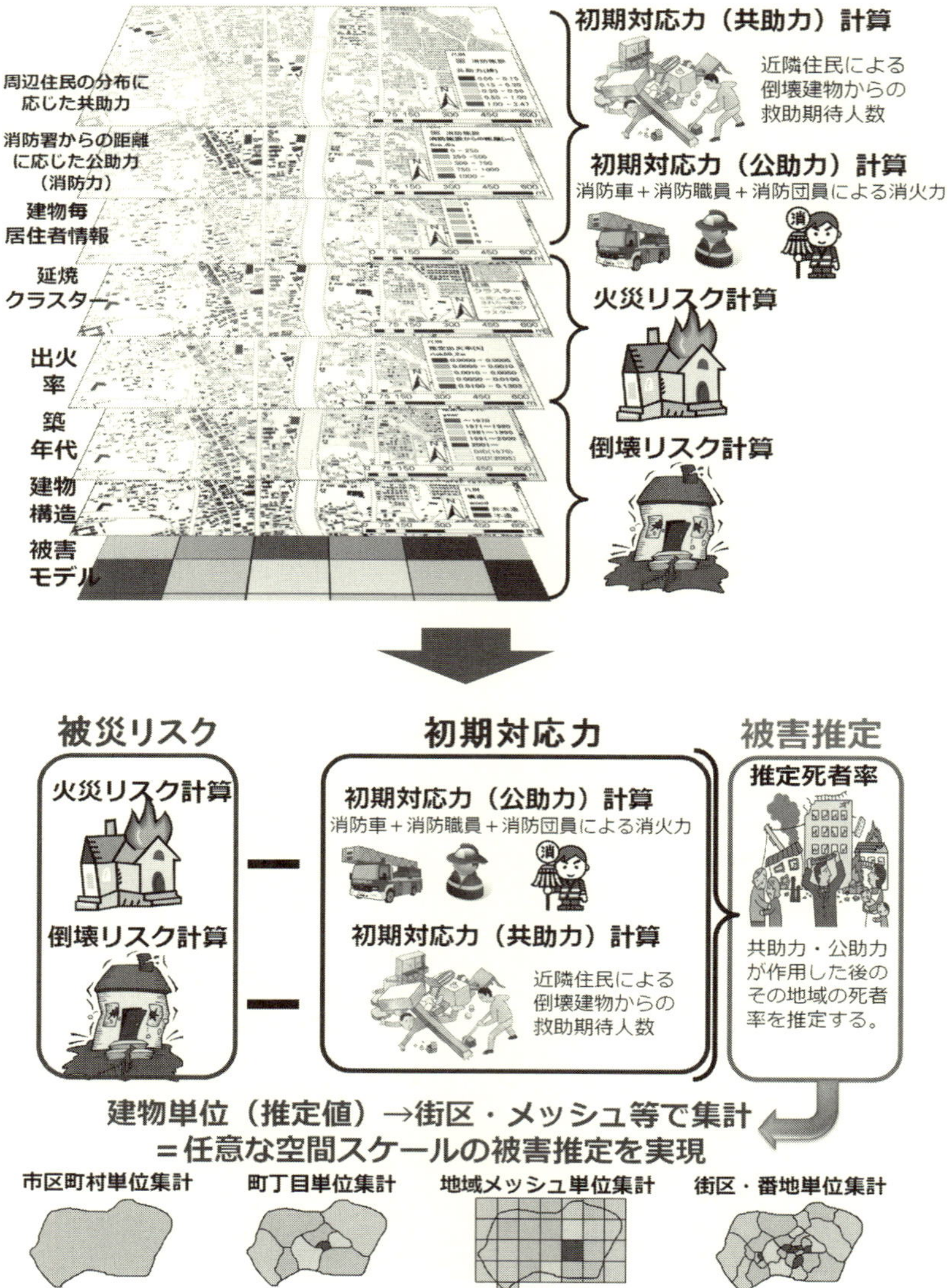

図４　建物単位の様々な推定値から被害推定を行う処理の流れ

はっきりとは現れていない。また特に名古屋市南部や西部の木曽三川流域で被害が大きくなることが確認できる。これらの地域では倒壊率が高く、初期対応力も低い水準にあることが推定されており、早急な対策が必要であると考えられる。

なお本書では50年超過確率２％の地震動を与えた場合の結果のみを示したが、データ利用者が任意の地震動入力を任意の地域に与えることもできる。即ち様々な地震動入力のシナリオに応じた被害推定を行うことが可能である。

このように各種統計情報やデジタル住宅地図等のマイクロジオデータを大規模かつ複合的に利用することで、大規模地震災害に伴う建物の倒壊・火災リスクと初期対応力を評価するための基盤データの整備が実現した。またそれらを用いて任意の地震動入力に対する災害リスクと初期対応力を、任意の集計単位で定量的に評価する簡易的な手法が実現した。なお本研究で整備したデータは推定値であるため、真値との誤差は見られるものの、秋山ほか（２０１３年）[2]によると、これらのデータは集計化することで真値に近い結果が得られることも明らかになっている。

更に本研究では建物倒壊と建物火災による被害を複合的に考慮するとともに、地震災害発生直後の初期対応力を考慮した総合的な地震災害評価が実現した。この結果から地域ごとの現状の課題と必要な対策の検討を行う資料としても有意義であることが分かった。

日本全土を対象としたデータ整備と被害推定から、我が国ではどの地域で被害が大きくなる可能性があるのか、またそれは倒壊・火災何れによるものなのか、という情報が日本全土で明らかになった。また初期対応力についても同様に日本全土で評価することができた。

今後この成果が適切に公開・共有されることで、地方自治体における防災計画策定の支援や、住民の防災意識の向上が期待される。また真に危険度が高いとみられる地域が分かることで、危険度の高い地域の耐震化促進が期待される。

ただし現状ではひとまず基盤となるデータの整備が日本全土で完了した段階に過ぎず、本研究で整備したデータには依然として数多くの課題が残されている。まず冬期夕方以外に発生する地震への対応（昼間の詳細な人口分布データが必要）が必要である。また大規模地震発生後には津波による被害も予想されるため、津波についても任意のシナリオを与えることで、その被害状況を推定し、本研究で得られる倒壊・火災被害と複合して被害状況を推定できる環境を整備することが望ましい。さらに前述したように結果を誤解なく適切に公開・共有する方法についても適切な方法を議論すると共に、集計データの元になっている、センシティブな情報である建物単位の非集計データが不用意に流出、一人歩きしないような管理も重要である。

以上のように現状では様々な課題は残されているものの、国土スケールで今後発生しうる地震の被害とその対応力を評価できるデータ基盤が整ったことは、我が国の国土防災政策、ひいてはレジリエンスな国家戦略の立案に大いに貢献できるものと考えている。

［柴崎亮介・秋山祐樹］

注

（１）株式会社ゼンリン「Zmap-TOWN II」。東京大学空間情報科学研究センター共同研究利用システムより提供。今回の結果では２００８～２００９年のデータを使用した。

（２）住宅・事業所・共同ビル・目標物・その他に分類される。

（３）「商業集積統計」[12]と呼ばれる商業地域・商店街の分布を把握できるデータを使用。

（４）株式会社ゼンリン「座標付き電話帳ＤＢテレポイント」。東京大学空間情報科学研究センター共同研究利用システムより提供。今回の結果では２０１０年のデータを使用した。テレポイントデータには全件に経緯度が付加されているため、それらを用いて最近隣の建物ポイントデータにテレポイントデータが持つ業種情報を結合させた。

（５）国土数値情報　人口集中地区データ http://nlftp.mlit.go.jp/ksj/gml/datalist/KsjTmplt-A16.html

参考文献

（１）秋山祐樹（２０１３）「マイクロジオデータを用いた都市センシング技術」『地域開発』２０１３年12月号（５９１号）、pp.15-21、一般財団法人日本地域開発センター

（２）秋山祐樹・小川芳樹・仙石裕明・柴崎亮介・加藤孝明（２０１３）「大規模地震時における国土スケールの災害リスク・地域災害対

応力評価のためのミクロな空間データの基盤整備」『第四十七回土木計画学研究・講演集』、３９２、公益財団法人土木学会、２０１３年6月
（3）加藤孝明・菅田寛・秋山祐樹・仙石裕明・小川芳樹（２０１３）「自然災害リスク評価プラットフォームの開発：ＱＡＬＹへの展開に向けて」『日本環境共生学会第十六回学術大会発表論文集』、pp.343-346、日本環境共生学会、２０１３年9月
（4）Ogawa, Y., Akiyama, Y. and Shibasaki, R., "The Development of Method to Evaluate the damage of Earthquake Disaster Considering Community-based Emergency Response Throughout Japan" GI 4 DM2013, TS03-1.
（5）東京消防庁（２００５）「東京都第16期火災予防審議会答申　地震時における人口密集地域の災害危機要因の解明と消防対策について」東京消防庁
（6）加藤孝明・程洪・亜力坤玉素甫・山口亮・名取晶子（２００６）「建物単体データを用いた全スケール対応・出火確率統合型の地震火災リスクの評価手法の構築」『地域安全学会論文集』第8号、pp.279-288、地域安全学会、２００６年11月
（7）高阪宏行（２０１１）「国勢調査小地域統計による都市地域分類に関わる諸問題」『エストレーラ』第２０２号、pp.2-9、２０１１年1月
（8）Akiyama, Y., Takada, T. and Shibasaki, R., "Development of Micropopulation Census through Disaggregation of National Population Census", CUPUM2013 conference papers, 110.
（9）河田恵昭（１９９７）「大規模地震災害による人的被害の予測」『自然災害科学』第16号（1巻）、pp.3-13、日本自然災害学会
（10）愛知県（２００３）「愛知県被害想定資料２００３」
（11）総務省消防庁「消防力の整備指針に関する答申（平成16年12月28日消防審議会）」２００４年12月
（12）秋山祐樹・仙石裕明・柴崎亮介（２０１３）「全国の商業集積統計とその利用環境」『ＧＩＳ—理論と応用—』第21号（2巻）、pp.11-20、一般社団法人地理情報システム学会、２０１３年12月

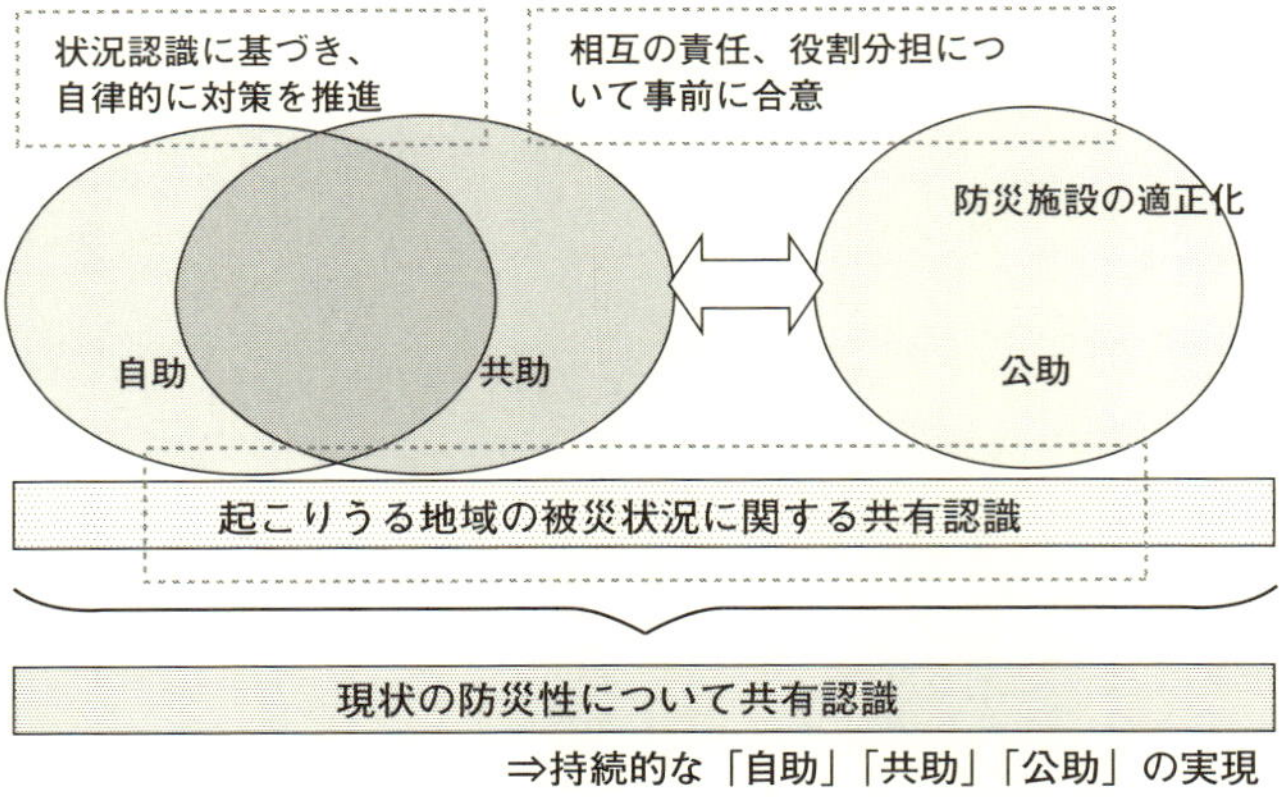

図1　自助・共助・公助のあるべき姿[(2)]

2 市民・住民によるジオ・ビッグデータの活用と課題——減災・防災の観点から

1 レジリエンス向上に向けたジオ・ビッグデータの活用の可能性

ジオ・ビッグデータの防災都市づくり・まちづくりにおける利用の可能性は、大きく二つの場面が想定される。

第一に、コミュニティベースの防災まちづくりの現場における利用である。メガ・ハザードに対しては、すべての防災・減災の担い手である「自助・共助・公助」が不可欠である。中でも、公助の対応力の限界をふまえると、共助を高めることが必須とされる。しかし、共助は、地域社会での助け合い、取り組みであるが、その主体については、自助が個人であり、公助が行政であるのに対し、共助の主体は「地域社会」という曖昧なものである。それゆえ、共助の重要性は叫ばれているものの、実効性のある共助による取り組みを定着させることは社会的課題となっている。先進事例が積み上がっているが[(1)]、それを全国的に普及させるためには、確実に共助づくりのきっかけをつくり、あわせてそれを定着させる新たな方法を創出する必要がある。ジオ・ビッグデータは、その役割を担う可能性がある。

第二に、防災行政における利用である。地域防災計画の前提として、行政による地震被害想定が定着している。被害の想定は、対策の対象である「敵」を知るという意味で、防災計画の策定、防災対策の検討では不可欠である。工学的なモデルによる方法論がすでに定着しているが、より適切な防災計画、防災対策としていくためには、より的確に、かつ、詳細に被害の状況を描き出していく必要がある。従来、行政所有のデータや統計データが使われるが、ジオ・ビッグデータを用いることにより、より実感の伴う災害様相を描きだせるようになる可能性がある。さらに、火災のシミュレーションのように出火点や気象条件といった与条件によって状況が異なる被害の場合、ビッグデータを用いることによって潜在的に起こり得るすべての状況が想定できるようになる可能性がある。

本節では、上記の二つの側面からジオ・ビッグデータの活用の可能性と課題を実例を交えて紹介する。

2　ジオ・ビッグデータがこれからの防災まちづくりを支える

(1) 社会に不可欠な「自助・共助・公助」

1995年の阪神・淡路大震災以降、社会に定着した言葉である。防災のすべての担い手が取り組むことによって、レジリエンスの高い社会づくりができるという印象を与える語感がある。しかしその実態は、公助の言い訳、共助の自己満足、自助の無策とも言える状況である。例えば、自助については、家具の固定の実施率は全国平均26・2％(内閣府特別世論調査、平成21年12月)と低い。地域社会の主体である自治会・町会が行う防災訓練は、参加者が固定していることが課題として指摘され続けている。一方、公助についても、阪神・淡路大震災から11年経過した時点で、公立学校の耐震化率はわずか51・8％(平成18年の文科省調査)に留まっている。財政制約の中で順次、すすめていっているのが実態である。「自助・共助・公助」は、語感の優れる言葉だが、結局のところ、暗黙のうちに相互に依存しあい、結果として社会を低いレベルに留まらせる言葉であるという別の側面がある。

目指すべきは、持続的に自律発展する「自助・共助・公助」の実現である。その実現のためには、二つの必要条件が必要とされる。ひとつは、自助・共助・公助のすべての主体が地域で起こりえる被災状況を理解していることである。もうひとつは、互いの役割・責任分担について相互に理解していることである。この二つの必要条件が満たされると、共助の担い手は、「敵」の姿を理解した上で、公助の限界、同時に自助、共助の限界を理解することとなる。相互に埋められない課題、共助が取り組まなければならない課題を自然と理解することができるようになる。こうした基本認識に立脚し、共助は、内発性と自律発展性を有するものとなることが期待される。これが目指すべき「自助・共助・公助」であり、日本社会に定着させていく必要がある。(2)

(2) ジオ・ビッグデータの役割と活用事例、そして今後の可能性

これまでコミュニティベースの防災まちづくりの先駆的事例として、ジオ・ビッグデータの前身となる活用事例がみられる。いずれも上記のあるべき「自助・共助・公助」を実現するための支援技術の一環として、必要条件の一つである起こりうる地域の被災状況を理解するための支援ツールとして機能している。例えば、図2〜4に挙げたツールが典型的なツールである。

①シミュレーション技術とGISを組み合わせたまちづくり支援システム（図2、3）

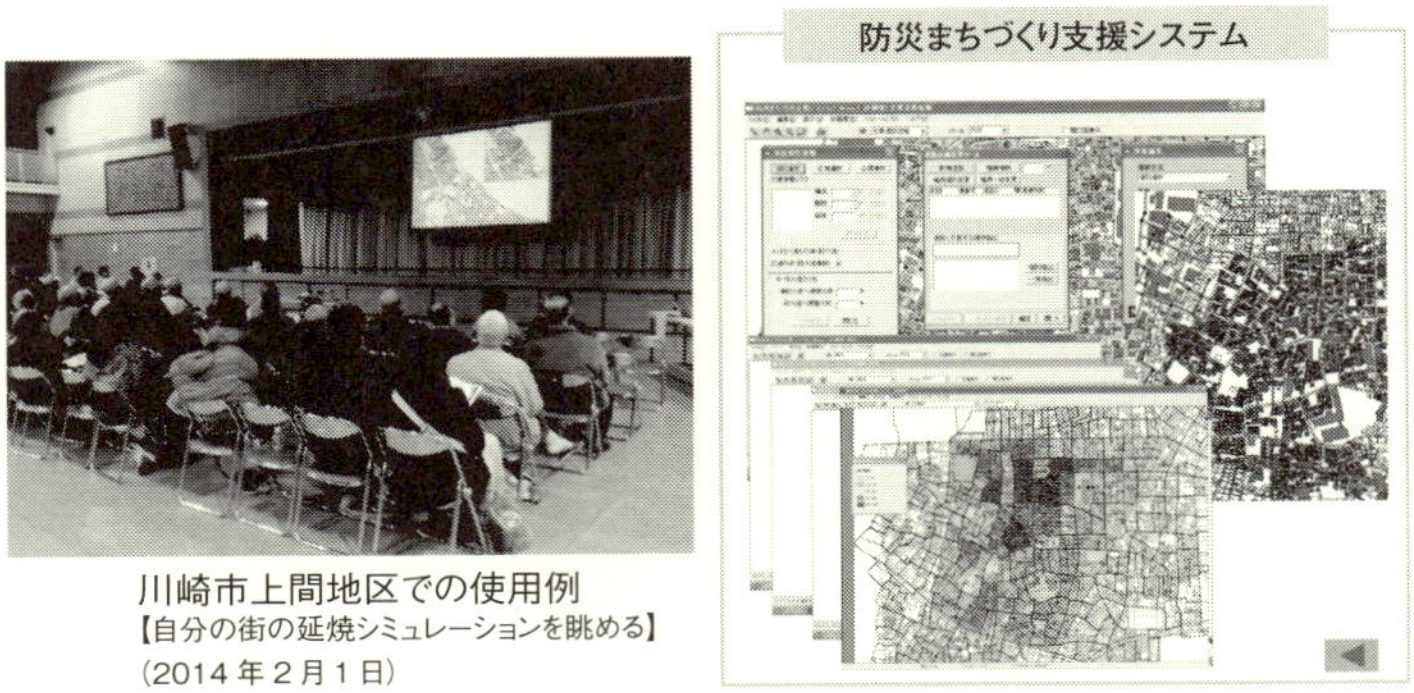

図2　防災まちづくり支援システムの活用事例（タイプ：①－A）

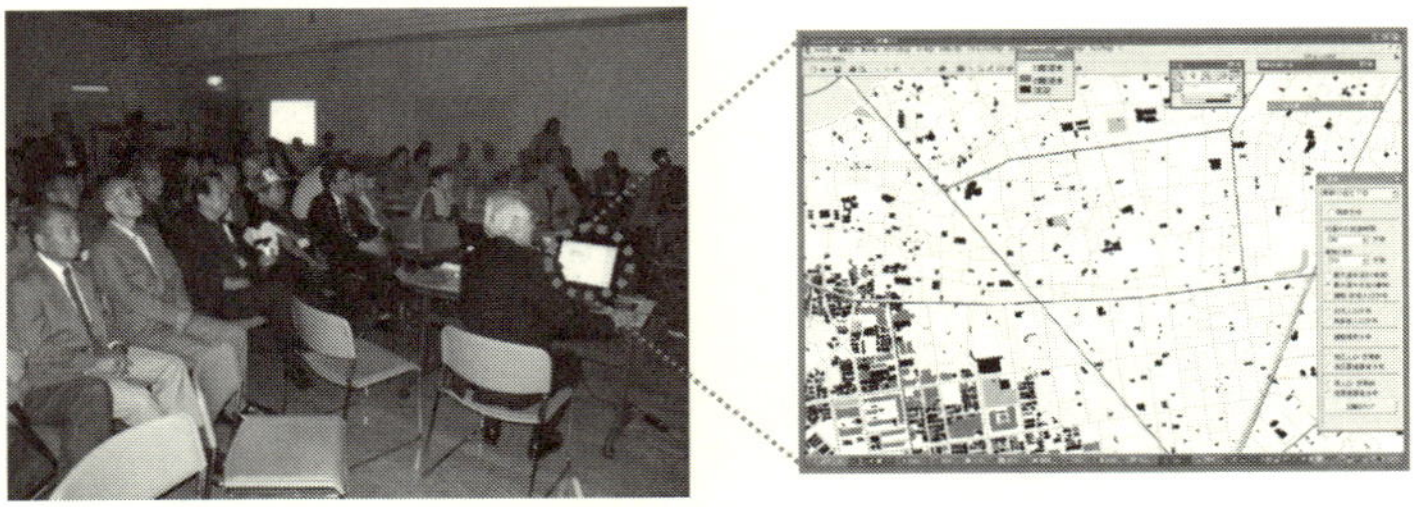

図3　洪水氾濫シミュレーションシステムの住民による活用事例（タイプ：①－B）

①－A：防災まちづくり支援システム③

①－B：水害対策支援システム④

②Google earthを用いて地域のハザード・リスク上を分かりやすく表現するツール（図4）

③スマートフォンやタブレット端末を含むＡＲ技術を用いて地域のハザードの理解を促進するツール（図5）⑤

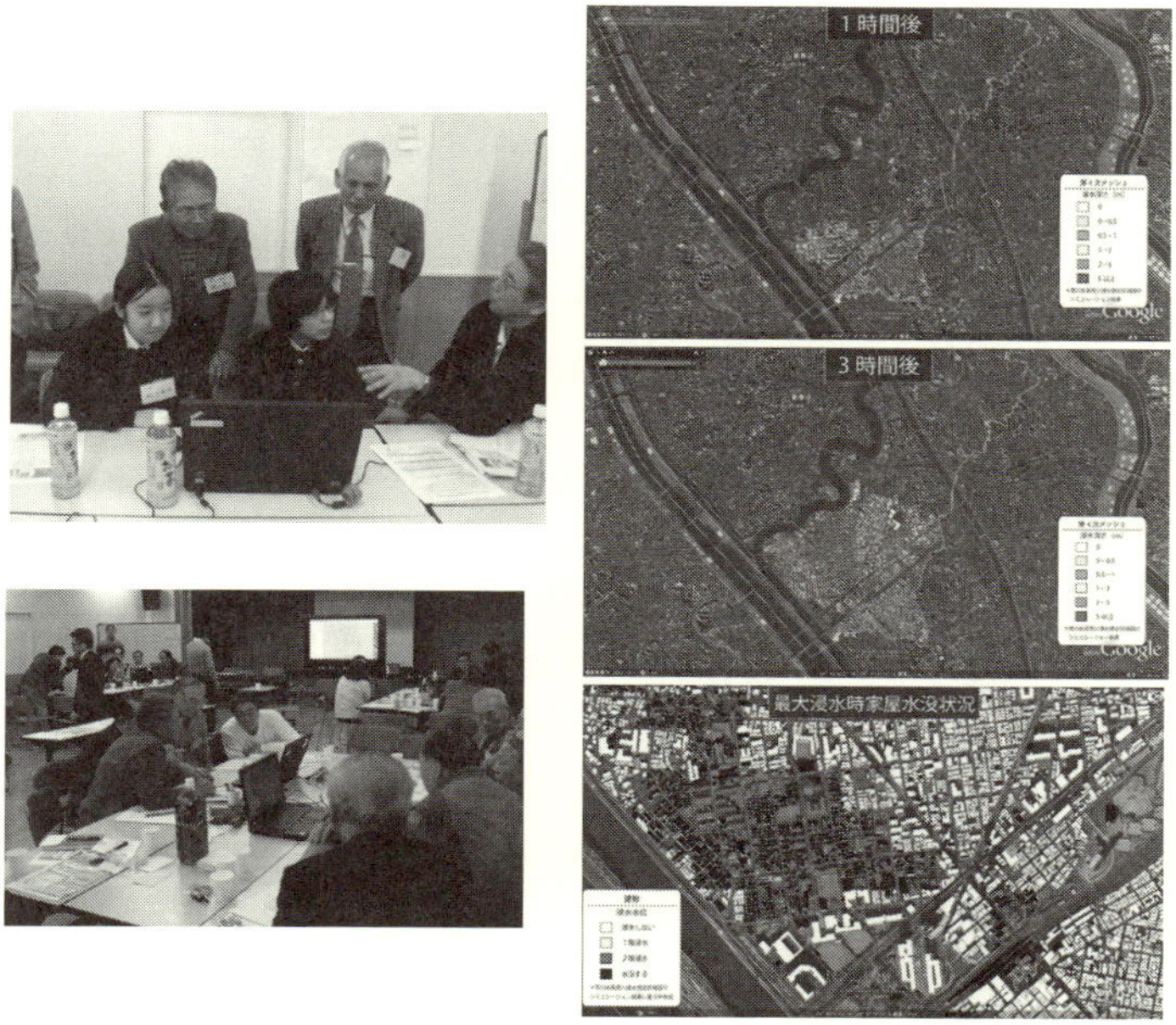

図4　汎用表示ツール（Google Earth）を用いて洪水氾濫シミュレーション結果を表示した事例（タイプ：②）

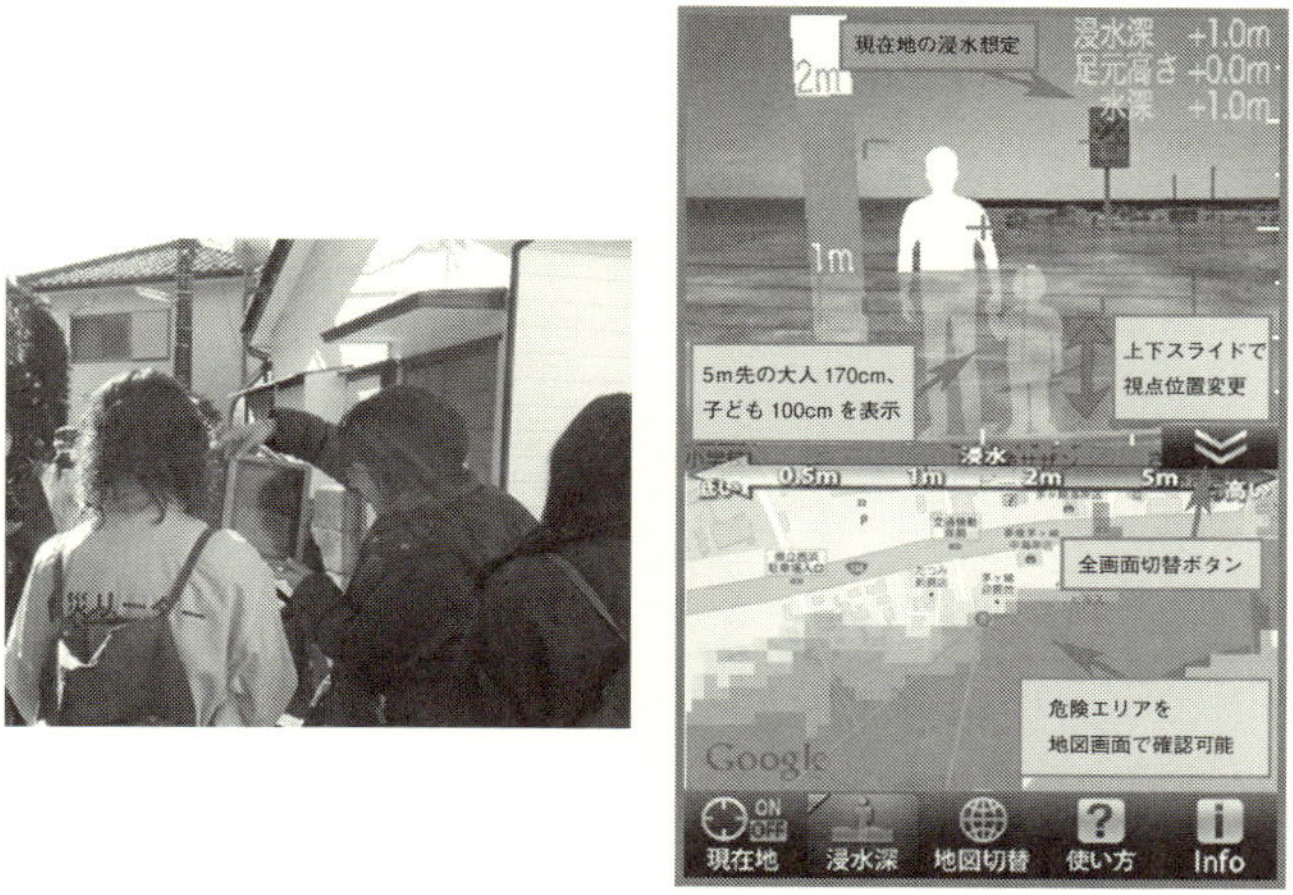

図5　AR技術を用いた災害ハザード情報の表示システムの事例（天サイ！まなぶ君）（タイプ：③）

いずれも防災まちづくりの現場で一連の取り組みの中で用いられたものである。地域の抱える自然災害リスクを理解するにとどまらず、副次的ではあるが、非常に有効な効果を防災まちづくりの現場にもたらした。

①のシミュレーションを組み合わせた支援システムは、火災や大規模水害のような時系列で被災状況が変化する事象を理解するために効果的である。任意の出火点や気象条件、任意の破堤点を設定し、火災の被害状況、あるいは、水害の浸水状況を理解することができる。異なる条件の下での被害状況を理解することができ、危険度マップやハザードマップと比べ、より深い理解が可能になる。さらに、①－Aの防災まちづくり支援システムでは、建物の建替えや道路整備によって被災状況がどのように軽減できるかをシミュレーションする機能も備わっている。図3は、①－Bの実際の利用場面での1シーンである。専門家がシステム操作して災害リスクについて解説し、住民が聴講するという形式が一般的だが、この事例では、共助の担い手である住民自らが操作し、一般住民に解説を行った先駆的な事例といえる。町会長らが操作講習会に参加し、操作スキルを身につけた上で、町会が防災まちづくりワークショップを開催した。この事例では、次の2点で今後の可能性を示していると考えられる。

ひとつは、一般住民でもモチベーションが高ければ、専門家でなくとも高い水準の技術を使うことができるようになることを実証した点である。システムを操作する町会長は、特別高いITスキルを持っているわけではない。ごく普通の高齢者である。やる気があればできることを自ら実証したのである。一方で、専門家が行う場合と比べ、むしろ、理解が深まることが明らかとなった。ここで利用したデータは、行政所有の属性つきの市街地データである。しかし、属性があると言っても、外部の専門家がデータから読み取れる地域情報は、せいぜい構造、用途、階数程度である。それに対して、地域社会の中には、デジタルデータにすることができない地域密着の詳細なデータが存在している。例えば、ある建物の居住者は高齢者の二人暮らしであり、先月、おじいさんが倒れて、この部屋で寝ているといった個人情報も地域社会の中には「知っている」という自然な形で持ち合わせている。地域社会の中に埋め込まれた、決して外部には出ない情報の存在と、自然災害リスクをそうした情報と重ね合わせて説明することによって、より深く地域の防災課題を理解することができた。このことは、単に専門家が高度な技術開発を行い、それを地域社会に提供するだけでは不十分であり、加えて、そうした最先端技術を地域社会に埋め込む技術を合わせることによって地域社会にとって初めて役立つということを示している。今後のジオ・ビッグデータの利用に関して示唆的である。この事例は、極めて先駆的なもの、ある意味、特別なものであるという見方ができるかもしれないが、他の地域でも展開できる今後の理想的なモデルとして位置づけられる。

②のシステムは、ハザードやリスクに関する静的な地図情報をGoogle Earthという汎用ツールで表示できるようにしたものである。汎用ツールを使うことによって防災まちづくりに対して様々な効果をもたらしている。直接効果としては、Google earthに付随する航空写真やStreet Viewを見ることによって自然災害リスクを実感をもって理解できるようになった。間接効果としては、住民の間でのコミュニケーションが変化したこと、ツールの導入が新たな層の参加者の呼び水になったことが挙げられる。この事例では、Google earthの導入にあわせて中学生を新たな参加者としてワークショップへの参加を要請した。通常、高齢者主体の会議体に中学生が入る場合、教える側と教えられる側という役割分担が成立しがちだが、この事例の場合、ツールを使いこなせるが知識のない中学生、知識はあるがツールを使いこなせない高齢者という双方の持ち味が活かされる組み合わせとなり、ワークショップでの議論では、フラットな関係での議論が展開された。一方、ツールを使うというワークショップ企画側からの予告に町会が対応し、ITスキルのある人材に声をかけ、ワークショップへの参加を促すという現象が現れた。新たなツール、技術が新たな人材の呼び水となる効果があることを示している。なお、中学生、ITスキルを有する人材は、この回のワークショップをきっかけとして、地域防災の新たな担い手として現在に至るまで継続的に活発な活動を行っている。

③のシステムは、さらに手軽なものであり、AR技術によるスマートフォンやタブレット端末のカメラ越しの実像に、災害ハザード・リスクの地図情報を重ね合わせて見られるようにしたアプリケーションである。その場所のハザード・リスクを非常に分かりやすく提示することができるものである。このシステムの利用目的は、災害ハザードやリスクをより実感をもって理解できるようにすることを支援することであり、一連のワークショッププログラムの中で利用されている。そのほかに副次的な効果をねらっている。現在、一般公開されており、誰でもダウンロードで

きるようになっている。災害リスク情報にアクセシビリティを高めることによって関心層を広げることも、システム利用の副次的な目的として位置づけられている。

以上のように、建物単体が見えるスケールのデータ（マイクロジオデータ）の活用は、災害ハザード・リスクの理解の深化が図られるとともに、共助としての新たな動きを喚起し、持続適正のある共助づくりへ寄与している。ほかの地域にも普及、展開することが期待される。

ただし、今回の紹介事例は、いずれも自治体が管理するマイクロジオデータを利用し、かつ、自治体と密接に連携し、追加調査によってデータ収集を行っている。普及するとしてもその範囲は、マイクロジオデータがすでに整備されている自治体に限られているのも事実である。全国的な普及展開を図るためには、マイクロジオデータがどこでも誰でも利用できる環境を提供することが不可欠である。自然災害リスクプラットフォームの構築がその実現に寄与することを期待する。

3　ジオ・ビッグデータが防災計画の精度を高める

（1）地震被害想定とは

地震被害想定は、「敵」を知るという意味において地域防災計画の前提となるものである。行政による調査研究の中で技術革新を図りつつ、現在に至っている。すでに技術にはすでに一定の水準に達しているといえる。地震被害想定とは、簡単にいうと、市街地のデータを収集し、コンピューターの中に都市モデルを構築し、想定地震の震源域を設定し、工学モデルによって被害量および被害の地域分布を計算し、その都市における被害状況を描出するものである。収集されるデータは、地盤データ、地中のライフラインのデータ、建物や橋等の土木構造物のデータ、人口等の社会データ等、多岐にわたっている。収集の対象は、行政が管理するだけではなく、ライフライン企業等の関係企業からも収集される。

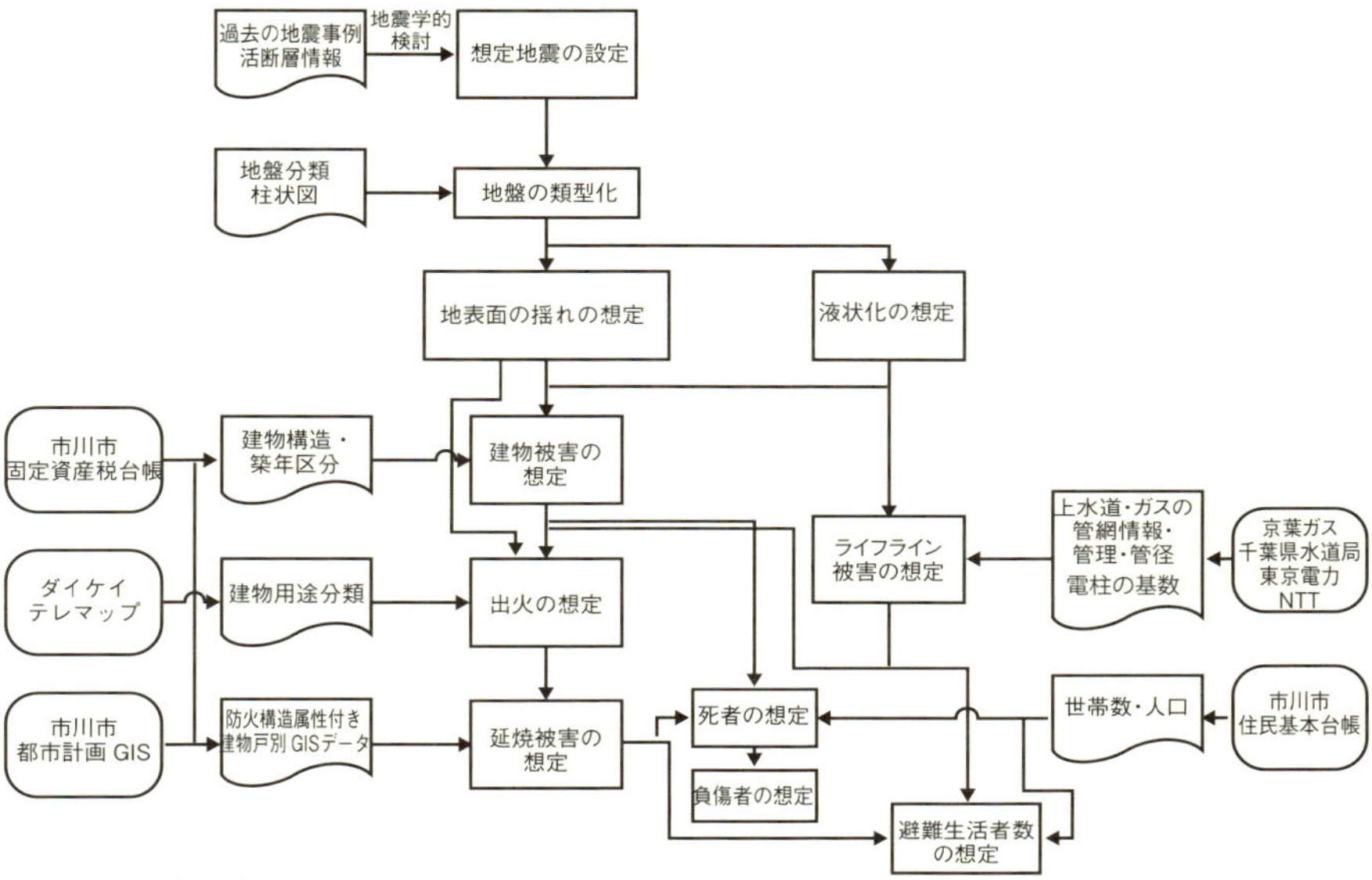

図6　地震被害想定のフローの例（著者作成）

例えば、東京都の場合、2012年に地震被害想定結果[6]を公表している。首都直下地震として東京湾北部地震（M7・3）と多摩直下地震（M7・3）、海溝型地震として1703年元禄型関東地震（M8・2）、活断層で発生する地震として立川断層帯地震（M7・4）と計4つの地震を想定地震として採用し、地盤の揺れ、液状化、建物被害、火災被害、避難者数、帰宅困難者数など、多様な被害項目を描き出している（図7、表1）。

（2）地震被害想定におけるマイクロジオデータに期待される役割

防災計画の質的向上を図るためには、被害想定の精度を高める必要がある。被害想定の精度は、計算に用いる工学モデルのほかにデータの精度に依存している。当然のことながら、より的確な被害想定を行うためには、工学モデルの精緻化とあわせて、データの精度も高める必要がある。データは、メッシュデータや町丁目で集計されたものが利用されることが多い。各建物が見えるスケールでの被害の想定が行われることは皆無である。行政内部には、固定資産税台帳等の各建物のデータが存在するが、目的外利用、個人情報保護の壁があり、そのままの形で利用することが

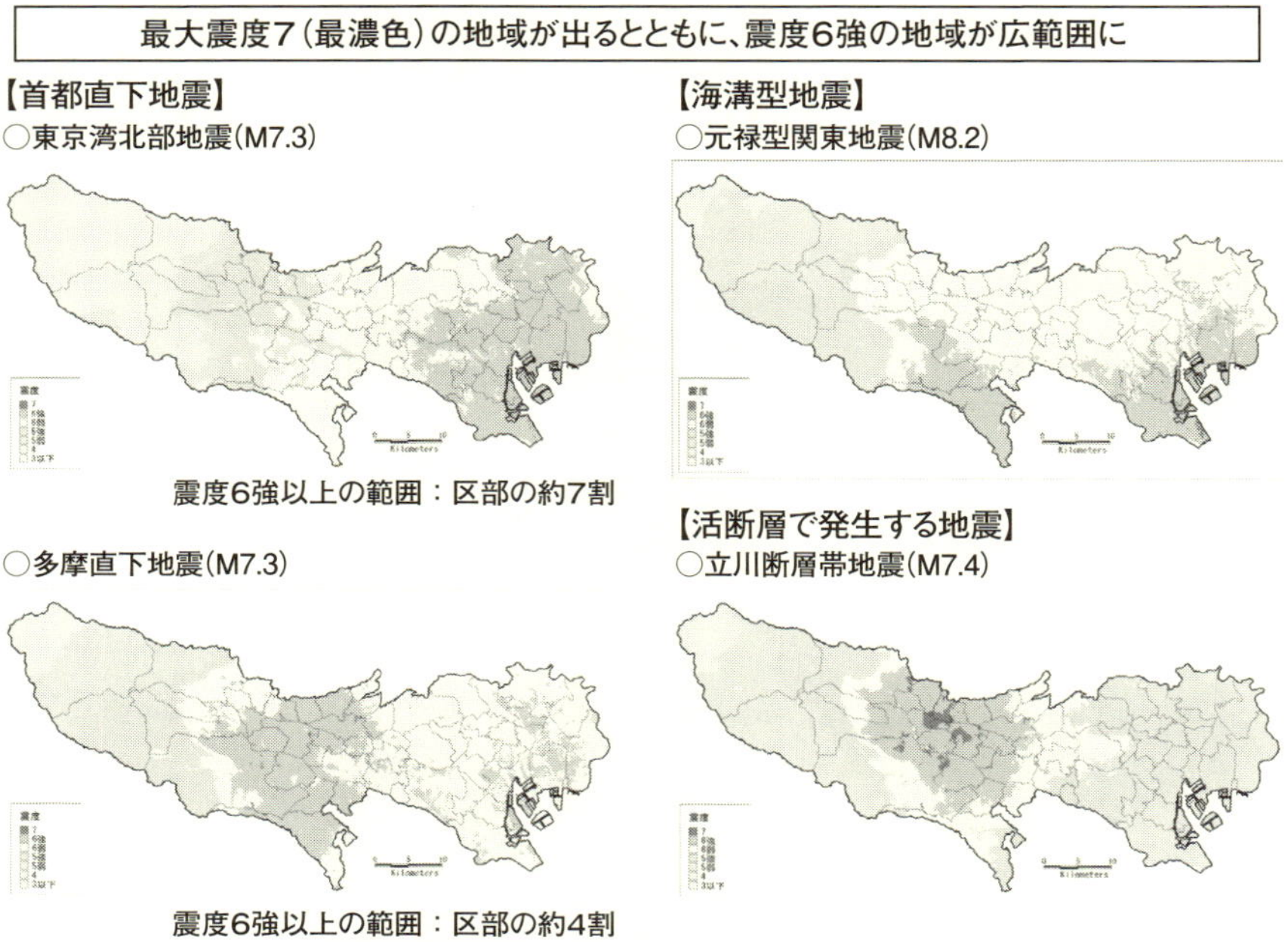
最大震度7（最濃色）の地域が出るとともに、震度6強の地域が広範囲に
【首都直下地震】
○東京湾北部地震（M7.3）
震度6強以上の範囲：区部の約7割
○多摩直下地震（M7.3）
震度6強以上の範囲：区部の約4割
【海溝型地震】
○元禄型関東地震（M8.2）
【活断層で発生する地震】
○立川断層帯地震（M7.4）

図7　東京都の地震被害想定結果の例（揺れの想定）(6)

表1　地震被害想定結果の概要一覧表(6)

			【首都直下地震】		【海溝型地震】	【活断層で発生する地震】
			東京湾北部地震（M7.3）	多摩直下地震（M7.3）	元禄型関東地震（M8.2）	立川断層帯地震（M 7.4）
人的被害		死者	約 9,700 人	約 4,700 人	約 5,900 人	約 2,600 人
	原因別	揺れ	約 5,600 人	約 3,400 人	約 3,500 人	約 1,500 人
		火災	約 4,100 人	約 1,300 人	約 2,400 人	約 1,100 人
		負傷者（うち重症者）	約 147,600 人（約 21,900）人	約 101,100 人（約 10,900）人	約 108,300 人（約 12,900）人	約 31,700 人（約 4,700）人
	原因別	揺れ	約 129,900 人	約 95,500 人	約 98,500 人	約 27,800 人
		火災	約 17,700 人	約 4,600 人	約 9,800 人	約 3,900 人
物的被害		建物被害	約 304,300 棟	約 139,500 棟	約 184,600 棟	約 85,700 棟
	原因別	揺れ	約 116,200 棟	約 75,700 棟	約 76,500 棟	約 35,400 棟
		火災	約 188,100 棟	約 63,800 棟	約 108,100 棟	約 50,300 棟
避難者の発生（ピーク：1日後）			約 339 万 人	約 276 万 人	約 320 万 人	約 101 万 人
	帰宅困難者		約 517 万 人			

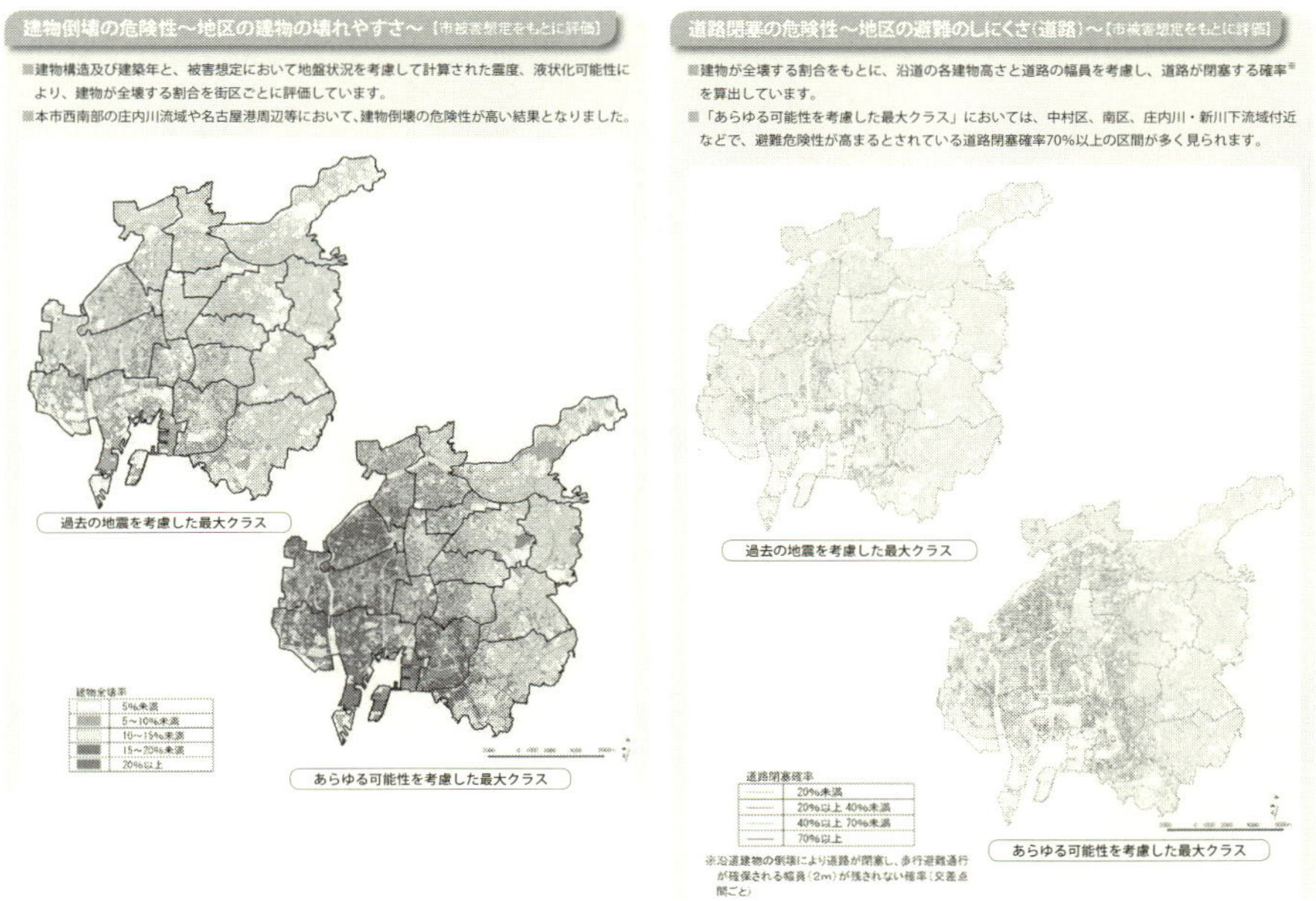

図8　名古屋市「震災に強いまちづくり方針（案）」における地震災害危険度評価

制限されている。最近では、名古屋市「震災に強いまちづくり方針（案）」（平成26年10月）の一環として行われた地震災害危険度評価（図8）にみるように町丁目よりもはるかに小さい街区単位での集計されたデータを用いて行われる事例も現れてきた。仮に工学モデルの精緻化に一定の限界があるとすると、地震被害想定の精度の向上を図るためには、データ精度の改善が不可欠である。前述したとおり、自助・共助・公助を実現するためには、敵を知る必要があるが、より実感のある理解を行うためにも建物が見えるスケールでのデータの整備がすすむことが期待される。

（3）ビッグデータが地震被害想定の精度を高める

地震被害想定は、数多くの工学モデルによって構成されているが、その計算精度は多様である。工学モデルが内包する誤差だけではなく、現象そのものに内在する不確実性である。地震火災による逃げ惑いによる死者の想定結果は、出火点の位置に依存する。出火確率に関しては定量的に評価することができるが、地震が発生した際に実際に出火する地点を特定することは本質的に不可能である。

想定死者は、出火点分布に大きく依存する。例えば、最悪の条件として出火点が大勢の人を取り囲むように発生するというパターンを考えると、時間とともに延焼領域は拡大し、一定時間を超えると、延焼領域はドーナツ型となり、その内部の市街地は最終的には隙間無く焼失することになる。その結果、想定死者が甚大なものになることは容易に推測できる。一方、同じ出火点密度でも、幸運なパターンであれば、延焼速度は概ね歩行速度の10分の1のオーダー

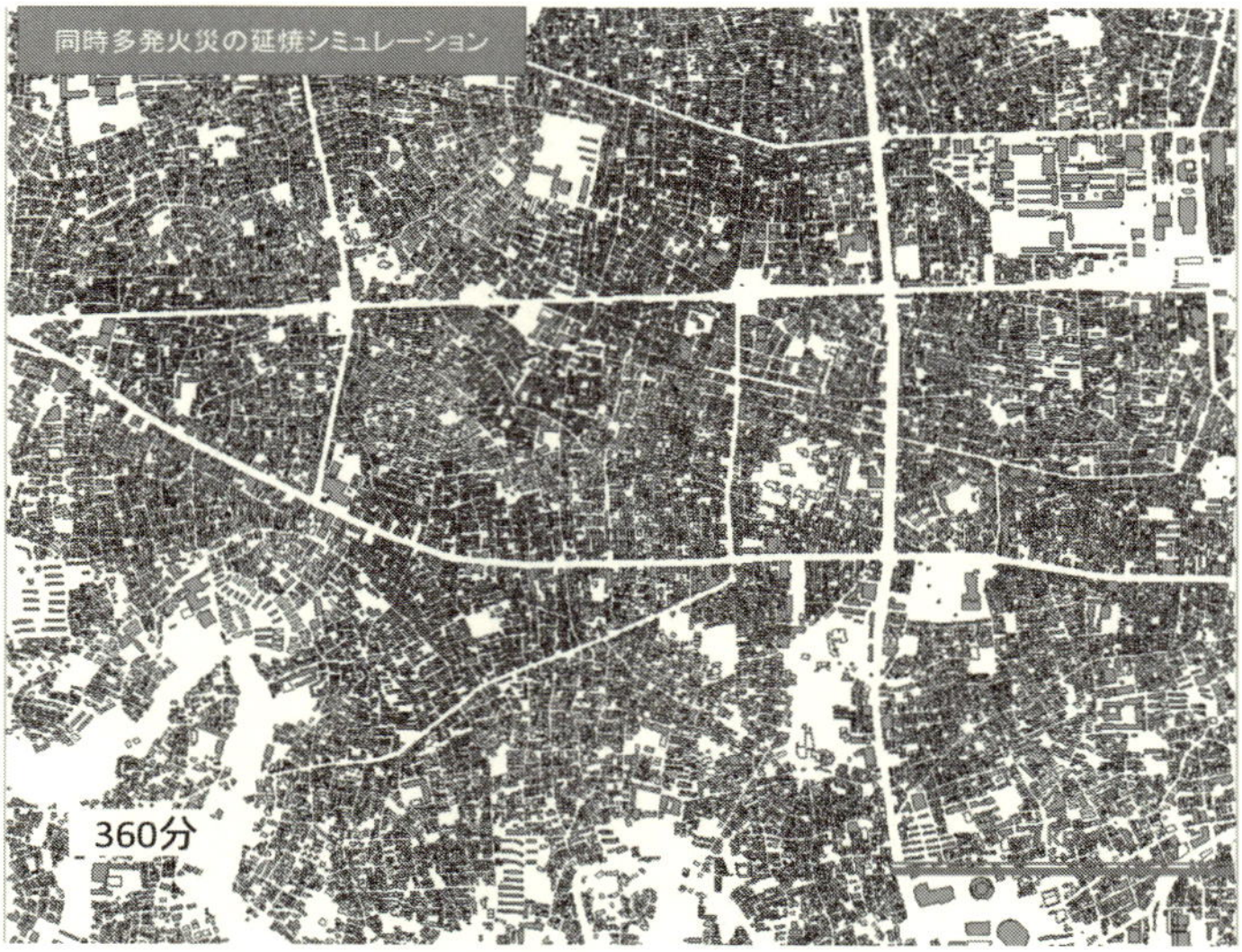

図９　火災延焼シミュレーションのアウトプット例（東京都杉並区〜中野区）

図10　火災＋広域避難シミュレーションのアウトプット例（東京都杉並区〜中野区）

であることをふまえると、想定死者はそれほど大きくはならないであろう。東京都の地震被害想定では、火災による死者は４１００人と算定されているが、これはあくまでも目安的な数字と解釈すべきであって、実際に起こりうる状況は、相当の幅があると言える。

　最近の被害想定では、シミュレーションを行わずに過去の事例を使った簡便な方法で推計することが多い。これまでの環境では、コストの制約、データの制約、計算機資源・記憶容量資源の制約のためである。しかし、ビッグデータの時代が到来し、詳細なデータ、豊富な計算機資源、記憶資源を容易に利用できるようになった。この環境を活かせば、被害想定の精度を高めることは可能である。

　ここでは、試行的な研究を紹介し、今後の可能性について言及することとする。図９は、建物データを用いた建物単体の火災シミュレーションシステムのアウトプットのサンプルであり、図10は、避難シミュレーションを加えたシステムのアウトプットの例である。ちなみに一粒が10人をあらわしており、合計１００万人分の避難をシミュレートした結果である。１回当たり24ＧＢのデータが生成される。現在のビッグデータの環境では、こうしたシミュレーションを出火点パターンを変えて繰り返し行うことが可能になっている。図11は、出火点数を固定し

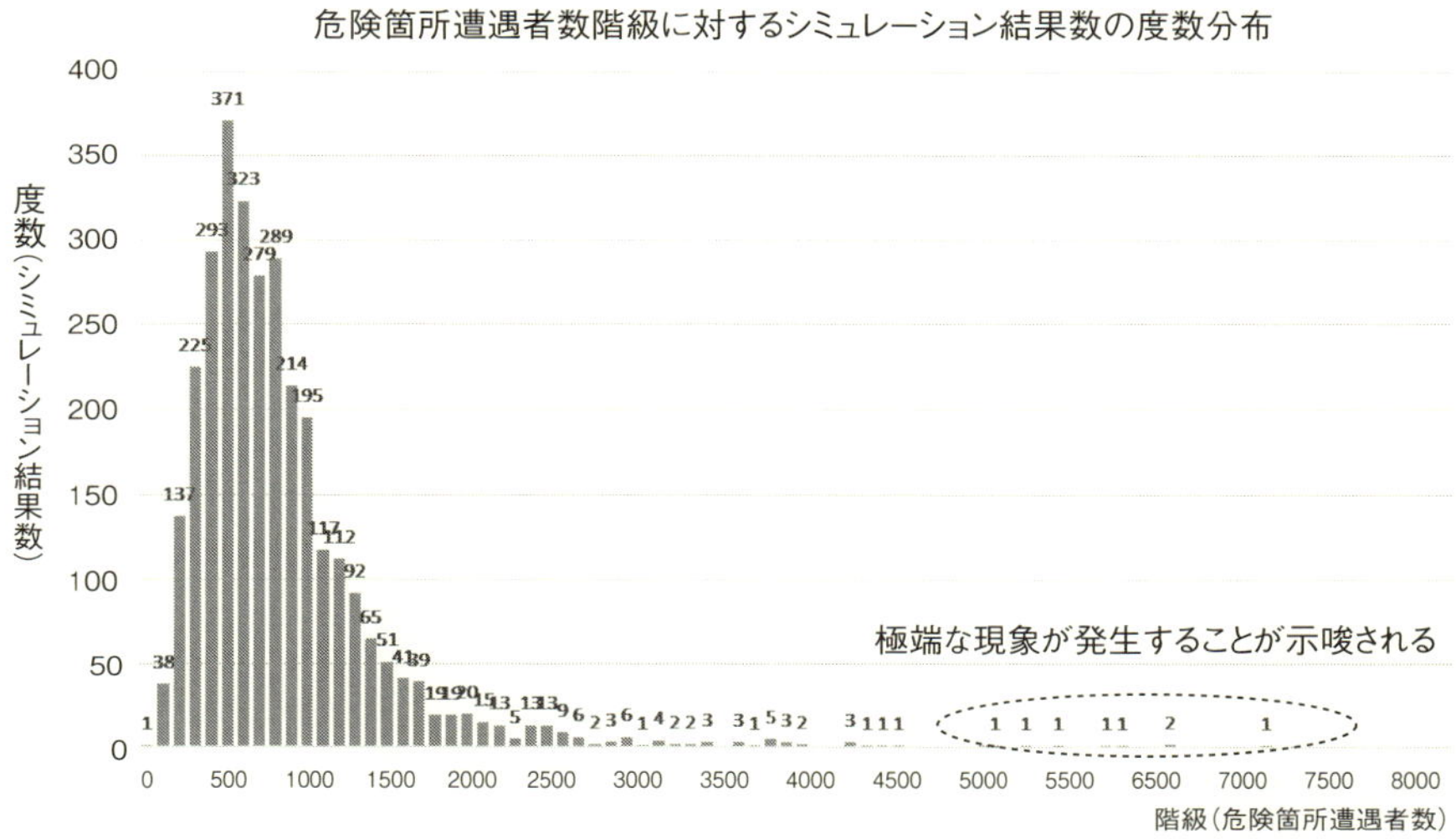

図 11　地震火災による死者（火災危険箇所遭遇者）の分布

て出火点分布を各建物の出火確率に応じてランダムに出火するとして、３０００パターンの出火点分布を生成した計算結果である。地震火災近傍の受熱量の高い区域を通過した人数を頻度分布で表したものである。この人数は、概ね地震火災による逃げ惑いによる死者に対応するものととらえられるものである。この避難モデルの場合、平均値は概ね４００〜５００人であるが、分布は大きく右の方に広がっている。出火点分布のパターンによっては、危険区域通過人数は、４０００人〜７０００人と平均の10倍のオーダーとなる可能性があることを表している。

これまでの被害想定では、概ね平均周辺の、いわば目安となる値が示されていた。しかし、ビッグデータ環境を用いることによって、条件によっては、大量の死者が発生する可能性が存在することが明らかとなった。既存の地震被害想定手法では、本質的に指摘することができない事実である。発生の可能性についての定量的評価やリスクの発生要因の構造についての分析は、今後の研究成果を待つ必要がある。しかし、ビッグデータ環境が地震被害想定の精度を高め、より適切な地域防災計画の実現に確実に寄与すると言ってよい。

［加藤孝明］

参考文献

（１）地域安全学会企画調査委員会小委員会編（２０１１）『時代の潮流をふまえた防災まちづくりのあり方に関する調査・研究』、都市防災美化協会
（２）加藤孝明（２０１３）「防災の基本とこれからの防災まちづくり」都市住宅、２０１３年10月
（３）防災まちづくり支援システム普及管理委員会ホームページ http://www.bousai-pss.jp/（２０１４年12月１日アクセス）
（４）ＮＰＯア！安全・快適まちづくり（２００２）「浸水シミュレーションにおける防災街づくり調査」全国都市再生モデル調査
（５）消防防災科学技術研究開発事例集 http://www.fdma.go.jp/neuter/topics/houdou/h21/2103/210327-1houdou/02_jireisyu.pdf（２０１４年12月１日アクセス）
（６）東京都：首都直下地震等による東京の被害想定、２０１２年４月
（７）加藤孝明（２０１４）「首都直下地震の地震火災による大量死はあるか？―極端現象の解明に向けて―」日本建築学会大会ＰＤ、２０１４年９月

第6章
レジリエンスを高め地域創生を実現する国土デザインのあり方

災害に対するレジリエンスを高めていくために必要な努力が、学術面でも実践面でも長い間、自然科学、社会科学両面から、非常に大きな努力でなされてきた。しかし、我が国においては未だに多くの人的、経済的損失が発生しており、未だに災害に対し脆弱な地域に多くの人口、資産が集中している。さらに、人口減少、高齢化、財政の悪化などの社会的要因からもレジリエンスの低下が避けられない状況にある。この状況を打開するには、政策決定者から一般市民まで、すべてのステークホルダーがレジリエンス低下をきちんと認識し、改善のためにどのような現実的なアクションを取りうるのかを理解する必要がある。このレジリエンスの回復が地域創生を実現していく大きな要素となる。

本章では、上記目的のために、現在直面しているレジリエンス低下の状況を説明し、レジリエンス向上のために、これまで我が国で採用されていないいくつかの手法の提案を行い、そのために必要な制度の検討を行う。

1 社会情勢の変化とレジリエンスの確保のための課題

人口急減・超高齢化という我が国が直面する大きな課題に対し政府一体となって取り組み、各地域がそれぞれの特徴を活かした自律的で持続的な社会を創生できるよう、内閣に、まち・ひと・しごと創生本部が2014年9月に設置された（まち・ひと・しごと創生本部の設置について、2014年9月3日閣議決定）[1]。まち・ひと・しごと創生本部の設置に先立ち、国土交通省では2014年7月に「国土のグランドデザイン2050〜対流促進型国土の形成〜」[2]を公表し、急激な人口減少、少子化、異次元の高齢化の進展、巨大災害の切迫、インフラの老朽化、食料・水・エネルギーの制約、地球環境問題などに対応する新たな国土のグランドデザインのビジョンを公表した。まち・ひと・しごと創生「総合戦略」（2014年12月26日閣議決定）[3]の中で、国土管理に関しては、「小さな拠点」の形成や既存ストックのマネジメン

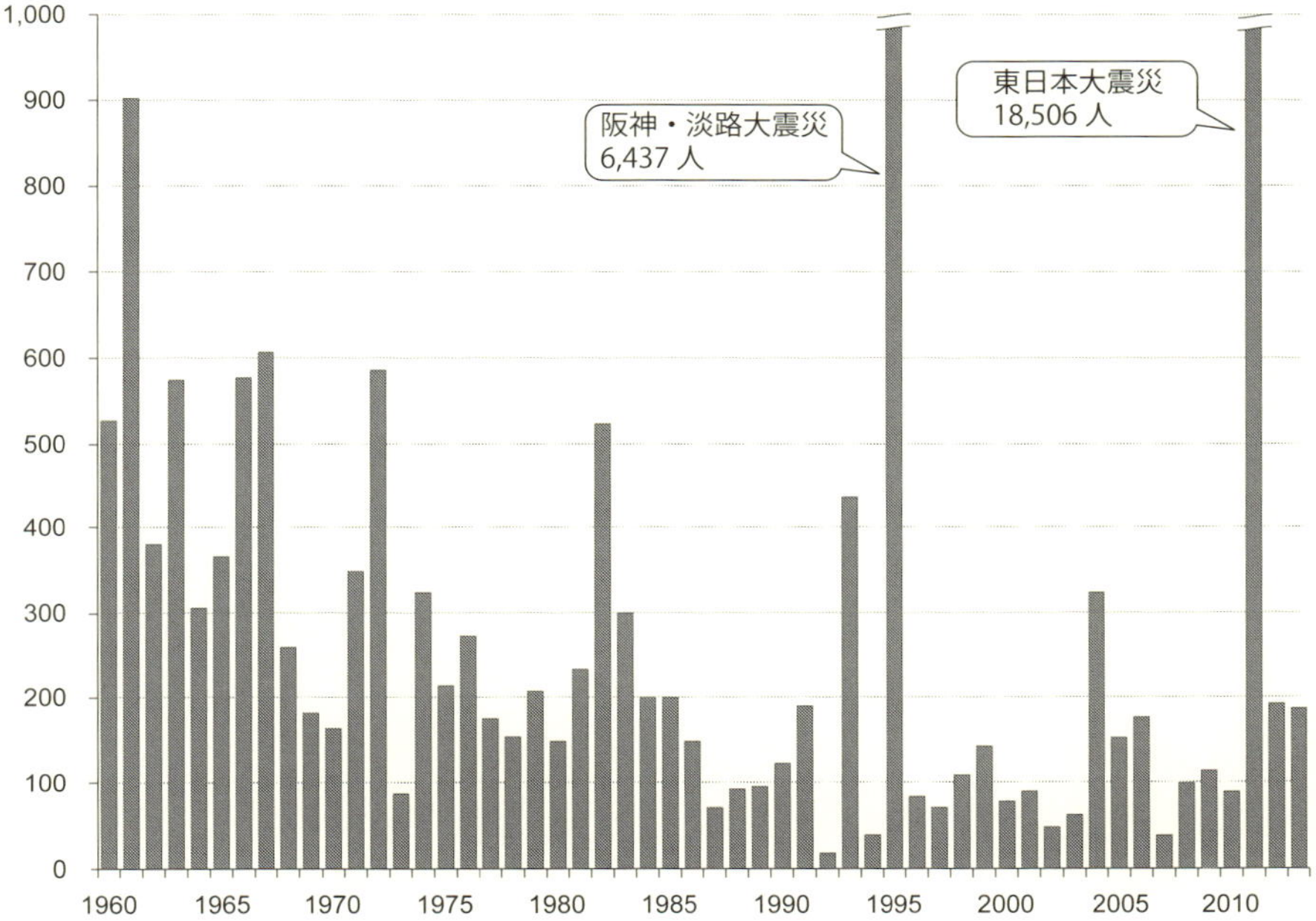

図 1　自然災害による死者・行方不明者の推移（単位：人）
出典：平成 25 年消防白書ほかを基に作成

ト強化がかかげられている。本節ではこれら政府が掲げる問題点に対し、研究者の視点から課題の解釈と解決に向けた方向性を議論する。

1　社会、経済・財政状況の変化

社会、経済・財政が大変厳しい状況にあり、このままではレジリエンスも低下してくるというのが、今日国土管理を考える人々の共通認識である。まずこの点についてマクロな視点から考えてみる。

災害に対するレジリエンスの指標となる災害による犠牲者数を見てみる。１９６０年からの推移をみると、１９６０年代は他の年代よりも犠牲者数が多いが、１９７０年代から現在までを見ると、阪神・淡路大震災、東日本大震災の２つの巨大災害による犠牲者数を除いても、明確な改善傾向はみられない（図１）。この間、継続的な災害対策に対する投資、膨大な防災・減災研究、建築基準法や都市計画法などの各種法整備が進められてきたにもかかわらず、犠牲者数でみるとレジリエンスの明確な向上はみられず、依然として災害に対して脆弱な国土であることがわかる。

社会情勢に目を向けると、少子高齢化、限界集落等、レジリエンスを低下させる要素が多くみられる。例えば、消防団員数の低下とその高齢化は地域の脆弱性を増大させる。平成26年版防災白書[4]によれば、消防団員数は１９８９年の１００万２千人から２０１３年には86万９千人に減少している（図２）。また、消防団員の年齢構成をみると、全消防団員に占める10～30代の割合は１９６５年の90・４％から２０１３年には55・０％まで低下している（図３）。地域の過疎化でみれば、国土のグランドデザイン２０５０[2]によると、全国を１平方キロメートルの大きさの地点に分割してみると、２０５０年において19％の地点で無居住化、44％の地点で人口が半数以下になると警鐘をならしている（図４）。地方部の人口減少については、まち・ひと・しごと創生本部[1]で、若い世代の就労・結婚・子育ての希望の実現、「東京一極集中」の歯止め、地域の特性に即した地域課題の解決の３つを基本的な視点として、様々な対策が議論されている。しかし、効果が表面化するには時間を要し、当面危機的な状況は継続すると考えられる。

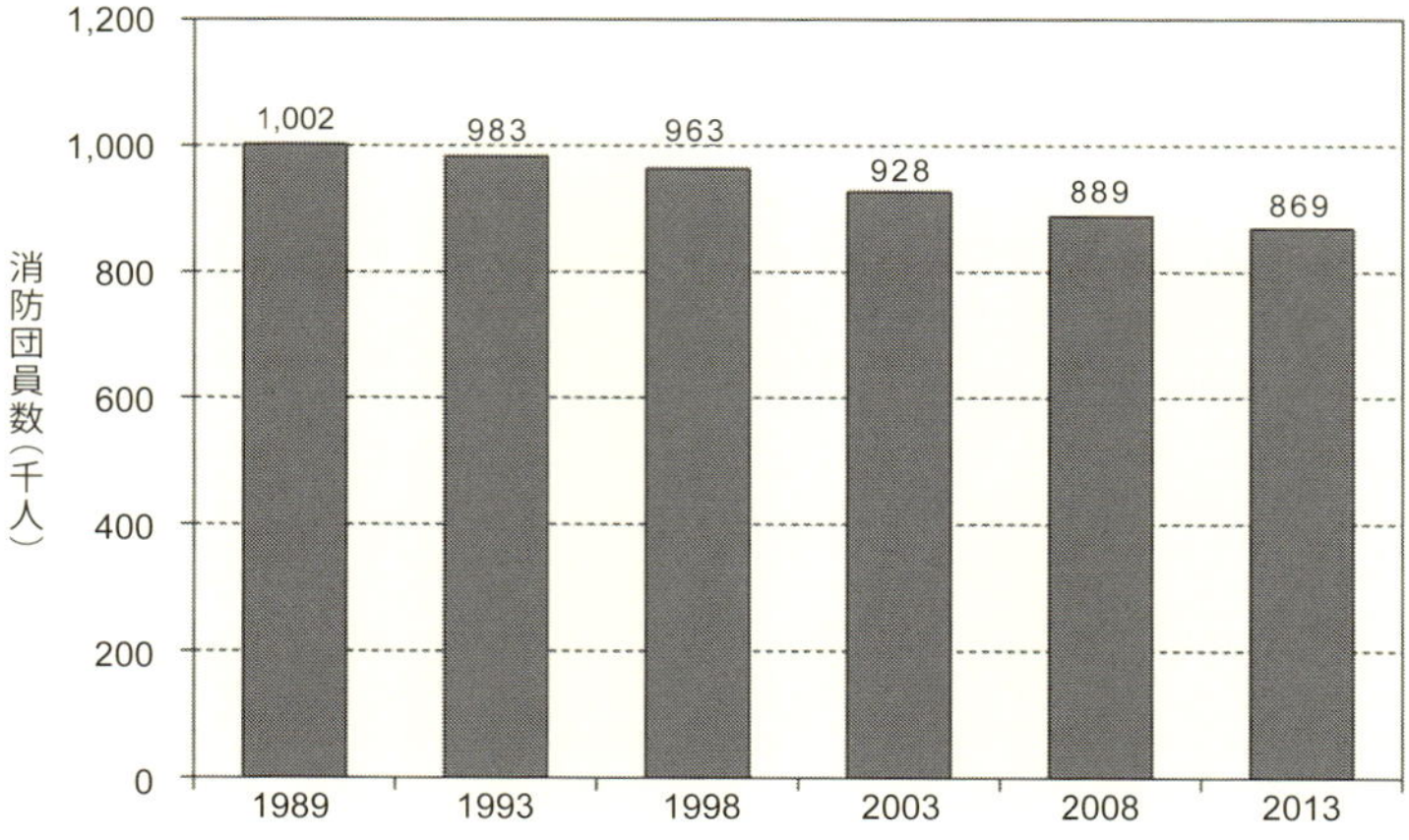

図２　消防団員数の推移
出典：平成 26 年消防白書を基に作成

財政状況に目を向けると、財務省[5]によれば、政策的経費にあたる文教及び科学推進費、防衛関係費、公共事業関係費は安定成長期に入った１９８０年度では全歳出における52・５％であったが、２０１４年度では27％にまで低下している（図５）。さらに国土交通省[6]によれば、高度経済成長期に集中的に整備された社会資本の多くは建設後30～50年経過しているため、今後急速に老朽化すると予測されている。建設後50年以上経過した社会資本の割合は、道路橋を例にとれば2012年度の8％が2030年度には53％に増加する（図6）。また、国土交通省が過去の投資実績等を

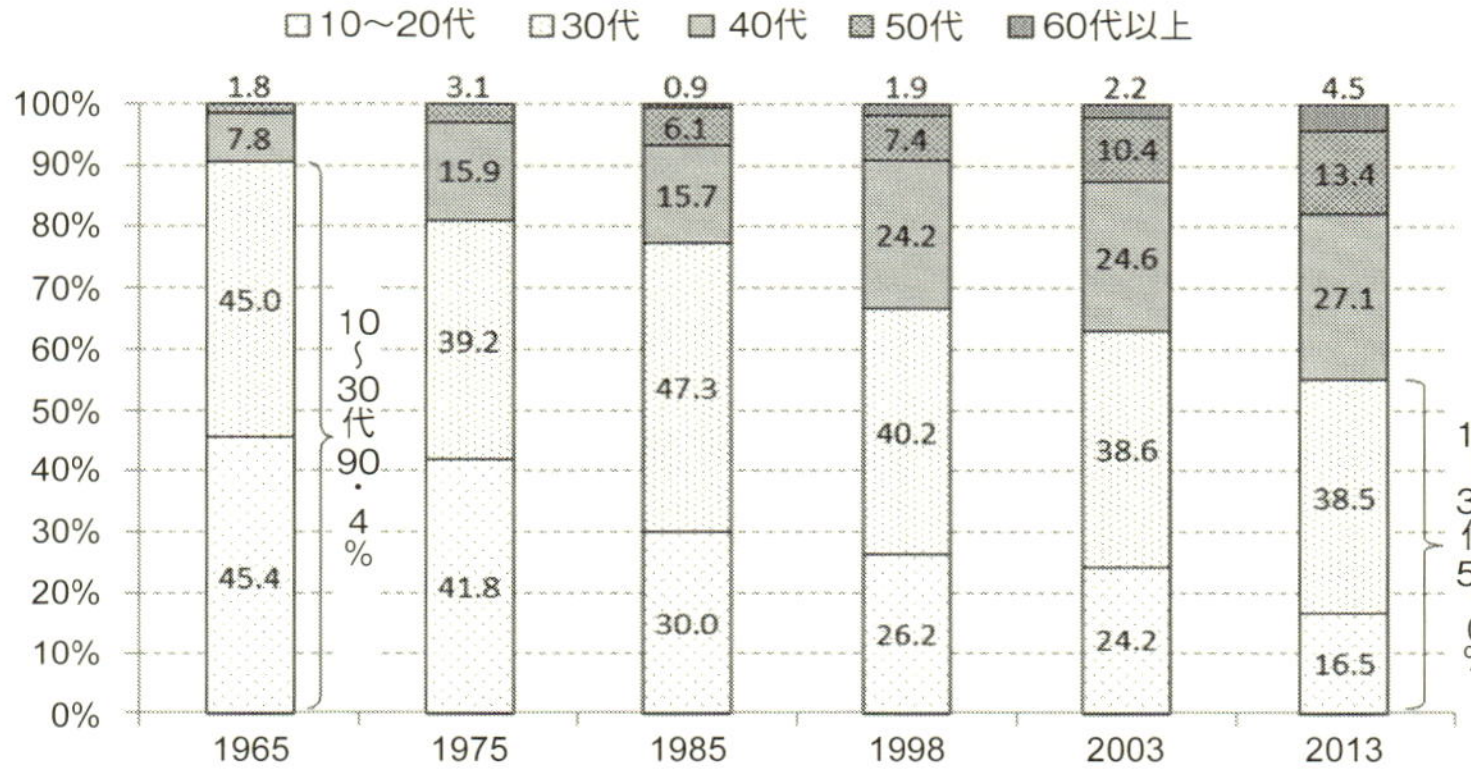

図3　消防団員の年齢構成比の推移
出典：平成26年消防白書を基に作成

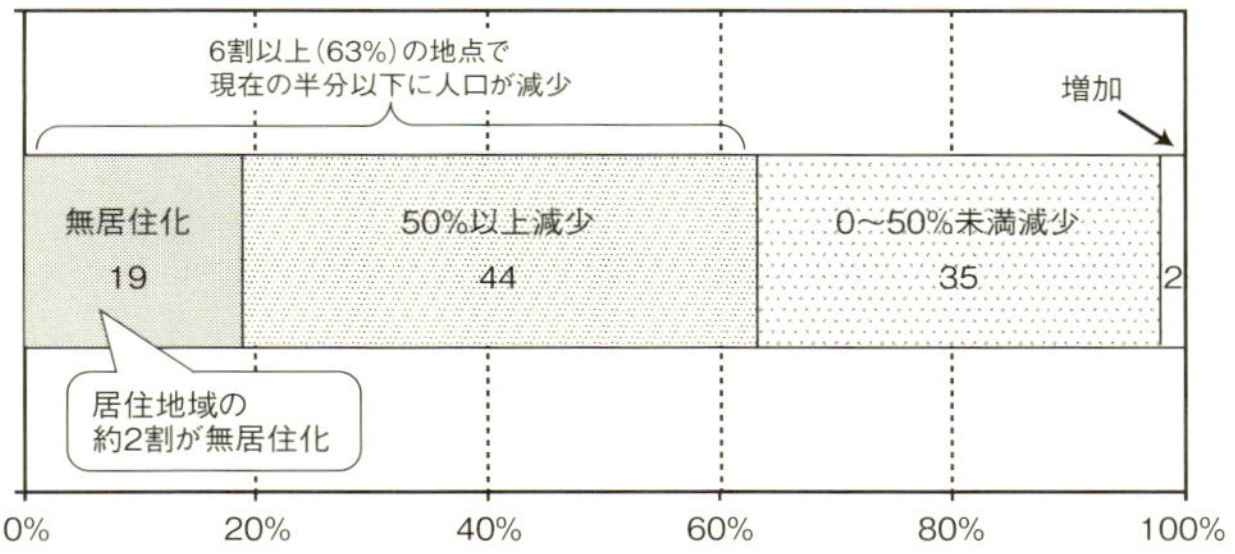

図4　2050年における人口増減割合別の地点数の割合（基準：2010年）
出典：国土のグランドデザイン2050参考資料1を基に作成

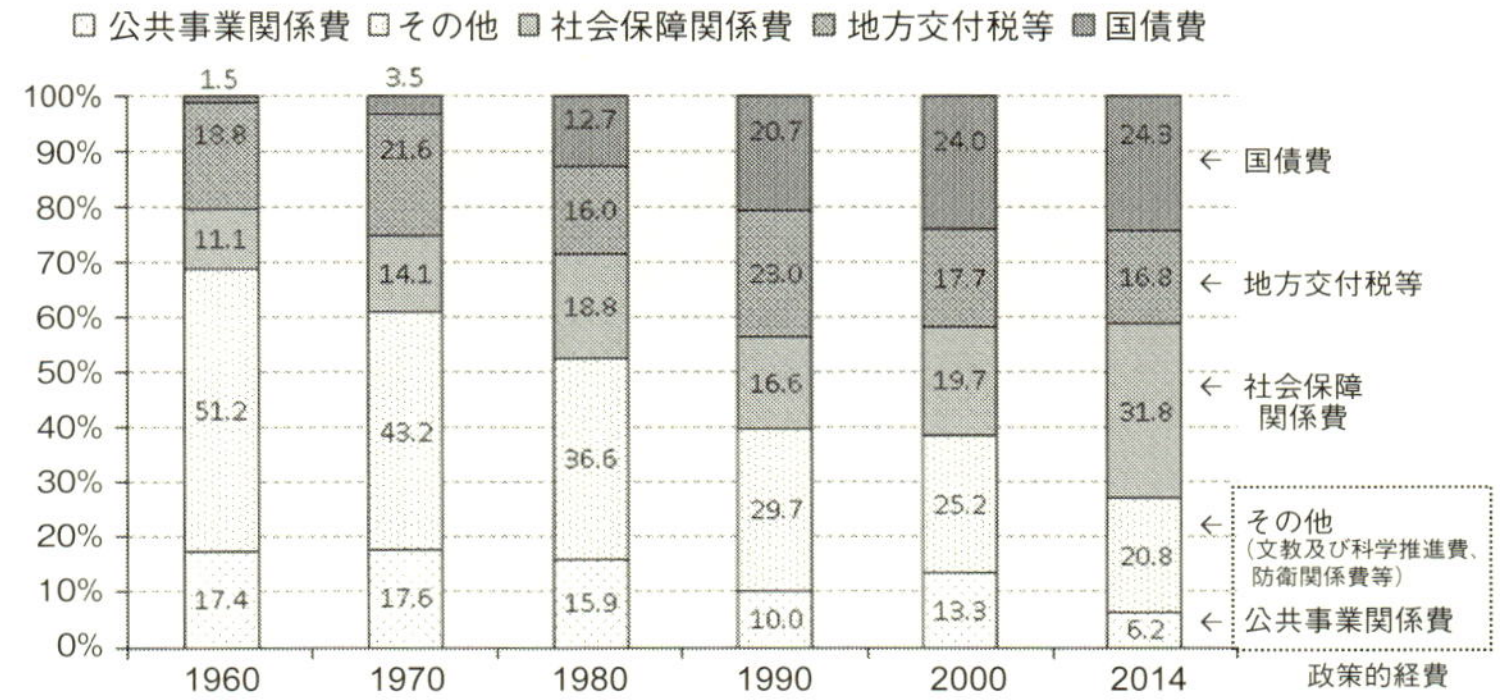

図5　日本の財政状況の推移
出典：財務省「日本の財政関係資料（2014）」を基に作成

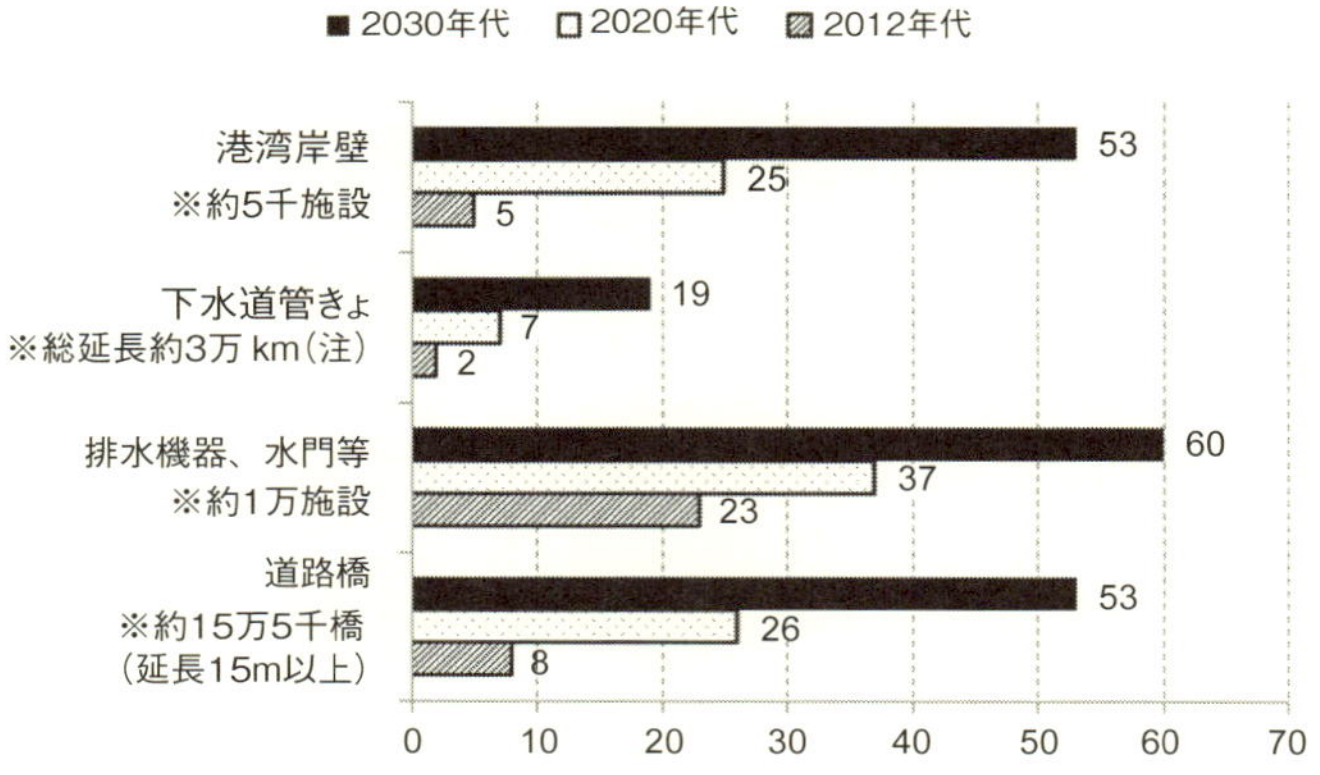

図 6　建設後 50 年以上経過したインフラの割合（単位：%）

注：岩手県、宮城県、福島県は調査対象外

出典：平成 24 年度国土交通白書を基に作成

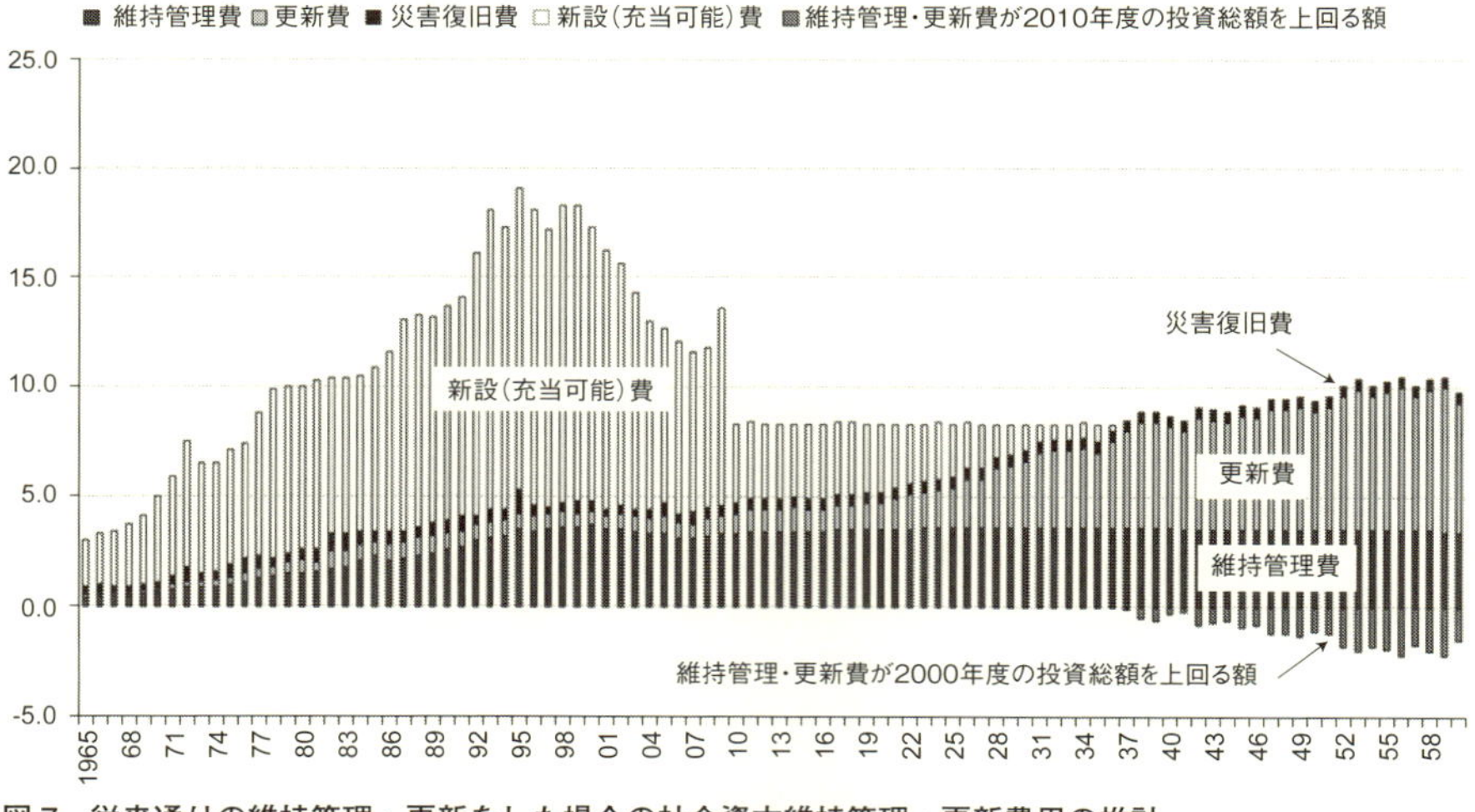

図 7　従来通りの維持管理・更新をした場合の社会資本維持管理・更新費用の推計

出典：平成 24 年度国土交通白書を基に作成

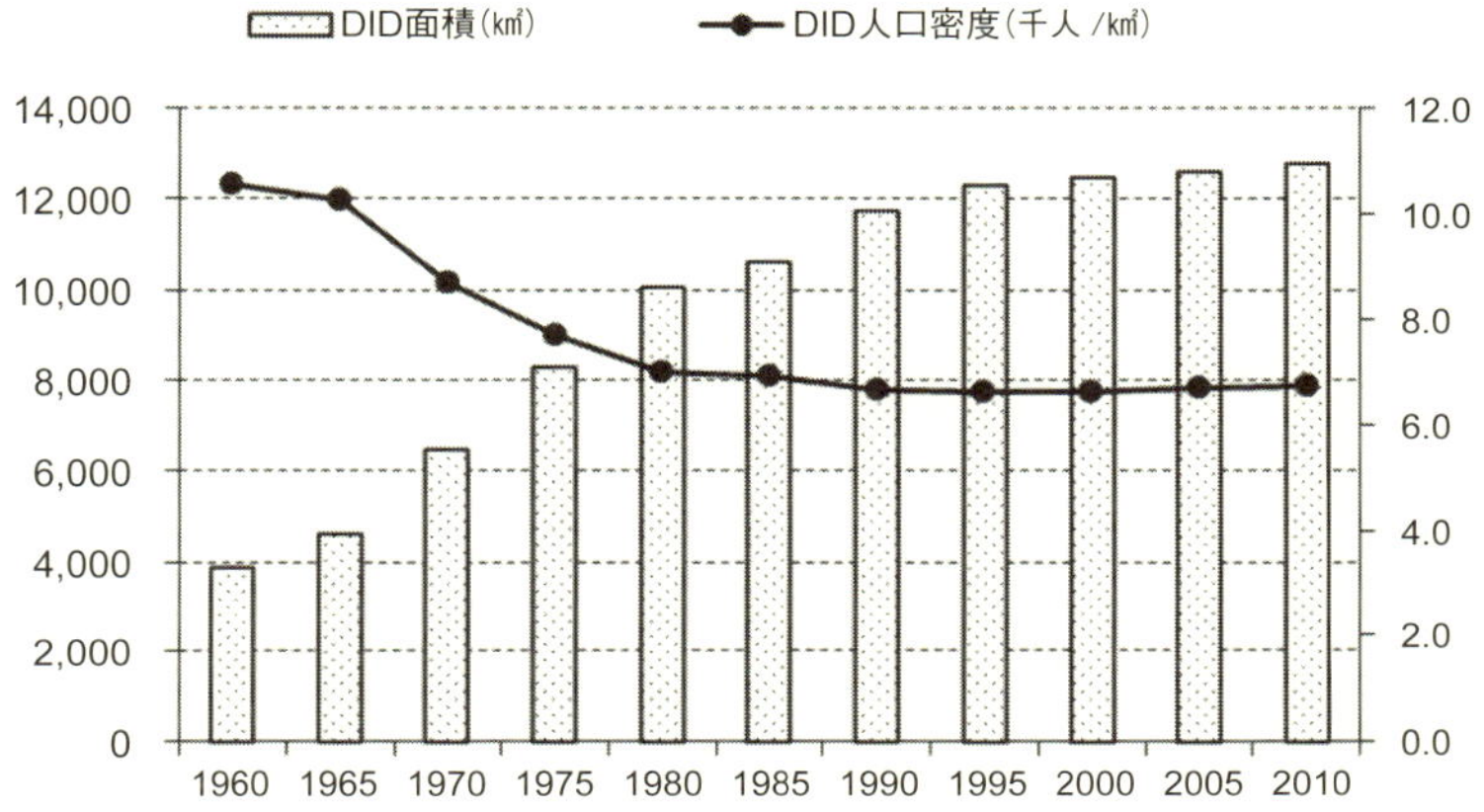

図8　DID（人口集中地区）面積の拡大
出典：国勢調査（総務省）を基に作成

基に、所管する社会資本（道路、港湾、空港、公共賃貸住宅、下水道、都市公園、治水、海岸）の今後の維持管理・更新費を推計した結果（図7）をみると、今後社会資本の維持管理や老朽化施設の更新にかかる費用だけで、現在の公共投資に匹敵する額が必要となり、新たな施設の整備は言うまでもなく、既存施設の維持更新すら困難になると予想される。

このように、現在の社会、経済・財政システムのままでは、早晩国土管理は困難となり、後述する災害外力の増大とあいまって、国土のレジリエンスがますます低下していくことは避けられない。

2　拡大する土地利用がもたらした脆弱性の顕在化

日本の国土は大陸型の大平原ではなく、山地、平地、河川、海岸線が入り組んだ複雑な地形であり、人々は歴史的に自然災害に対して脆弱な地域への立地は避けてきた。しかし、1900年代後半から、都市人口増大による都市域の急速な拡大のため、人々は従前、人が居住せず、産業が立地しなかった場所への立地を進めてきた。1960年と2010年を比べると、DID（人口集中地区）面積は約3・3倍となっている（図8）。この急速な拡大が災害に対する脆弱性を増大し、気象の凶暴化とあいまって、近年の自然災害の増大の一因となっていることは否定できない。

この間、行政は人口増大、都市域の拡大による災害素因の増大に対して全く無策だった訳ではない。高度成長に伴い、1968年に都市計画法（旧法）を廃止し、新たに都市計画法を制定し、市街化区域・市街化調整区域の線引きや開発規制等の中で、災害に脆弱な区域に対する開発の抑制を行ってきた。しかしそれには2種類の限界が見える。第一に、危険性が明らかでエリア的にある程度まとまった災害危険区域については線引きの際に考慮されていると考えられるが、局所的または顕在化していない危険については十分考慮されているとはいい難い。図9は、土砂災害危険区域と市街化区域が重なっているところである。第二は線引き後の災害外力の変化への対応である。1999年の博多駅周辺の水害（写真1、2）や2014年の広島市における土砂災害のように、開発を行った時点では顕在化していなかった豪雨等の災害外力により、開発地域が被災する事例が近年顕著になってきた。1時間80ミリを超える強烈な降雨の1000地点あたりの観測回数でみると、2010年頃には1975年頃の2倍近くになっている（図10）。

このような状況の中で、人命を守る観点から避難のための警報など、ソフト対策拡充の必要性が唱えられて久しい。従前、出水期に頻繁に発令される各種警報に対して、行政は適切に避難勧告や避難指示を出していなかった現実がある。最近、国による指導等もあり、市町村は避難勧告や避難指示を活用するようになってきたが、住民がこれに従い、もれなく避難するということは行われていないのが現状である。産経ニュース[7]によると、「……台風18号が都心を直撃した10月6日、東京都港区は約2万3千世帯、4万5千人に避難勧告を出した。……避難所を利用したのは、2施設でわずか6人だけだった。……」という報道があった。

写真1　1999 年の博多駅周辺の水害状況
出典：水害レポート '99

写真2　開発前の博多駅周辺
出典：博多駅地区区画整理誌

図９　土砂災害危険区域と市街化区域の重なり（広島市）

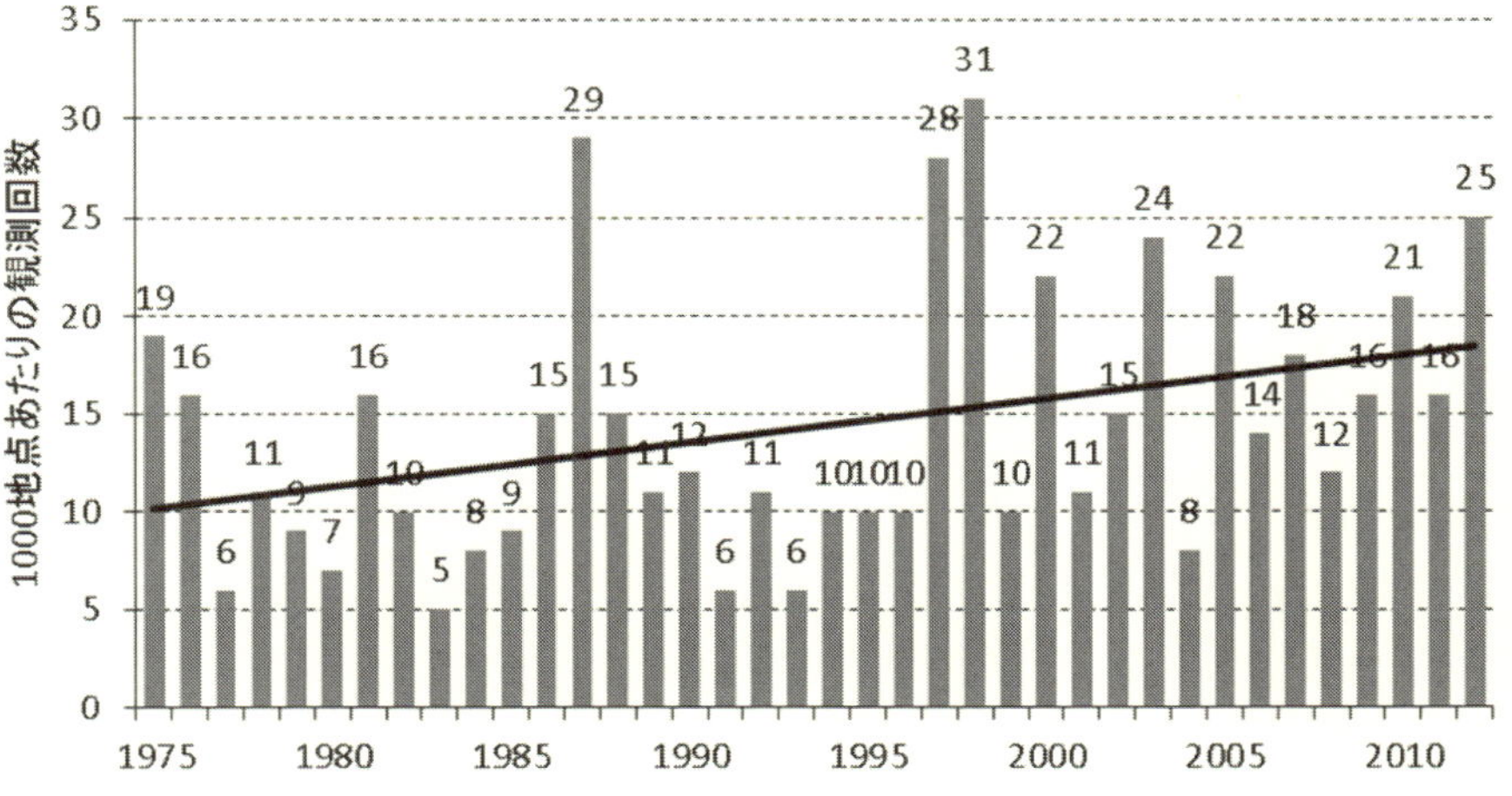

図 10　1時間降水量80ミリ以上の年間観測回数（アメダス）
出典：気象庁データを基に作成

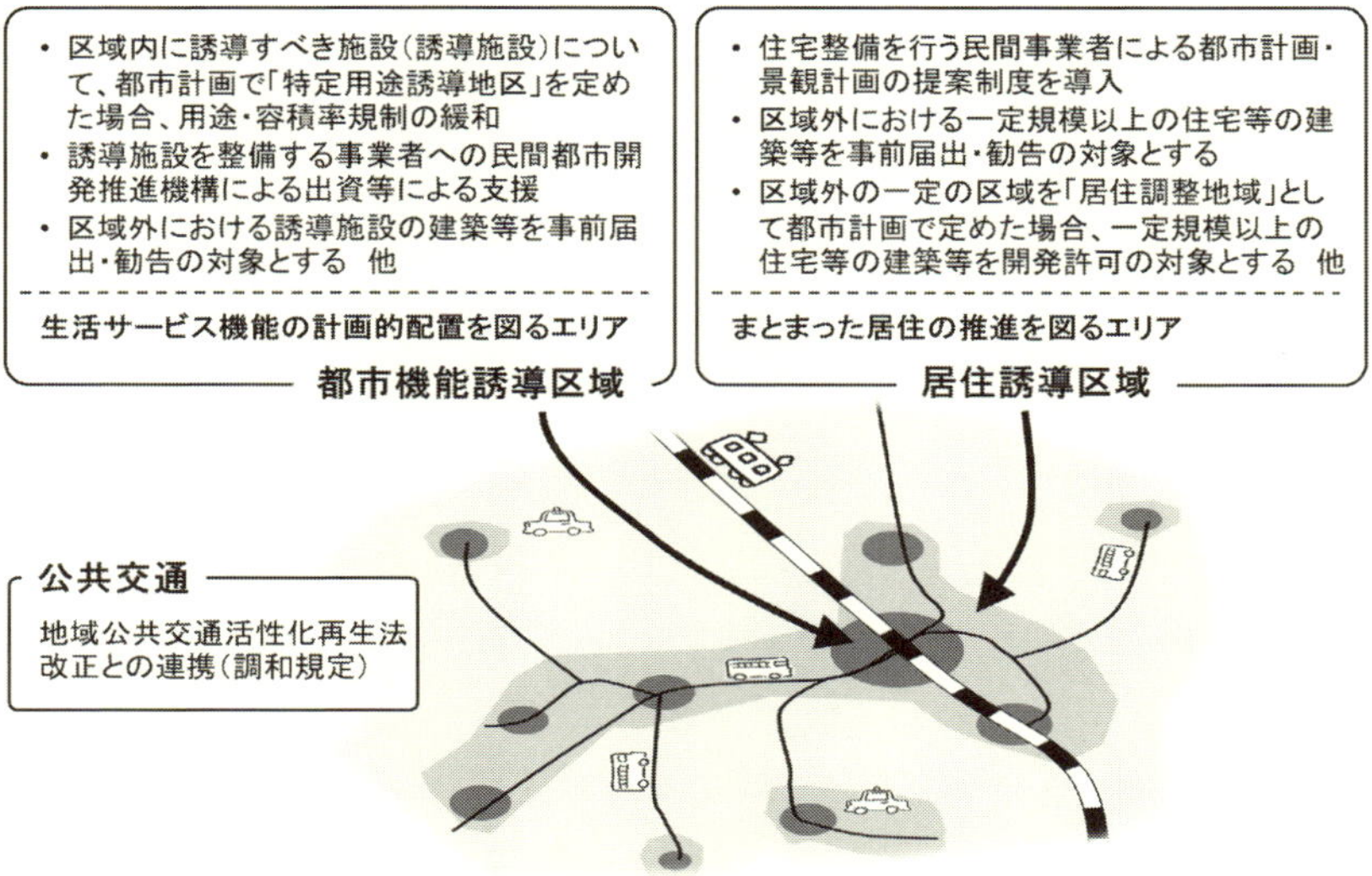

・区域内に誘導すべき施設（誘導施設）について、都市計画で「特定用途誘導地区」を定めた場合、用途・容積率規制の緩和
・誘導施設を整備する事業者への民間都市開発推進機構による出資等による支援
・区域外における誘導施設の建築等を事前届出・勧告の対象とする　他
生活サービス機能の計画的配置を図るエリア
都市機能誘導区域
・住宅整備を行う民間事業者による都市計画・景観計画の提案制度を導入
・区域外における一定規模以上の住宅等の建築等を事前届出・勧告の対象とする
・区域外の一定の区域を「居住調整地域」として都市計画で定めた場合、一定規模以上の住宅等の建築等を開発許可の対象とする　他
まとまった居住の推進を図るエリア
居住誘導区域
公共交通
地域公共交通活性化再生法改正との連携（調和規定）

図 11　都市再生活性化措置法の改正〜都市機能／居住誘導区域の設定〜
出典：国土交通省「都市再生活性化措置法の改正」概要を基に作成

開発当時に計画対象としたレベルを超える災害外力、そして現実的には非常に困難な漏れの無いソフト対策、これらを考慮すると、現在の土地利用を継続していては住民の安全を守ることは困難である。しかし災害外力の変化により災害の危険度が高まったという理由で、線引きを見直すという事例は現在のところ存在しない。

２０１４年に都市再生特別措置法が改正された[8]（図11）。この中で立地の適正化を図るため、立地適正化計画を作成することができるとされている。そして「立地適正化計画は、都市の防災に関する機能の確保が図られるように配慮されたものでなければならない」とされているが、明示的には建築基準法の災害危険区域に関する規定しかなく、今後広く災害に対する脆弱性を計画に取り込むことが望まれる。そのような制度が実現する場合には、災害に対する脆弱性をきちんと市民に理解してもらう必要がある。そのためには災害リスクアセスメントの制度化が必要である。

近年、国際的に災害リスクアセスメント（Disaster Risk Assessment）導入の動きがある。国連開発計画（UNDP：United Nations Development Programme）[9]によれば、災害リスクアセスメントは「天然または人為的災害外力と脆弱性の相互作用により被害（犠牲者数、資産被害、生活基盤の喪失、経済活動の停止など）の確率としてリスクを定義する。リスクアセスメントは、ハザードの分析と現況の脆弱性（被害にさらされる可能性のある人口、資産、サービス、生活基盤、そしてこれらの基盤となる環境）の評価により、それらのリスクの性質と程度を決定するプロセスである。包括的なリスクアセスメントは、起こりうる損失の大きさと発生確率を評価するだけでなく、それら損失の原因や影響についての包括的な情報を提供することである。したがって、リスクアセスメントは、意思決定や政策決定のプロセスに不可欠なものであり、社会のさまざまな分野間での緊密な連携が必要である」と定義されている。ここで、「ハザードの分析」はこれまでも理学・工学分野で十分行われてきたが、「現況の脆弱性（被害にさらされる可能性のある人口、資産、サービス、生活基盤、そしてこれらの基盤となる環境）」評価はこれまで十分に行われてこなかったと言える。

自然状況の変化にともなう「ハザードの分析」に加え、現況の脆弱性を適切に評価し、さらに社会情勢の変化に伴う脆弱性の増大を防ぐためには、後述する第６章２節「ＱＯＬ評価に基づく国土デザイン」や第６章３節「安全性の推計と災害アセスメント」などを活用して、災害に対するレジリエンスを高めてゆく必要がある。

［塚原健一］

参考文献

（１）内閣府「まち・ひと・しごと創生本部の設置について」２０１４年９月 http://www.kantei.go.jp/jp/singi/sousei/pdf/konkyo.pdf（最終閲覧２０１４年11月８日）

（２）国土交通省「国土のグランドデザイン２０５０～対流促進型国土の形成～」２０１４年７月 http://www.mlit.go.jp/common/001047113.pdf（最終閲覧２０１４年11月８日）

（３）まち・ひと・しごと創成本部：「長期ビジョン」「総合戦略」の閣議決定に伴う石破大臣のコメント（平成26年12月27日）， http://www.kantei.go.jp/jp/singi/sousei/h261227.html（最終閲覧２０１５年１月31日）

（４）内閣府「平成26年版防災白書」２０１４年７月 http://www.bousai.go.jp/kaigirep/hakusho/h26/（最終閲覧２０１４年11月８日）

（５）財務省「日本の財政関係資料」２０１４年２月 http://www.mof.go.jp/budget/fiscal_condition/related_data/sy014_26_02.pdf（最終閲覧２０１４年11月９日）

（６）国土交通省「平成23年度国土交通白書」http://www.mlit.go.jp/hakusyo/mlit/h23/index.html（最終閲覧２０１４年11月13日）

（７）産経ニュース「【日本の議論】台風連発「空振り恐れぬ避難勧告」は住民に理解されたのか」２０１４年10月20日11時 http://www.

sankei.com/premium/print/141020/prm1410200006-c.html.2014.11.6ʼ http://www.bousai.go.jp/updates/h26typhoon19/pdf/h26typhoon19_08.pdf（最終閲覧２０１４年11月17日）

（８）国土交通省「都市再生特別措置法等の一部を改正する法律案（概要）」２０１４年２月 http://www.mlit.go.jp/common/001027359.pdf（最終閲覧２０１４年11月17日）

（９）UNDP（United Nations Development Programme）：Disaster Risk Assessment, 2010.20, http://www.undp.org/content/dam/undp/library/crisis%20prevention/disaster/2Disaster%20Risk%20Reduction%20-%20Risk%20Assessment.pdf（最終閲覧２０１４年11月９日）

2 QOL評価に基づく国土デザイン

1 はじめに

日本では近年、東日本大震災の発生や豪雨等気象災害の頻発によって、防災・減災への意識が急に高まるとともに、国土計画や都市計画において災害への対応が十分考えられていないことが問題視されるようになってきている。しかし、日本はもともと地震や極端気象による災害が多いことから、本来は当然行っておくべきことであり、その具体的な方法の導入を急ぐべきである。さらに、今後は温室効果ガス排出による気候変動激化が予想され、台風やゲリラ豪雨、竜巻などの強大・頻発化が懸念される。また、地震や噴火の活発化も考えられる。これらがもたらす巨大災害へも対応していくことが必要となる。

一方で、成熟社会を迎えた日本で、このような対応を進めていくことは極めて困難であるという現実がある。世界に先駆けて少子高齢化と人口減少が進展する中で、高度経済成長・人口増加期に急速に広がった市街地・居住地は次第に供給過剰となりつつある。一時的に大量供給された住宅・インフラは着実に劣化が進み、維持管理・更新費用は増大の一途をたどっているが、財政も悪化しており、費用が十分確保できない状況にある。そのため、インフラが突如崩壊し死傷者を出す事故も起こるようになってきているが、将来的にはこのような事故は激増すると考えざるを得ない。このまま有効な策を打つことができなければ、都心部でも郊外部でも空家・空地があちこちに散在し、インフラの多くが十分に使用できない状態に陥り、みすぼらしい景観に囲まれて低水準のQOLしか得られないという地域衰退への道から逃れることは不可能である。もう一刻の猶予もない。

活用できる資源が極めて限られた中で、自然災害リスク増大と社会システム脆弱化に対応する国土デザインに必要なことは何か？　何よりもまず重要なのは、市街地・居住地のこれ以上の拡大を阻止することである。現在は日本の総人口は減少しているものの、総世帯数はまだ減少に転じていない。これは世帯規模が小さくなりつつあることによるが、国立社会保障・人口問題研究所は、２０２０年頃には総世帯数も減少に転じると予測している。これによって家屋の需要も低下していくことになる。世帯の小規模化や高齢者の増加、生活様式の変化によって住宅に対する要求も変化してきていることから、それに対応できない既存住宅が空家化し、新規住宅の建設が続くことが考えられるが、こうなればますます市街地・居住地は非効率化してしまうであろう。既存建築物の活用や効率的な更新を進めるとともに、宅地の拡大を食い止めることが絶対に必要である。

ゆえに、供給過剰となる市街地・居住地のうちどこを重点的に整備・更新して残していくかという集約地の選定手法、そこにどのように人口や機能を集約していくか、そして、それ以外の市街地・居住地についてはどのように撤退していくかという具体的な政策手法の実施が必要である。その大前提として、これまでの日本が続けてきた、建物とインフラを別個に整備していくというやり方を改め、土地利用のあり方を含めた総合的な対応を議論し検討していくことが求められる。

そこで、将来予想される国土・社会やそれに影響を与える外的条件の変化を踏まえ、今後目指すべき国土を検討する際に参考となる空間情報を得るために著者らが現在開発を進めている方法論の概要について紹介する。

2　Triple Bottom Line によるレジリエンスとサステイナビリティの定量表現

本書では、レジリエントな国土をどうデザインするかを論じてきた。これを実際の土地利用計画策定局面に組み込んでいくためには、土地利用がレジリエンスにどのような影響を与えるかを定量的に評価する手法が必要となる。ただし、レジリエンスのみで国土デザインを論じるのでは不十分である。より本質的かつ包括的な概念として挙げられるのは「サステイナビリティ」（sustainability、持続可能性）であり、これを踏まえた国土デザインが必要である。サステイナビリティの概念が本格的に知られるようになったのは「環境と開発に関する世界委員会」が１９８７年に

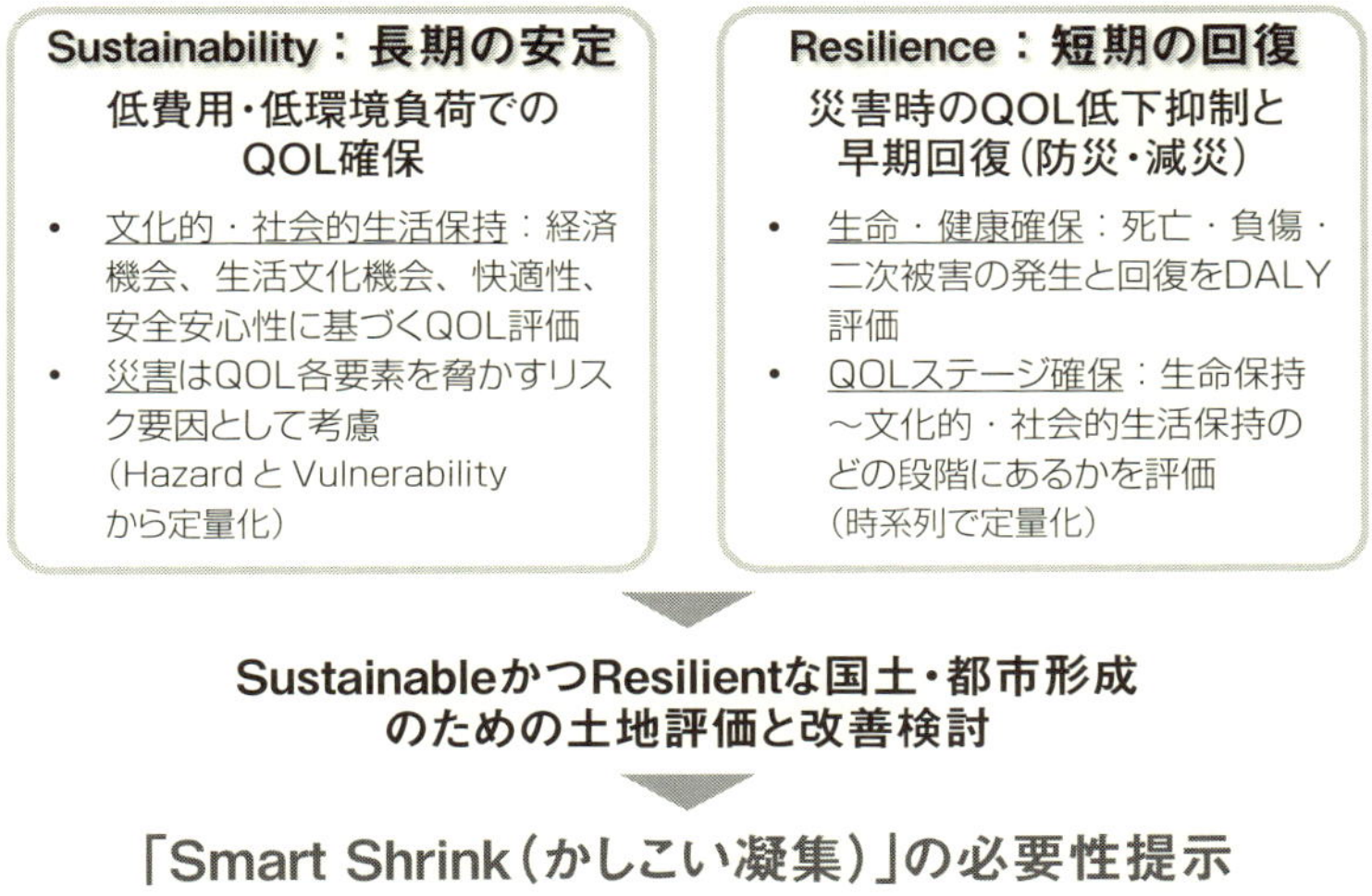
Sustainability：長期の安定
低費用・低環境負荷での
QOL確保
• 文化的・社会的生活保持：経済機会、生活文化機会、快適性、安全安心性に基づくQOL評価
• 災害はQOL各要素を脅かすリスク要因として考慮
(Hazard と Vulnerability
から定量化)
Resilience：短期の回復
災害時のQOL低下抑制と
早期回復(防災・減災)
• 生命・健康確保：死亡・負傷・二次被害の発生と回復をDALY評価
• QOLステージ確保：生命保持～文化的・社会的生活保持のどの段階にあるかを評価
(時系列で定量化)
SustainableかつResilientな国土・都市形成
のための土地評価と改善検討
「Smart Shrink(かしこい凝集)」の必要性提示

図1 SustainabilityとResilienceによる国土・都市評価

公表した"Our Common Future"で「sustainable development」という言葉が「将来世代のニーズを損なうことなく現在の世代のニーズを満たすこと」という定義で用いられたことである。その後、2000年の「国連ミレニアム・サミット」で採択された宣言をもとにまとめられた「ミレニアム開発目標」(Millenium Development Goals: MDGs)は、環境の持続可能性確保などについて2015年までに達成すべき8つの目標を掲げている。そして2012年の「国連持続可能な開発会議」(リオ＋20)では、持続可能な開発の推進にあたって「経済」「社会」「環境」の3要素(Triple Bottom Line: TBL と呼ばれる)を軸にした社会の構築が重要であるとの認識が共有され、これを踏まえたポストMDGsの新たな目標として「持続可能な開発目標」(Sustainable Development Goals: SDGs)を策定し実施するプロセスを始めることが合意された。

2014年12月の段階でSDGsの具体的内容は確定しておらず、様々な提案が行われている段階である。いずれの提案も様々な構成要素から構成されるが、その多くが、気候変動による気温・海面上昇や極端気象増加への適応を念頭に置いて、レジリエンスの概念を考慮に入れる必要性を主張している。これはすなわち、レジリエンスはサステイナビリティを高める要素の1つであるという認識が広く共有されているということである。

以上の議論を踏まえて、本書では、国土デザインを検討するための基準として、図1に示すように、数十年以上の長期的な持続可能性を「サステイナビリティ」、数十年以上に1度の確率で起こる巨大災害がもたらすダメージへの対応力を「レジリエンス」と呼ぶこととする。これら2つの概念を、人間社会のTBLである「経済」「社会」「環境」の3側面の変化によって定量的に表現する。TBLの具体的な評価指標は様々考えられるが、人口減少・経済成熟下における市街地・居住地集約／撤退策を検討するにあたって、経済を市街地維持費用、社会をQOL水準、環境を温室効果ガス排出量（GreenHouse Gases: GHGs）と単純に定義する。

TBLの望ましい状況は、低費用・低GHGsで高いQOL水準が得られることである。サステイナビリティは、TBLが長期的にこの方向に進んでいくことを意味すると解釈できる。一方、巨大災害が発生するとQOL水準は一時的に大きく低下し、多くの費用とGHGsが発生する。これがなるべく小さい値にとどまることがレジリエンスであると定義できる。以上を踏まえると、後はTBLの将来動向や巨大災害による変化を計量・予測できれば、レジリエントでサステイナブルな国土デザインの検討に適用できることになる。

なお、TBLによるサステイナビリティ評価とそれを用いた都市評価においては著者らが別著[1]にて説明しているので参照されたい。

3　巨大災害によるQOL変化とレジリエンス

レジリエンスを検討するにあたり、TBLのうち特に社会的側面を表すQOL水準を取り上げて論じる。実際、巨大災害発生直後の対応においては人命救助や被災者の生活確保が最優先され、費用や環境負荷の優先度は低いことから、QOLのみを取り上げることは必ずしも不適切ではない。ただし社会が落ち着いている事前防災や復興局面においては当然ながらTBL全体を考えるべきである。

巨大災害に伴うQOL水準低下の模式を図2に示す。ここではQOLを余命指標で表現している[2]。国土や社会の評

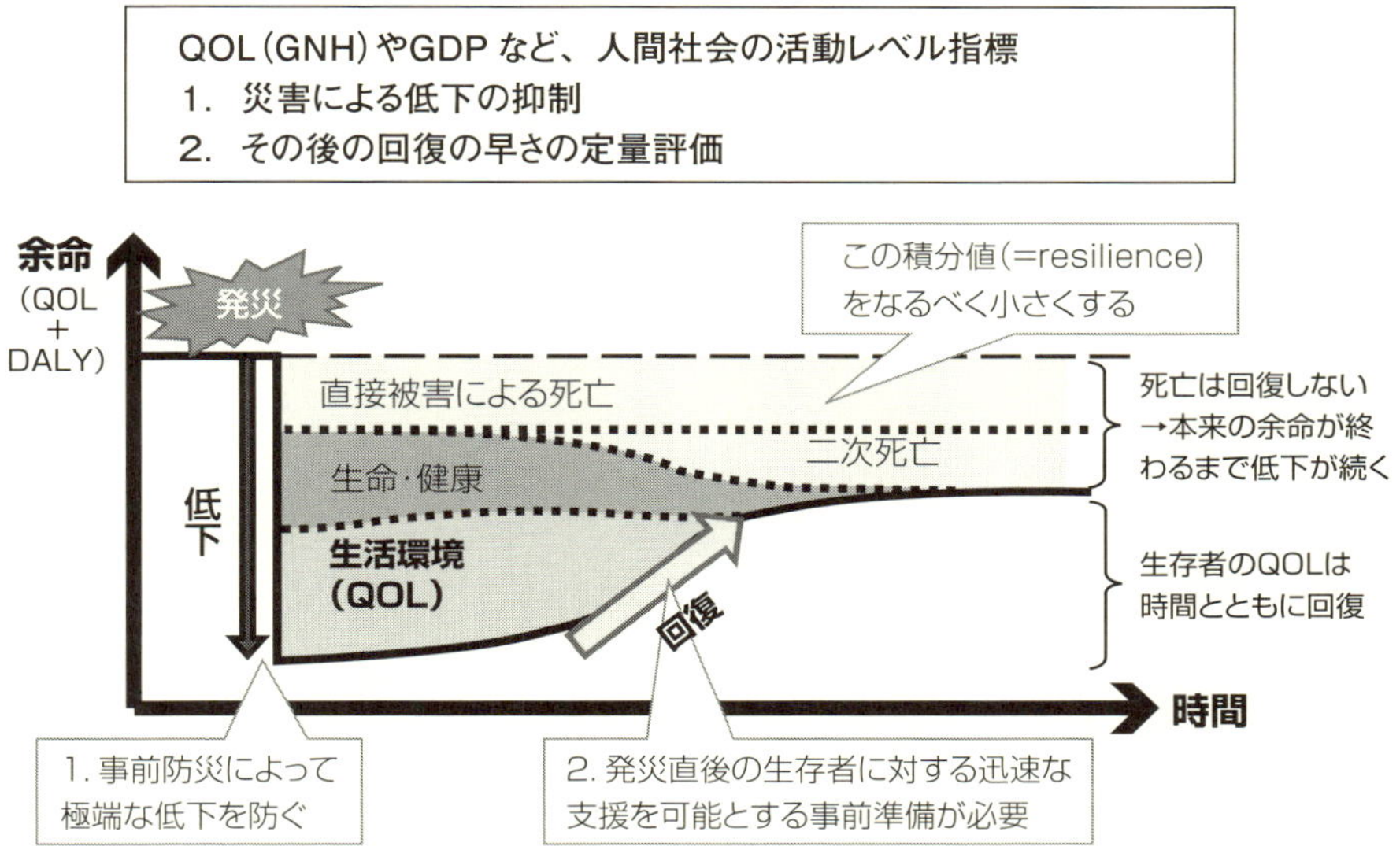

図２　震災後のQOL水準の変化とResilience

価においてはＱＯＬの定量指標として点数や貨幣価値が用いられることが多いが、いち早くＱＯＬの概念が適用された医療分野では、疾病や負傷によるＱＯＬ低下を「障害調整生命年」（Disability Adjusted Life Year: DALY）で表現することが一般に行われている。これと同様に、生活水準の低下についてどの程度の余命短縮にあたると感じられるかという「生活の質により調整された生存年数（Quality Adjusted Life Year: QALY）」を用いることで、ＤＡＬＹとの加算ができ、死傷と生活水準低下を合わせたＱＯＬとして扱うことができるようになる。

第４章４節で東日本大震災による被災地住民のＱＯＬ低下状況を説明したが、ＱＡＬＹを用いた定量化にはまだ至っていない。その算出においては、ＱＯＬを構成する各要素がそれぞれＱＡＬＹにどの程度影響するかを明らかにする必要があるが、その値は人によって異なる「価値観」そのものである。ただし、個人属性が近いと価値観もある程度似通ってくると考えられる。例えば、年齢はＱＯＬに大きな影響を与えるであろう。したがって、世代別のＱＯＬ価値観がアンケート調査等によって明らかにできれば、少子高齢化の影響を考慮したＱＯＬ指標値変化の検討も可能となる。

図2では、巨大災害発生の瞬間、QOLが平常時の水準から大きく低下し、その後少しずつ回復する様子を表現している。ただし死亡については、死者が持っていた余命が全て失われたことになるため、QOL低下は余命が尽きる時まで続くことになる。負傷や生活水準低下については徐々に回復するが、後遺症が残ったり、生活が元通りに戻らない場合も死亡と同様、余命の間QOL低下が続く。

ここでレジリエンスは、災害に伴うQOL低下の総量（積分値）の「小ささ」として定義できる。それは、発生の瞬間の低下を抑制するとともに、その後の回復が早くなることによって向上できる。

このようにして得られたレジリエンスの余命評価値（QOL低下総量）は、本来、長期的なサステイナビリティの評価値にも影響を与える。すなわち、想定される巨大災害の発生確率（頻度）とQOL低下総量が予測でき、それを住民が適切に理解していれば、この両者の積で表される巨大災害のリスク評価値を、平常時におけるQOL指標の低下要素として考慮することができる。実際には予測や理解の困難さから、このような状況はほとんど成立していないと考えられるが、予測精度の向上や結果の周知の努力によって住民の理解が進めば、巨大災害に対するレジリエンスを考慮した居住地選択や災害準備行動も促進されることになるだろう。

なお、巨大災害に対するレジリエンスを考える際には、QOL低下総量以外に、発災時のQOL低下の大きさが重要となることがある。低下が極端になる場合は、その地域が復興に至るまで相当な期間や費用を必要とするか、場合によっては再建不能となるほどのカタストロフィック（破局的）な状況である。高い確率でこのような状況が発生することが想定されるならばレジリエンスは極めて低いこととなるため、それを回避する策を検討しなければならない。東日本大震災は1000年に一度という極めて低頻度の災害であったため、リスク評価値では小さな値となってしまうが、一旦生じれば壊滅的な打撃となることから、たとえ発生確率が低くても備えておくことが必要なのかもしれない。このような低頻度巨大災害にどう対応するかも、レジリエンスを考える際には重要である。

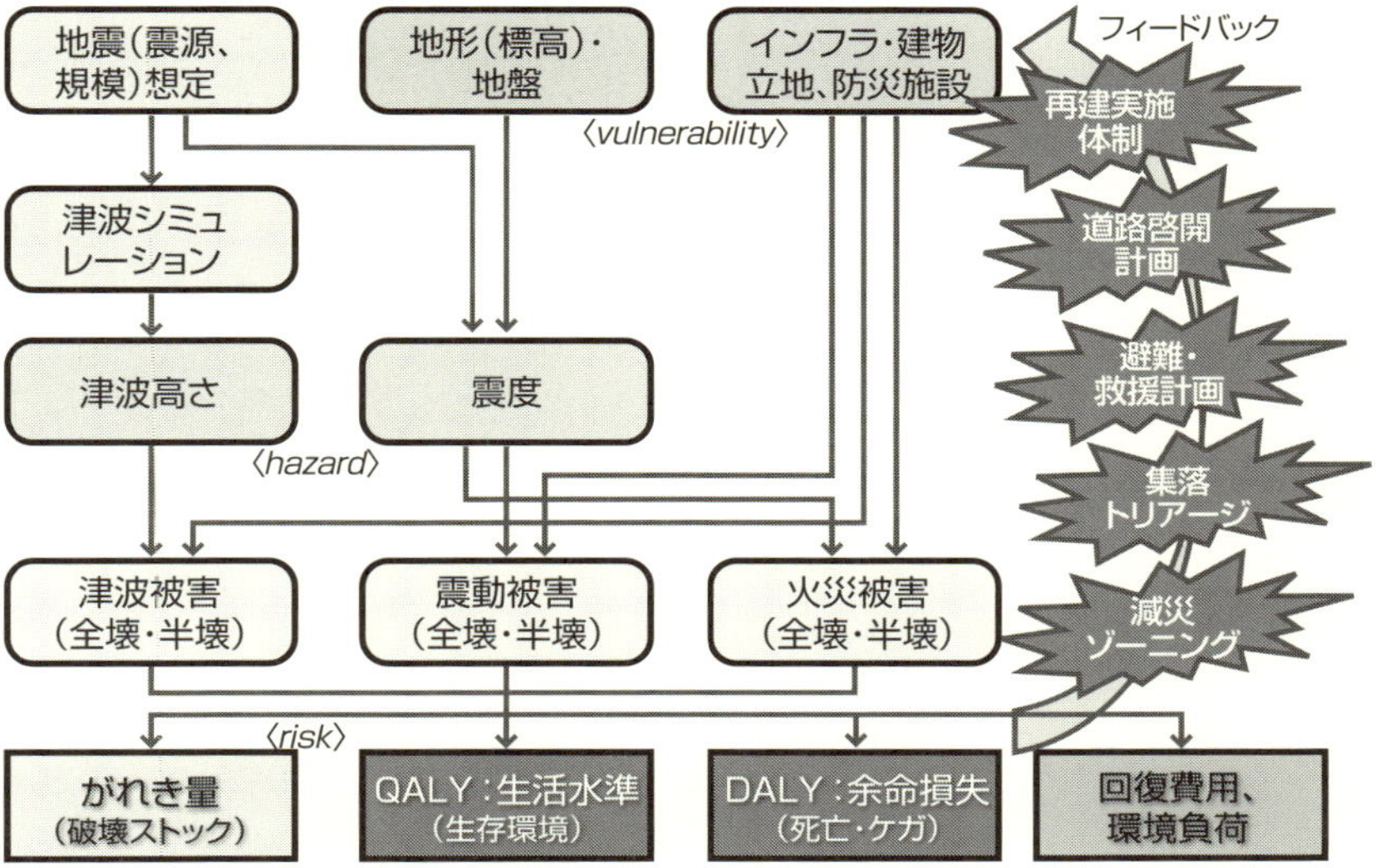

図３　地震を例としたレジリエンス検討のフレームワーク

4　レジリエンス向上策の検討方法

著者らは現在、前節で説明した巨大災害に対するレジリエンスの程度を５００メートルメッシュのような小地区単位で算定することができる空間情報システムの構築を進めている。このシステムによってレジリエンス向上策がどのように検討できるのかについて、図３に地震を例としたフローチャートを用いて説明する。

まず、想定される地震の震源・規模から、各地の地形・地盤状況を勘案したシミュレーションによって震度や津波高さが推計される。これとインフラ・建物や人の分布状況を重ね合わせ、各地の震動・液状化・火災・津波被害が死傷者数や建物被害状況として推計される。この値は死傷によるＤＡＬＹ増加と、生活水準低下によるＱＡＬＹ低下に換算され、これらを合わせてＱＯＬ低下量が算定される。この値は発災後変化する避難・救援やインフラ・建物復旧、そして道路の啓開といった状況によって変わっていき、その経時変化を追うことでレジリエンスの程度を把握することができる。同時に、インフラ・建物の破壊によって発生するがれきの量や、回復にかかる費用、発生する環境負荷の推計も可能となる。

これらの推計結果を用いて、レジリエンスを向上させるための様々な施策が検討できる。具体的には、被害が大きいと予想される地区の土地利用を制限する減災ゾーニング、避難・救援計画、通行不能となる道路を把握し、どの区間が特に全体の行き来を妨げるかを明らかにすることで啓開の順序を決定すること、被害が甚大で域内避難が不適切な地区を見つけ出し迅速に域外避難させる集落トリアージ、そして再建計画の策定といったことに、このシステムの出力結果を利用することができる。

さらにこのシステムは、事前検討だけでなく「事中」検討にも威力を発揮しうる。例えば地震災害の事前検討においては、震源・規模の想定はある程度の幅を持たざるを得ないため、その幅の中で様々なケースを設定してシミュレーションと推計を行い、その代表値、あるいは最大・最小値を示すということが一般に行われる。しかし、多数のケースをあらかじめ推計して結果を保存しておけば、実際に地震が発生した時、その震源・規模に最も近い推計ケースを取り出せば、その時にシミュレーションすることなしに、今後予想される状況やそれに対応して行うべきことなどをある程度知ることができる。これによって、調査や避難・救援活動がより効率的に行える可能性がある。

このシステムは、水害など他の災害にも同様に適用可能である。今後システムの開発と、分析に必要な各種空間情報の収集を進め、ビッグデータを活用した巨大災害に対するレジリエンス向上のための国土デザイン検討への適用を急ぐ予定である。

［加藤博和・林良嗣］

参考文献

（1）林良嗣・土井健司・加藤博和編著（２００９）『都市のクオリティ・ストック―土地利用・緑地・交通の統合戦略』鹿島出版会

（2）加知範康・加藤博和・林良嗣・森杉雅史（２００６）「余命指標を用いた生活環境質（ＱＯＬ）評価と市街地拡大抑制策検討への適用」土木学会論文集D Vol.62、No.4、pp.558-573

3 災害アセスメントの提案

1 はじめに

前節において、レジリエントな国土のデザインを支援する空間情報システムとして、レジリエンスの程度をQOL指標で表現する方法を示し、それを用いて災害の事前や事中においていかに活用するかについて説明した。それを踏まえて、本節ではレジリエントな国土デザインを検討するための枠組みを図1のように提示する。

まず、レジリエンスの程度は、津波を例にとれば、防潮堤などのインフラの整備度合と、影響を受けやすい土地利用からどれほど転換できるかの掛け算で決まる。ここではこの両者をまとめてハード対策と呼ぶ。

一方、各地域がどの程度の災害に対して十分なレジリエンスを保ちうるかを示す指標として「レジリエンス度」を定義しておく。レジリエンスについては前節のQOL指標による定義が利用できるが，ここではより簡単な設定例として、1000年で1回程度の津波（レベル2）が来ても死者が出ないレベルをレジリエンス度A、100年で1回程度の津波（レベル1）が来ても死者が出ないレベルをレジリエンス度B、さらに30年で1回程度の津波が来ても死者が出ないレベルをレジリエンス度Cと定義する。そして、ある沿岸地域では現在のレジリエンス度はCであるため、2050年を目途にレジリエンス度Aを達成したいという目標を設定することとする。しかし、2050年まで努力してもハード対策だけではレジリエンス度はCからBにしか上げられない見込みであるとする。この場合、レジリエンス度Aを達成するためには、避難誘導や継続的訓練といったソフト対策で補うことが必要となる。

ここで重要なのは、ハード対策は財政状況によって制約されるとともに、平常時の生活・生産活動に制約をもたらす場合があるために、極めて低頻度でしか起こらない災害を想定したレジリエンス度Aを確保するまで整備することは通常困難であるということである。ところが、東日本大震災でも浮き彫りになったように、レジリエンス度Bを確

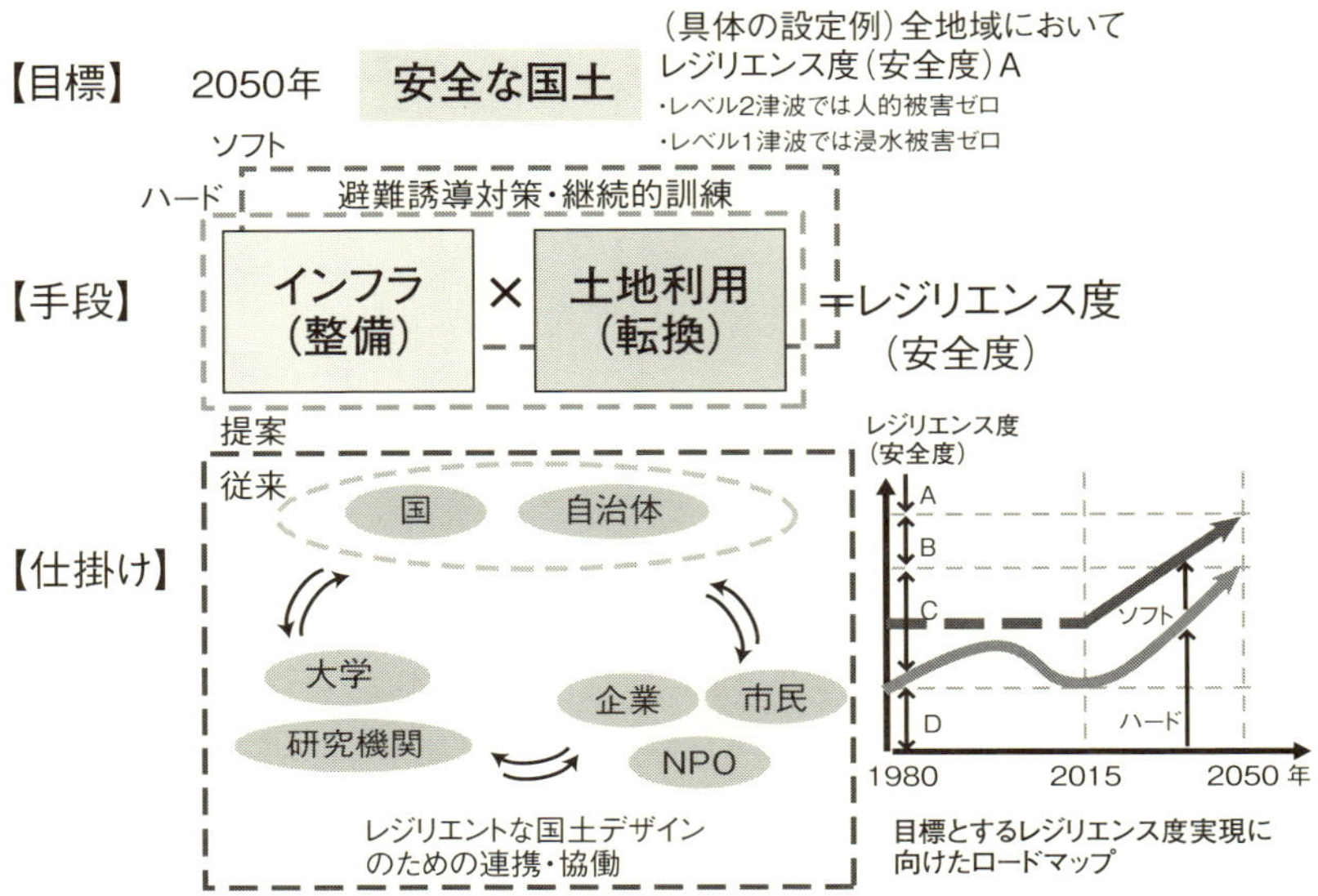

図1　レジリエントな国土デザイン検討の全体枠組み

保したハード対策を過信し、ソフト対策を怠ることによって、結果的にレジリエンス度Aに相当する災害が発生し、それに対応できないハード対策が突破されると、地域が総崩れになってしまう状況が起こりうるということである。したがって、今後のレジリエンス確保策においては、①確保すべきレジリエンス度を意識したハード対策とソフト対策のバランス、②ソフト対策を有効ならしめるための地域ステークホルダー間の連携・協働、を検討することが重要であると言える。

2　「災害アセスメント」の概要

自然災害が多発する日本では、甚大な被害をもたらした東日本大震災を教訓として、インフラ整備や開発事業の計画・実施に際して、災害による影響の最小化を意識し、事業認可制度に施設の安全を確保する仕組みを付加すべきである。そこで、ここに災害アセスメントの制度化を提案する[1・2]。

災害アセスメントは、環境アセスメントに倣った新しい戦略的事業評価概念であり、あらゆる自然災害に対する緩和・適応能力を強化することを目的とする。これは、イン

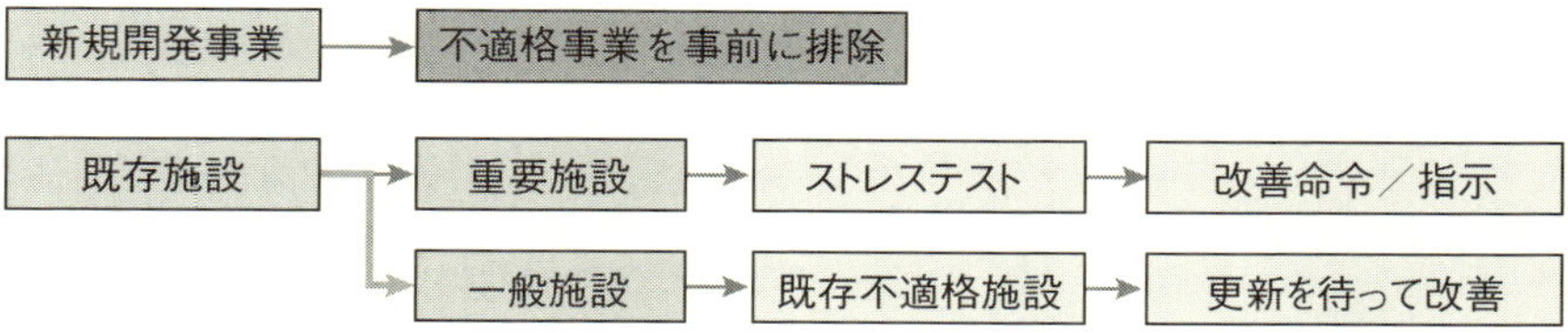

図2　災害アセスメントの流れ

フラや建築物などの各開発事業が具備すべき性能を評価・検討する「事業計画災害アセスメント」に加え、それらの機能を連携するネットワークの果たすべき機能・役割を、国土・広域圏・市町村それぞれのスケールで評価・検討する「上位計画災害アセスメント」と、開発行為（公共事業・民間事業）や既存開発地・施設を評価・検討する「事業計画災害アセスメント」の2階層からなる評価システムである。その適用によって自然災害への対策強化へ誘導する新制度の法制化を促すものとする。

災害アセスメントの流れを図2に示す。インフラや建築物の新規開発事業を対象とする場合には、地域において目標として設定したレジリエンス度を満たすか否かを事前評価する。さらに、防潮施設が連携して機能し、交通ネットワークにリダンダンシーがあることなども含めて、レジリエンス度が継続的に担保されているか否かを、対象事業が完結するまで定期的にモニターし審査する。

一方、既存のインフラや建築物に対しては、目標とするレジリエンス度を満たせない不適格施設について、その更新時を待って改善を図ることとする。ただし、公共性の高い施設（重要建造物）については、既存不適格の概念を超えて、構造物の性能を見直す「ストレステスト」を実施し、改善命令あるいは指示をする必要がある。

3　災害脆弱性評価に基づく2段階の「災害アセスメント」

災害アセスメントの構成を図3に示す。想定する外力は、地震・津波・浸水・豪雪・土砂災害・火山噴火など全ての自然災害、ならびに災害対策基本法において想定されている大事故を対象とする。各災害についてあらかじめ脆弱性を評価し、場所ごとに予測される災害の水準を

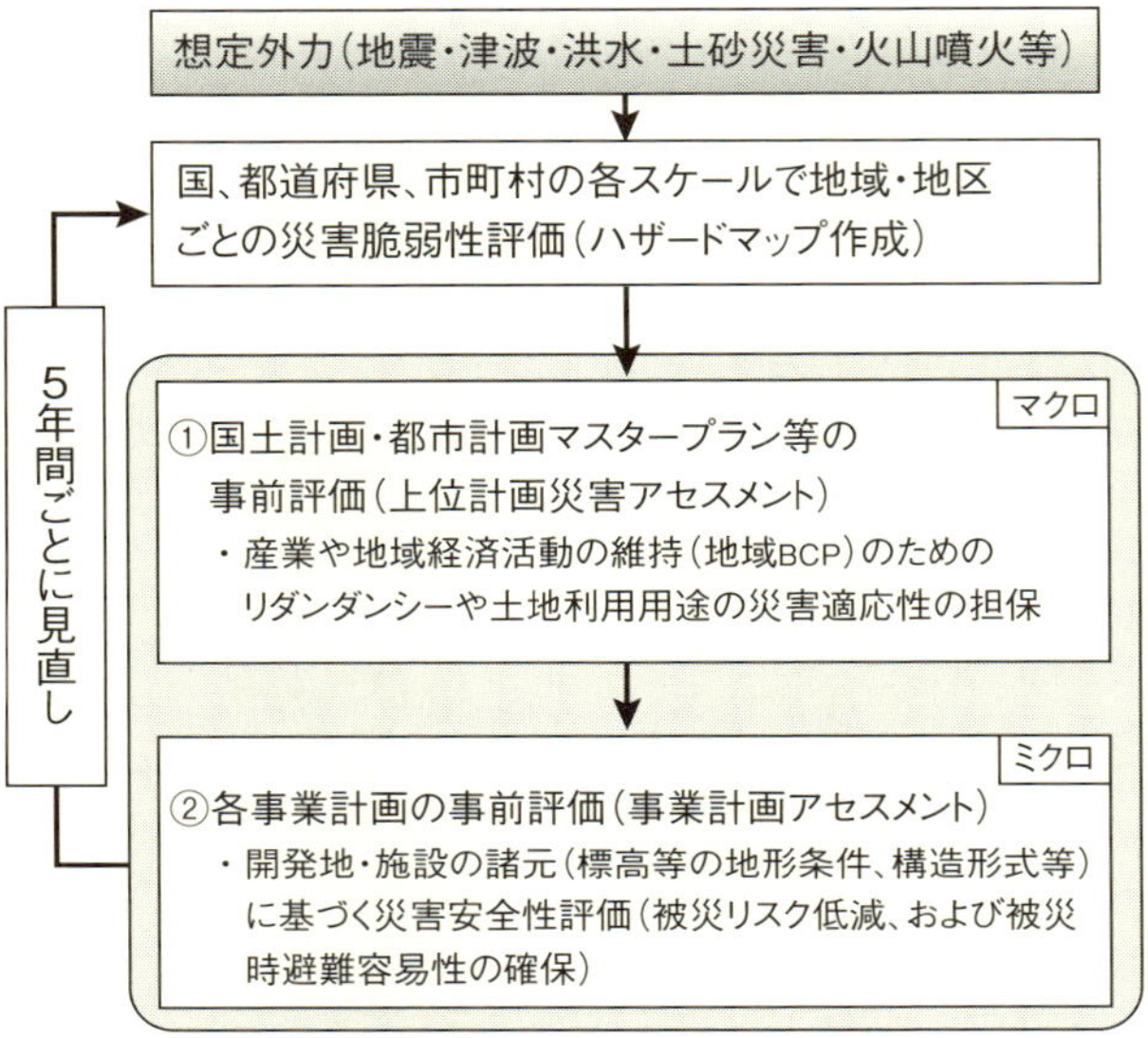

図3　災害アセスメントの２段階構成

示すハザードマップを作成しておく。このマップ情報を用いて、災害アセスメントの判定基準となるレジリエンス度が定められる。自然災害によって発生確率や想定規模が異なることに留意するとともに、複数の災害が同時発生する可能性についても、それぞれの発生確率や予想規模などから想定し、適切な対策を検討することが必要となる場合も考えられる。

具体的な手続きは、国、都道府県、市町村の各スケールで地域・地区ごとに分析される災害脆弱性評価に基づき、次の２段階から構成される。

（１）国・自治体の上位計画（国土計画・都市計画マスタープラン等の構想・基本計画段階）を拘束する「上位計画災害アセスメント」（図３の①）

（２）開発行為（公共事業、民間事業）及び既存開発地・施設を拘束する「事業計画災害アセスメント」（図３の②）

（１）の上位計画災害アセスメントは、国土計画・ブロック計画の立案、道路や鉄道などの交通ネットワーク計画の策定、都市計画区域の指定、都市計画における線引き（市街化区域の指定）・色塗り（市街化区域内の地域地区指定）など、国土・地域・都市の上位計画（構想・基本計画段階）において、自然災害の及ぼす影響についての検討と対応策の立案を義務化するものである。それを通して、道路・鉄道ネットワークの災害時における避難・救援・復旧・復興、および産業や地域経済活動の維持（地域ＢＣＰ）のためのリダンダンシーや、土地利用用途の災害適応性の担保を目論む。

一方、（２）の事業計画災害アセスメントは、道路・鉄道整備、宅地開発などの詳細な路線選定、地区の土地利用及び施設設計における地形・地盤特性、構造形式、被災者の避難施設としての機能などへの配慮義務を規定するものである。

4　「災害アセスメント」と耐津波土地利用規制の関係性

災害アセスメントに関わる土地利用規制は、関連法（都市計画法など）が既に存在するため、基本的にはこれらを準用又は一部改正を行うことで対応する。[3]それにより、レジリエンス度の低い災害高リスク地域への立地制限を強化し、インフラや建築物の新規開発と、既存開発の更新時期に合わせて立地を少しずつ変更していき、概ね30年間（注：日本の建物の平均寿命はおよそ30年であることに対応）でレジリエンス度の高い災害低リスク地域へ転換を図ろうとするものである。

災害アセスメントの評価基準設定における基本的考え方を、津波を例として図4を用いて説明する。まずレベル1の津波（レジリエンス度B）に対しては「致命的な被害をもたらす浸水深」を定義し、防潮堤などのハード対策で対応することによって浸水をそれ以下に保つことを目標とする。レベル2の津波（レジリエンス度A）に対しては、先のハード対策と併せて土地利用の適応、施設の堅牢化、避難誘導などのソフト対策を組み合わせることにより、少なくとも人命を守ることを目標とする。

具体的には、各レベルに応じて以下の対策を検討することとなる。

(1)　レベル1に対応する場合（レジリエンス度B）

レベル1の津波で被災する可能性のある地域・地区（第一種耐津波地域と呼ぶ）では、高さや強度の基準を満たす建造物の新設のみを許可する。また、この地区では既存不適格施設の地区外への移転や更新を誘導・促進するために2つの政策を適用する。すなわち、一つ目はストレステストの実施であり、二つ目は融資・補助金・税優遇制度の導入

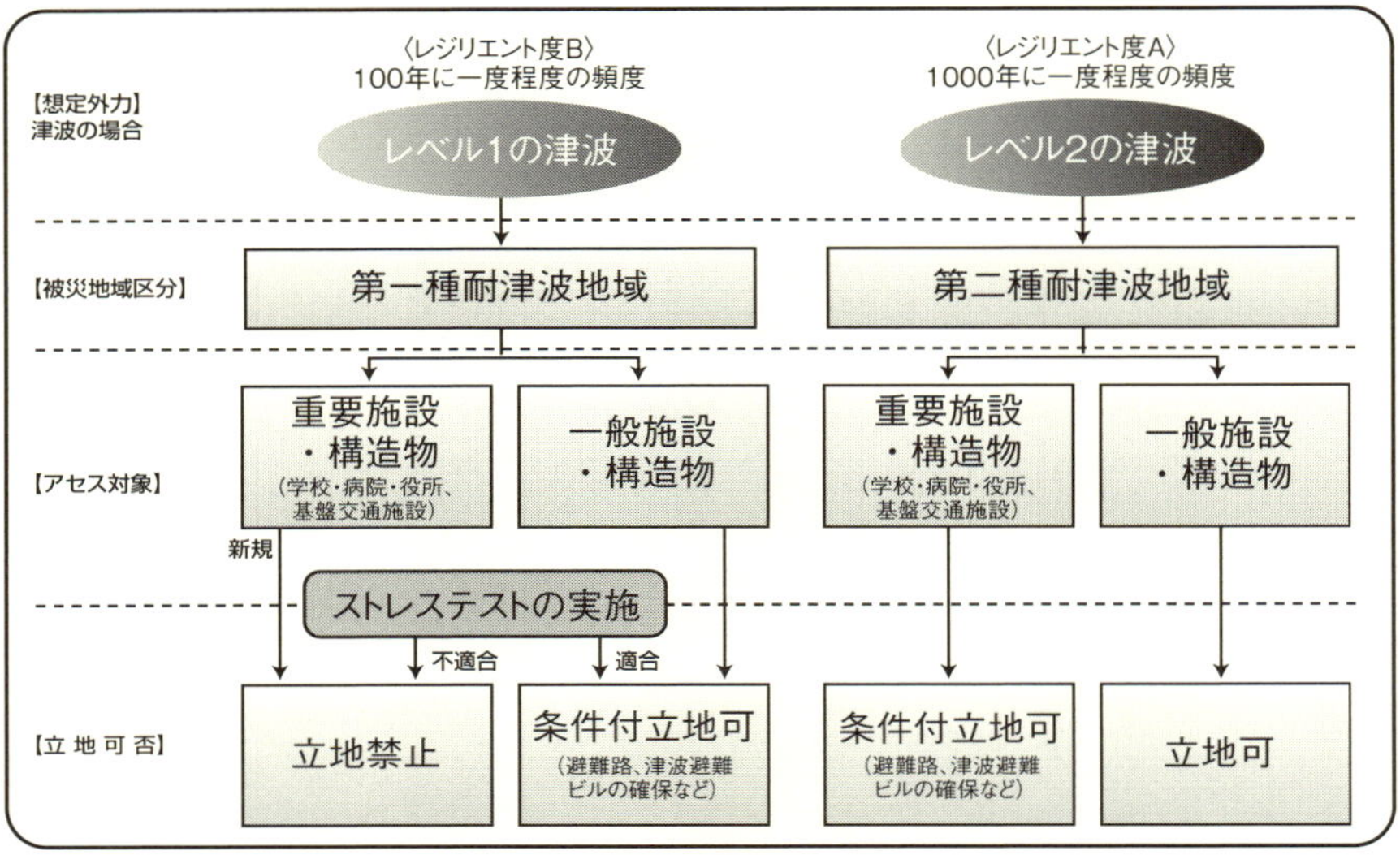

図4　事業計画災害アセスメントと土地利用規制の関係図

である。そして、学校、病院、役所などの公共施設の立地は禁止する。

(2) レベル2に対応する場合（レジリエンス度A）

レベル2の津波で被災する可能性のある地域・地区（第二種耐津波地域と呼ぶ）では、至近距離に避難建物や場所が確保されている場合についてのみ、現在建物の増改築を認める。また、津波の一時避難所として高速道路など標高の高い場所の利用も考えられ、平常時の効率化と緊急時の安全性担保の一石二鳥（Co-Benefit）を考慮することも重要となる。

ここで、津波による災害の防止効果の向上を目的とした法律として、2011年末に「津波防災地域づくりに関する法律」が施行されている。その第一条では、住民等が津波から「逃げる」ことができるよう警戒避難体制を特に整備するために、都道府県知事は「津波災害警戒区域」の指定ができるとされている。これは本提案の「第二種耐津波地域」と対応する。さらに、防災上の配慮を要する者等が、建築物の中にいても津波を「避ける」ことができるように、一定の建築行為・開発行為を制限すべき区域指定として、津波災害特別警戒区域の指定もできるとされている。これは本提案の「第一種耐津波地域」に対応する。

5　評価主体と評価項目

災害アセスメントの評価主体は、国、都道府県、または市町村であり、それらは上位計画災害アセスメント及び事業計画災害アセスメントの各段階で計画や事業の評価を行うこととなる（図5）。以下は、各空間スケールの評価主体が担う検討・評価の役割である。

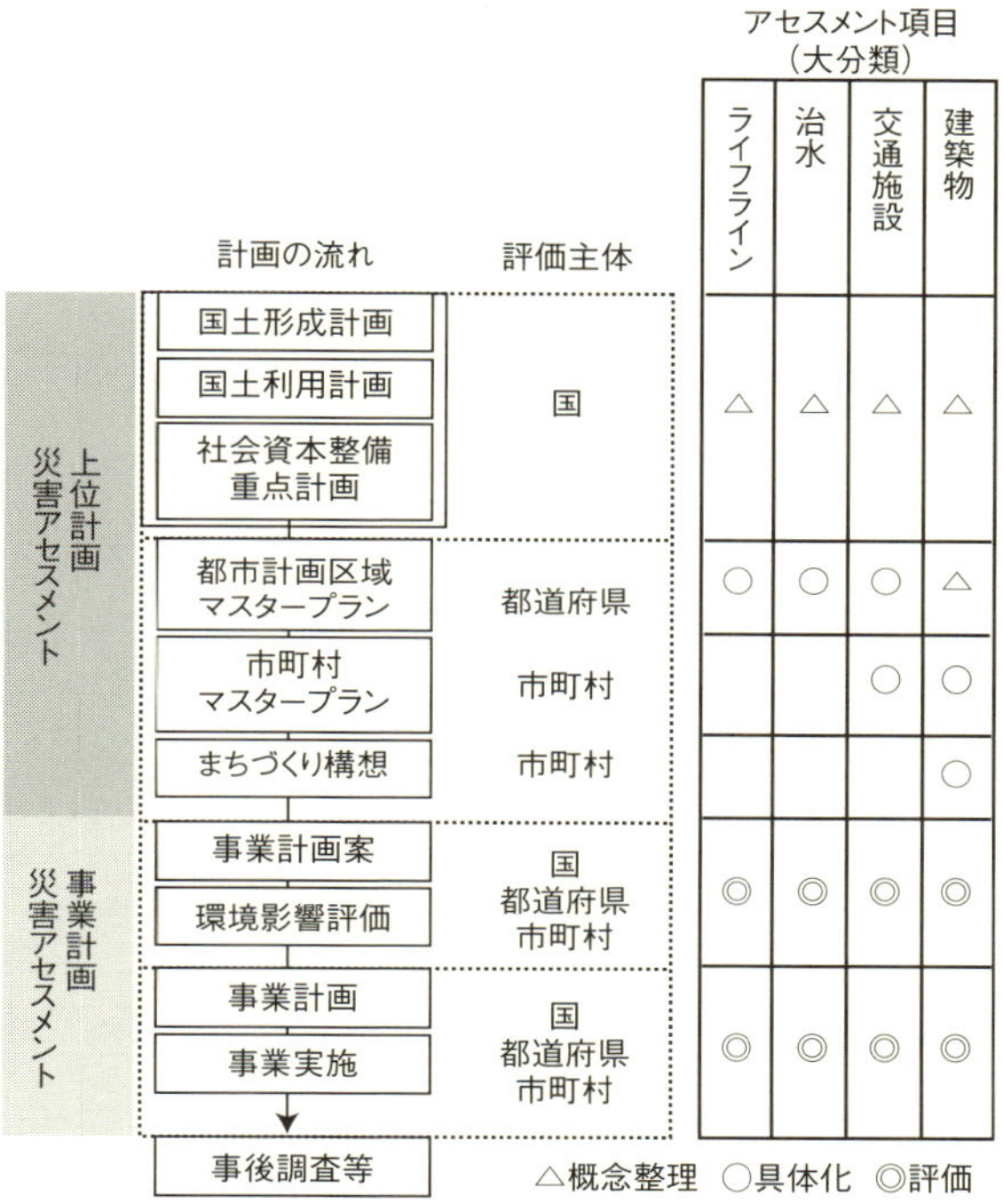

図5　災害アセスメントの評価主体と項目の関係

(a) 国　　　：国土スケールでの施策評価
(b) 都道府県：広域地方圏スケールでの施策評価
(c) 市町村　：都市・地域スケールでの施策評価、及び事業アセスメントが必要かどうかの判定

各評価主体は、当該施策等に適した評価手法・項目を開発する必要があると考えられるため、外部の専門機関への委託や、学識経験者等による委員会等を構成し意見を聴くことも考慮すべきである。

評価項目は、4つの大分類（ライフライン、治水、交通施設、建築物）と計18の小分類で構成されるものとし、災害時に各項目の施設が確保すべき機能と、それに対する改善命令／指示項目で表される（表1）。

表１　災害アセスメントの評価項目案（４分類、18小分類）

大分類	小分類	災害時の機能要件	改善命令／指示項目
ライフライン	上下水道	・被災からの復旧期間 ・他地域からの補給確保（○日以内）	・構造性能 ・危険区域の回避（断層・軟弱地盤等） ・危険因子の改良（地盤改良等）
	電気・ガス		
	通信		
治水	ダム・堤	・決壊による下流地域への洪水防止	・立地、高さ、強度
	堤防・水門	・洪水防止	
	放水路		
交通施設	道路	・道路（盛土）が有する防災・減災機能 ・被災地に対する迅速な支援 ・被災後の産業維持（サプライチェーン確保）	・構造性能 ・危険区域の回避 ・ネットワークの強靭化 ・リダンダンシー確保 ・利用に関する災害時の規則強化・規制緩和
	鉄道		
	空港・港湾		
建築物	住宅	・大型：自身が災害時避難所となりえる ・小型：逃げられる	・避難路の整備 ・大型：自身が災害時避難所となりえる機能・強度（立地制限・最低階高制限・構造性能）
	オフィス・商業施設	・災害時避難所となりえる	・危険区域の回避 ・災害時避難所となりえる機能・強度
	工場	・主要サプライチェーンの維持	・工場施設の強度 ・危険区域の回避
	病院	・災害時の防災拠点・避難所になる ・自治機能の確保 ・被災者救援機能の確保	・構造性能 ・危険区域の回避 ・土地利用状況を考慮した立地
	学校		
	官公庁舎		
	駅・空港	・緊急時に避難場所になる ・被災者救援機能の確保	・危険区域の回避 ・災害時避難所となりえる機能・強度
	文化施設（図書館等）		
	寺院・神社・教会		

なお、災害アセスメントの制度的枠組みは、単独での制度化もありうるが、基本構造は環境アセスメントにほぼ対応していることから、現行の環境アセスメントの制度[4,5,6]の中に災害評価項目などを付加的に組み込むことも考えられる。

6　おわりに

本節で提案した災害アセスメントは、災害に対してレジリエントな国土をつくりあげていくために有効な制度である。この制度が導入されると、防災施設による緩和策（津波に対抗する防潮堤の構築）と、土地利用による適応策（高台移転や低地かさ上げ）との連携バランスが同時に評価され、従来の部門別個別施策実施が地域の安全を損なった欠陥を克服することにもつながる。新規開発が防災水準を満たすようになり、また既存開発施設が既存不適格規定により次の更新時に着実に低災害リスクの施設へと生まれ変わる。さらには、重要施設に関してはストレステストが実施され、不適格な場合には必要な更新投資がなされることを期待する。

今後、この災害アセスメントの制度化とともに、想定外力を踏まえて土地利用規制の種別を判断できるデータベースの構築、アセスメントを実行するための体制などを検討していくことも必要となる。

［林良嗣・三室碧人］

参考文献

（1）中村英夫（2012）「巨大災害と国土政策」日本学術会議連続シンポジウム
（2）林良嗣・大石久和・藤本貴也・斉藤親（2012）「災害アセスメント制度の提案」土木学会誌、2012年4月号
（3）中央防災会議（2011）「過去に行われた建築規制と現在の建築基準法による措置」内閣府中央防災会議東北地方太平洋地震を教訓とした地震・津波対策に関する専門調査会第6回会合資料4、2011年7月31日
（4）環境省（2009）「環境アセスメント制度のあらまし」環境省総合環境政策局環境影響評価課
（5）環境省（2007）「戦略的環境アセスメント導入ガイドライン（上位計画のうち事業の位置・規模等の検討段階）」環境省総合環境政策局環境影響評価課
（6）田中充（2008）「戦略的環境アセスメント制度の動向と運用の課題」環境影響評価情報支援ネットワーク平成20年研修資料

4 QOLを高め地域創生を実現するための制度的課題――スマート・シュリンクの推進

スマート・シュリンク（Smart Shrink）とは、持続可能な地域の形成を目指す成長管理を意味するスマート・グロース（Smart Growth）の対語で、絶対的な人口減少下で住民の生活の質（Quality of Life：QOL）を維持・向上していくための地域マネージメント手法を総称する概念である。地域が、積極的に公共事業や公共サービスの供給を効率化する一方、固有の特性を見出して地域間の競争力を確保するなど、「賢く、縮小していかなければならない」ということを意味している（林、2014）[1]。スマート・シュリンクは居住地をコンパクト化していくという面でコンパクトシティ政策と類似点が大きい。今後、国土のレジリエンスを確保していくためには、スマート・シュリンクにより、都市域のみならず中山間地の集落においても居住エリアの戦略的集約が必要である。本節では災害に対するレジリエンス確保の観点からスマート・シュリンク推進のための制度的課題を整理する。

1 スマート・シュリンク実現のための課題

これまでの我が国の居住地域の立地規制は、新規立地が主な対象であり、市街化区域・市街化調整区域の線引きや開発規制等による規制が有効であった。一方、既成居住地域においてコンパクト化を図るためには、既存居住者に対する働きかけが必要であるが、規制により移転させることは困難である。例えば土砂災害特別警戒区域においては、規制的措置である移転勧告を行うことができるが、国土交通省[2]によれば、2005年8月31日時点で土砂災害特別警戒区域内の住戸に対する移転勧告の事例はなく、移転が行われた事例は、移転勧告による規制的なものでなく、全て誘導策である住宅・建築物安全ストック形成事業（がけ地近接等危険住宅移転事業）が活用されたものである。このように既存居住者に対しては、規制は有効な手段ではなく、補助や助成といったインセンティブによる誘導政策が有効であるが、現時点では、既存居住者に対する補助や助成は、防災集団移転事業等には見られるものの、一般の地域においては不十分である。

熊本日日新聞（2012年11月9日、朝刊）によると、2012年の北部九州豪雨で土石流による大きな家屋被害が出た阿蘇市一の宮町の14行政区・全523世帯を対象に阿蘇市が実施した今後の住まいに関する意向調査結果（66％に当たる344世帯が回答）では、自宅が全半壊するなどした101世帯のうち半数近い46世帯が移転を希望していると回答しており、また、土地・住宅費用の補助が最も大きな課題として挙げられている。移転に対する助成措置の重要性がみてとれる。

災害に対するレジリエンス確保の観点からのスマート・シュリンク実現のためには災害危険地域からの移転が不可欠であるが、その実現のためには前述のとおり、補助や助成が財政的に成立しうるかが重要な論点となる。

2　スマート・シュリンク推進の現状

今後の人口減少と国家財政の逼迫を踏まえると、地方公共団体の財政は一層厳しくなっていくと考えられる。さらに、現状の土地利用・居住パターンを継続してゆけば、インフラ等の維持費用はあまり削減されず、これらが重荷となり地方財政は一層悪化すると考えられる。このため、これまでも2007年7月の社会資本整備審議会第二次答申[3]など、コンパクトシティ政策等で、市街地のコンパクト化を図る動きがあった。

国土交通省のまち再生事例データベース[4]をみると、コンパクトシティ政策は日本では主に東北、北陸といった豪雪地域で実施されている事例が多い（表1）。例えば、青森市除排雪事業実施計画[5]によれば、青森市においては年間の除雪費用は土木関係維持管理費用の2倍以上にも上り、大きな財政負担となっており、市街地のコンパクト化による除雪費用の効率化は喫緊の課題である（図1）。これを考えると除雪費用が大きい地域においてはスマート・シュリンクの財政的、経済的合理性は成立する可能性が高い。

表１　コンパクトシティ政策を実施している自治体の例

自治体	政策概要
青森市（青森県）	コンパクトシティの戦略的な実現
鶴岡市（山形県）	コンパクトシティの計画と実践
富山市（富山県）	LRTが走るコンパクトなまちへ
佐世保市（長崎県）	集中的都市施設整備とイベントで中心市街地の再活性化
芳賀町（栃木県）	町の内外の人々の交流促進によるまち再生
北見市（北海道）	都市機能再配置でコンパクトシティへ
由利本荘市（秋田県）	産学共同と住民自治でまちづくり
秋田市（秋田県）	条例による郊外開発の抑制

出典：国土交通省都市・地域整備局「まち再生事例データベース」を基に作成

一方、２０１２年度に成立した、都市の低炭素化の促進に関する法律（エコまち法）は、明示的に居住地域の集約化を謳った法律である。エコまち法による低炭素まちづくり計画を作成した自治体は、２０１４年11月１日現在16自治体にとどまっており[6]、現時点では大きな広がりは見せていない（図２）。これらを見ると、地方公共団体にとって、居住地域の集約化を進めるためには、財政的なメリットなど、具体的なメリットがなければ困難であると考えられ、次項以降、地方自治体や住民にとって、どのようなインセンティブがあり得るかを検討する。

３　地方自治体の財政面からのインセンティブ

スマート・シュリンクを進めていく行政主体は市町村である。現在多くの市町村が財政負担の軽減を目的として公共施設の集約化に取り組んでいる。これらをさらに促進することが重要である。

現在我が国ではほとんどの市町村は財政の多くの部分を国からの交付金等に依存している。地方への財政支援は、平常時においては普通交付税が主なものとして挙げられる。この現状の制度が、スマート・シュリンクを促進することに資するかを検討する。

普通交付税は次の式により算出される。

普通交付税額＝（基準財政需要額－基準財政収入額）＝財源不足額

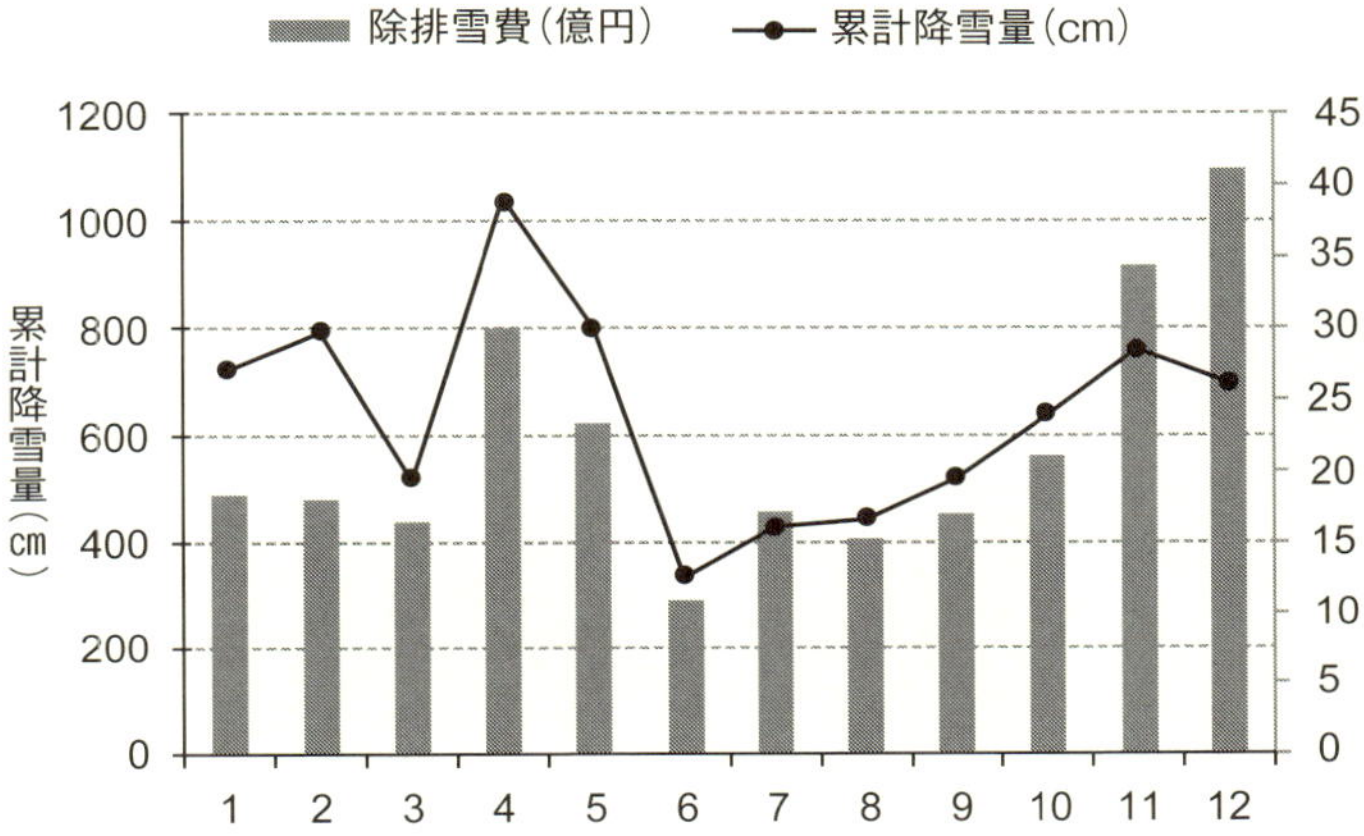

図1　除排雪経費と累積降雪量
出典：青森市除排雪事業実施計画(2013)を基に作成

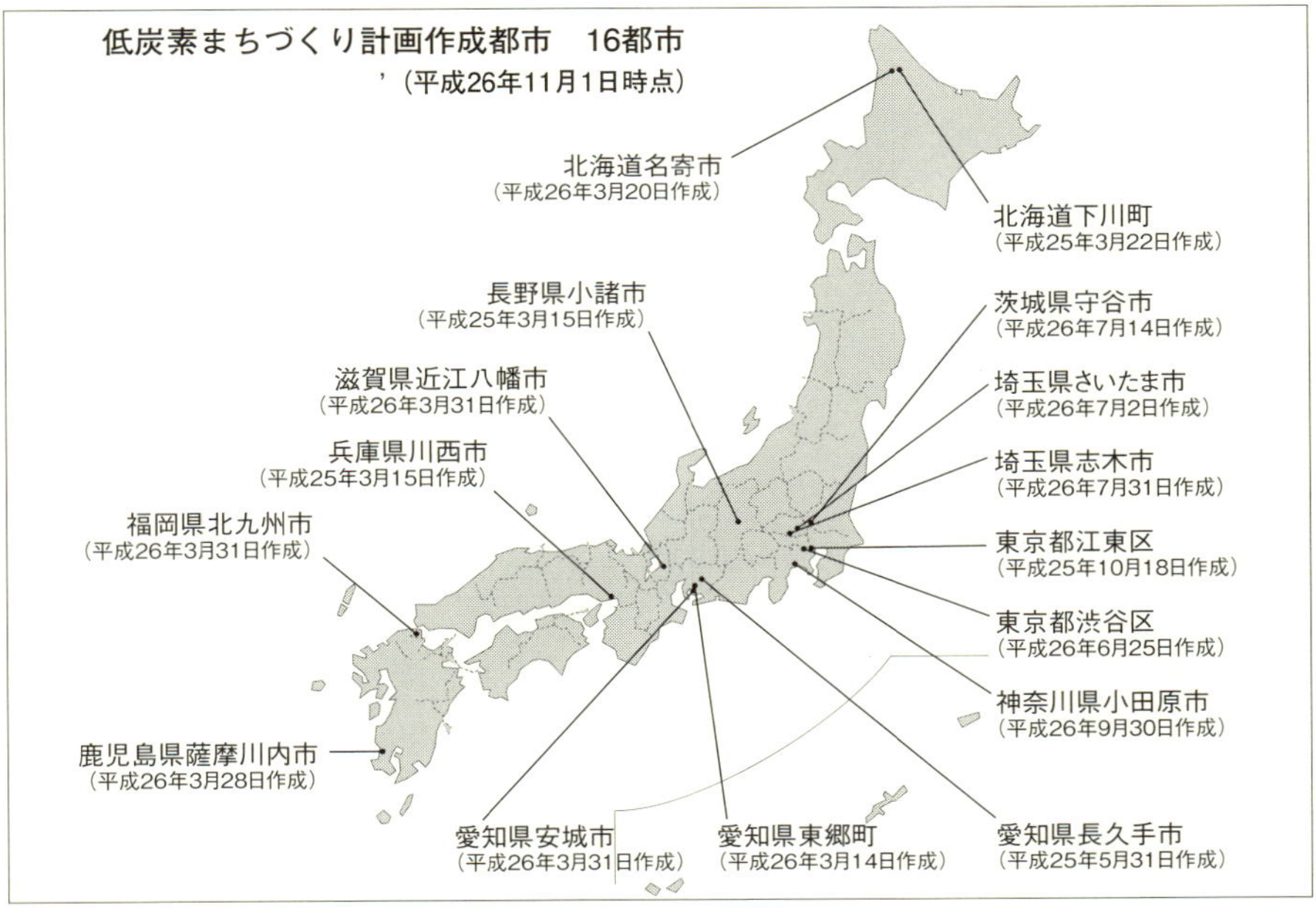

図2　エコまち法に基づく低炭素まちづくり計画作成状況
出典：国土交通省「低炭素まちづくり計画作成事例」

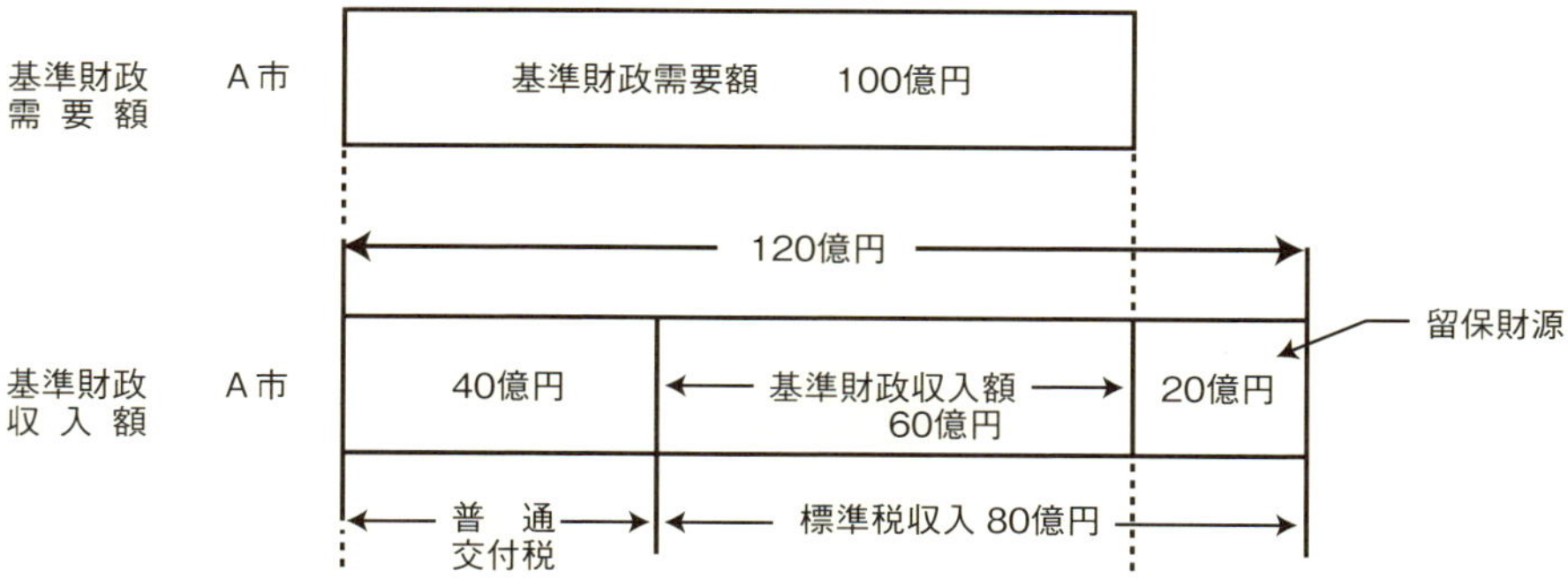

図3　普通交付税の仕組み
出典：総務省「地方公布税制度の概要」

表2　基準財政需要額の算定項目と測定単位（土木費、教育費の市町村分）

項目		測定単位	項目		測定単位
土木費	道路橋梁費	道路の面積	教育費	小学校費	児童数
		道路の延長			学級数
	港湾費	係留施設の延長（港湾）			学校数
		外郭施設の延長（港湾）		中学校費	生徒数
		係留施設の延長（漁港）			学級数
		外郭施設の延長（漁港）			学校数
	都市計画費	都市計画区域の人口		高等学校費	教職員数
	公園費	人口			生徒数
		都市公園の面積		その他	人口
	下水道費	人口			幼稚園の幼児数
	その他	人口			

出典：総務省「基準税制需要額（3）算定項目と測定項目（平成24年度）を基に作成

このなかで国土管理と密接に関わるのが基準財政需要額であるが、図3に示すとおり、基準財政需要額が大きいほど普通交付税の額が大きくなることがわかる。

基準財政需要額は、道路延長や学校数といった各行政項目別にそれぞれ設けられた測定単位を基に算出される。それら項目と測定単位の例を表2に示す。

表2を見ると、土木関係では道路延長等アセットが大きいほど、教育関係でも学校数等アセットが大きいほど基準財政需要額が大きく算出されることになる。都市のコンパクト化や小さな拠点形成の実現には、既存アセットの整理統廃合などが必要である。一方で、既存アセットの縮小は、現在の制度では基

準財政需要額の減少、すなわち普通交付税額の減少をまねきかねず、市町村にとって普通交付税面でのインセンティブになりえていないのが現実である。

国土交通省は「都市構造の評価に関するハンドブック」(7)を公表し、このなかの評価指標において、「公共交通沿線地域の人口密度」、「防災危険地域の人口の割合」、「市民一人あたりの行政コスト」等を挙げ、都市のコンパクト化、小さな拠点形成に高い評価を与える考え方を示している。

都市のコンパクト化やスマート・シュリンクは、既存住民にとっては人気のある政策とはいえず、市町村にとっても明示的なインセンティブがなければ推進することが困難なことは、これまでの都市のコンパクト化の進捗をみても明らかである。今後、都市のコンパクト化やスマート・シュリンクを進めてゆく上で、地方財政の面からも支援策が求められる。

4　災害復旧の観点からのスマート・シュリンク推進のインセンティブ

災害時の地方自治体支援として災害復旧の国庫補助制度がある。災害復旧とは、台風、豪雨、地震などの自然災害により、道路、河川、学校などの公共施設や農地・農業用施設が被害を受けた場合、被災した施設や農地等の復旧を行うもので、国により直轄事業で行われるものと、地方公共団体が国からの補助を受けて行われるものがある（一部鉄道等民間事業者が行うものもある）。

国土交通省(8)によれば、災害復旧事業における国庫負担は、通常の事業より高い3分の2と手厚いものであり、また交付税措置等により、実質的な国の負担は98・3%との試算もある。これは補助率が2分の1の場合の一般公共事業の実質的な国の負担（60%）と比較すると約1・6となる（図4）。

これまで災害に対する復旧は、国からの手厚い財政支援が行われてきたが、今後ますます厳しくなると予想される国家財政を考えると、『……我が国の被災者支援は「国は財政破綻しない」ことを前提としてきた。しかし、大規模

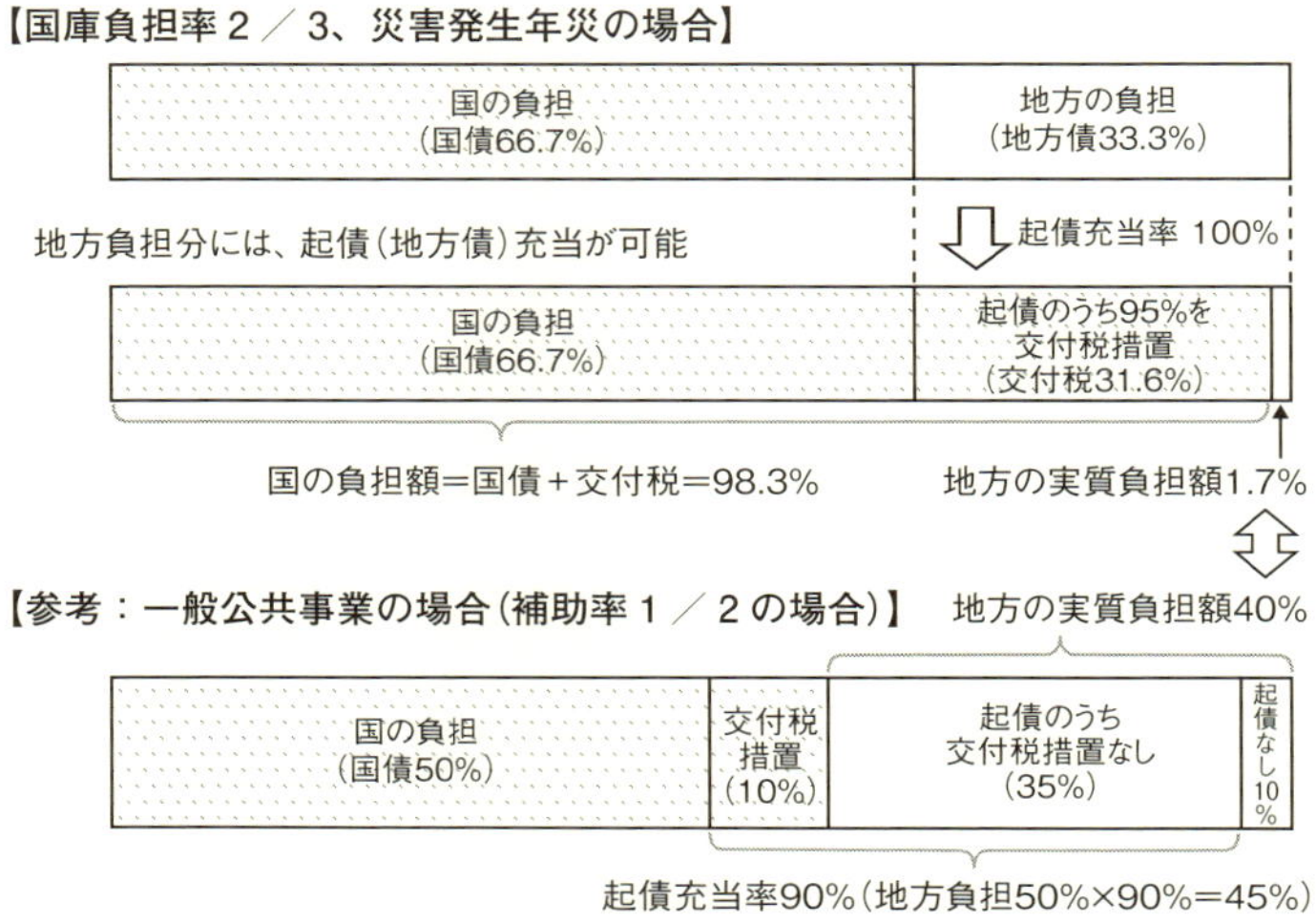

図４　災害復旧における高率な国庫負担

出典：国土交通省「災害復旧事業（補助）の概要」を基に作成

災害に際しては、国が無制限に財政負担を負うことは不可能な状態にある。……』（佐藤ら[9]、２０１２）との指摘がある。

今後高齢化や地域経済の縮小が進めば負担力の低下は避けられず、ひとたび大災害に見舞われた際に、国からの手厚い支援がなければ、地域全体が「突然死」することもありうる。現に宮崎県北部の高千穂鉄道は民営鉄道であるため、災害復旧に当たって国からの補助が25％しかなく、２００５年の水害による復旧費用を賄うことができず廃線を余儀なくされた。仮に今後国からの手厚い財政補助が低下した場合は、財政力が弱い地方自治体などは、過大な財政負担のため、公共施設の災害復旧を実施することができず、地域の運営が不可能となる事態も考えられる。

以上の状況を考えると、土地利用や社会インフラを従前のままの状態で、災害に対するレジリエンスを確保することは、防災面でも財政面でも不可能であると言わざるを得ない。

仮にこの地方負担割合が上昇すれば、災害のたびに莫大な財政負担が地方公共団体に発生することとなる。南日本、西日本は特に豪雨災害が多く、毎年のように激甚な災害に見舞われ、その度に膨大な災害復旧費用が投じられている。公共施設等の被災額は人口に比例するものではなく、居住地の広がりに大きく影響され、今後も広い居住地を維持したままでは、災害復旧費用は低減しないどころか、大きくなる災害外力により増大していくことさえ考えられる。例えば、北部九州での毎年の災害復旧費を見ると（財務省福岡財務支局[10]）、未曾有の災害と言われた２０１２年の北部九州豪

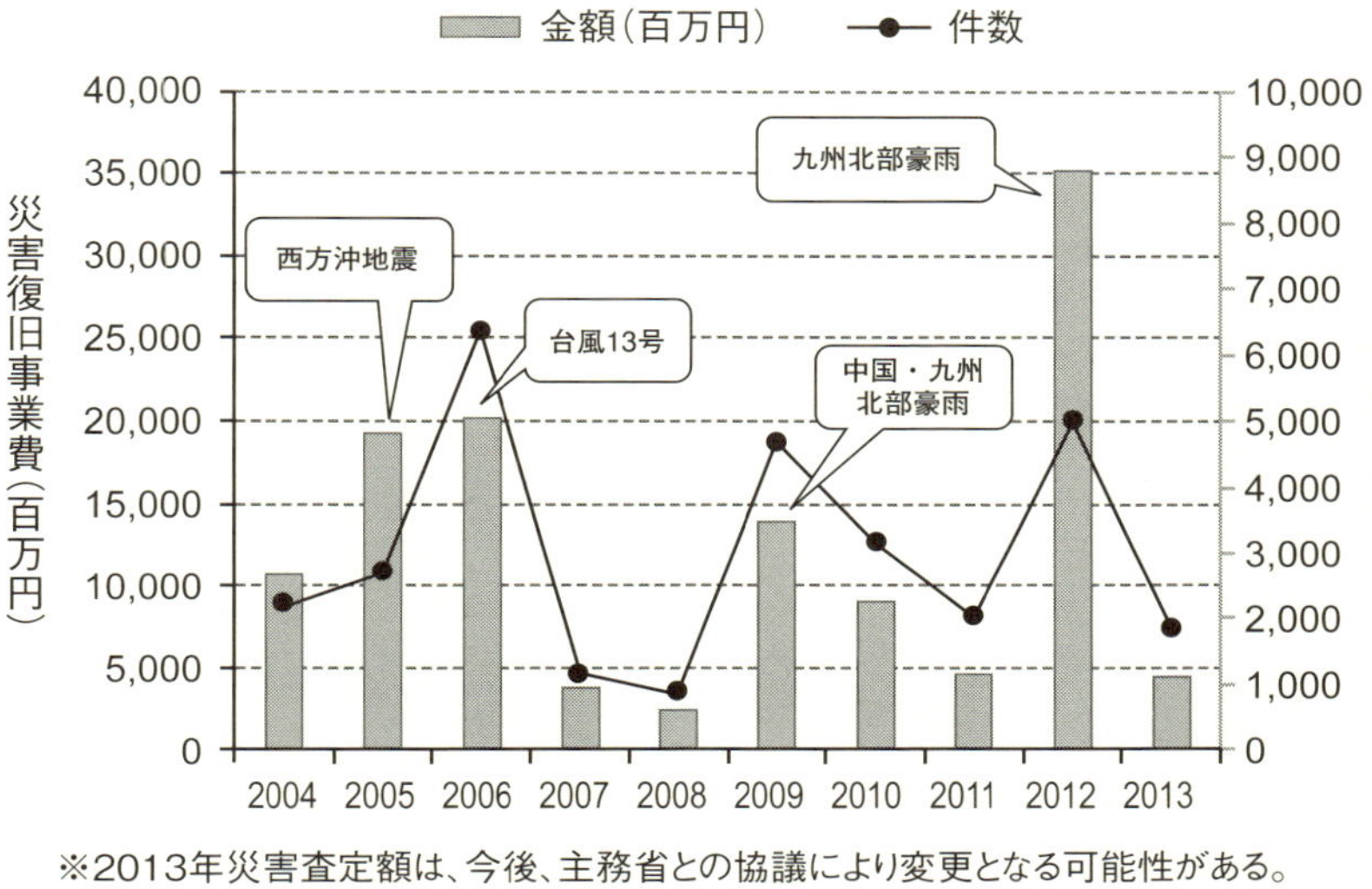

※2013年災害査定額は、今後、主務省との協議により変更となる可能性がある。

図５　福岡・佐賀・長崎県における災害復旧事業費
出典：財務省福岡財務支局「平成25年の災害復旧事業の状況について(2004)」を基に作成

雨の６割程度の被害額が生じている災害は、２〜３年に一度は発生していることが分かる。九州北部地方では、近年10年の平均で年間の災害復旧費用は土木系公共施設の維持管理費に相当するほど大きなものである（図５）。

災害復旧は原型復旧を原則としており、復旧しても、既往最大以上の降雨があれば、再度被災する恐れが高い。現在、日本各地で既往最大の降雨が多発していることを考えると、今後も多大な災害復旧費用が支出され続けることが予想される。

仮に大きな被害を受けた地域において、面的に広がる２、３世帯程度の小集落が、被災を契機に、原型復旧ではなく近傍の比較的安全である母集落へ移転することができれば、家屋を守るための渓流の復旧等は不要となり、将来継続的な支出が予想される原型復旧費用を縮減することが可能となる。このように災害復旧費に着目することにより、スマート・シュリンクによる地域の維持費用改善は、豪雪地帯だけでなく、災害多発地帯にも当てはまることが判る。さらに、縁辺部の土砂災害が頻発するエリアから、近傍の安全な母集落への移転により、防災面だけでなく商業施設、医療・福祉施設など日常生活で必要となる各種施設へのアクセスも向上し、生活の質（ＱＯＬ）を高めることもできる。

5　スマート・シュリンク実現のための災害危険地域での誘導策の検討

土砂災害等において脆弱なのは居住地域の縁辺部であり、まさにスマート・シュリンクの対象となるエリアである。これらのエリアから計画的に近傍の母集落へ移転を行うことにより、人々は災害に対する安全を確保でき、財政面では非居住地になることで将来的な災害復旧費用の削減が期待できる。

実際に土砂災害危険地区から近傍の母集落に移転することが財政的に実現可能であるかを、九州地方を対象に試算した例[11]を紹介する。ここでは、移転により削減される土砂災害復旧費用（公共土木施設、一般資産、公共土木事業）と移転により必要なくなるインフラ（市町村道、上水道、下水道）維持費用により、移転に必要となる費用（移転元での土地買収費用と移転先での住宅整備費用の補助）を賄うことができるかを試算している。試算期間は50年、将来発生する費用を現在の価値に換算するための割引率は4％としている。さらに、近傍の母集落への移転（図6）に限定する（長距離移転は考えない）。九州全域を500メートル×500メートルの大きさの地区に分割し、移転先は隣の地区に限定している（移転距離は最大でも1キロメートル程度）。これらの条件の下での試算結果を図7に示す。

移転により財政的収支が改善する地区数は全体の約18％の8264地区である。財政的収支が改善する地区は中山間部に多い。

個別の地区（500メートルメッシュ）ごとに財政的収支が改善する地区数は限られているが、これら地区の収支改善分を収支が改善しない地区に補填することを考慮すれば、九州全域で財政的収支をバランスするなかで移転可能となる地区数は1万5753となり、全地区の約35％となる。移転可能となる地区を図8に示す。

現実問題として、移転に際して基盤整備には公的資金が充てられるものの、家屋の移転費用は殆どが個人負担であり、これを個人で賄うことは困難であることが多い。このため、現在の原型復旧を原則とする災害復旧制度を改良し、

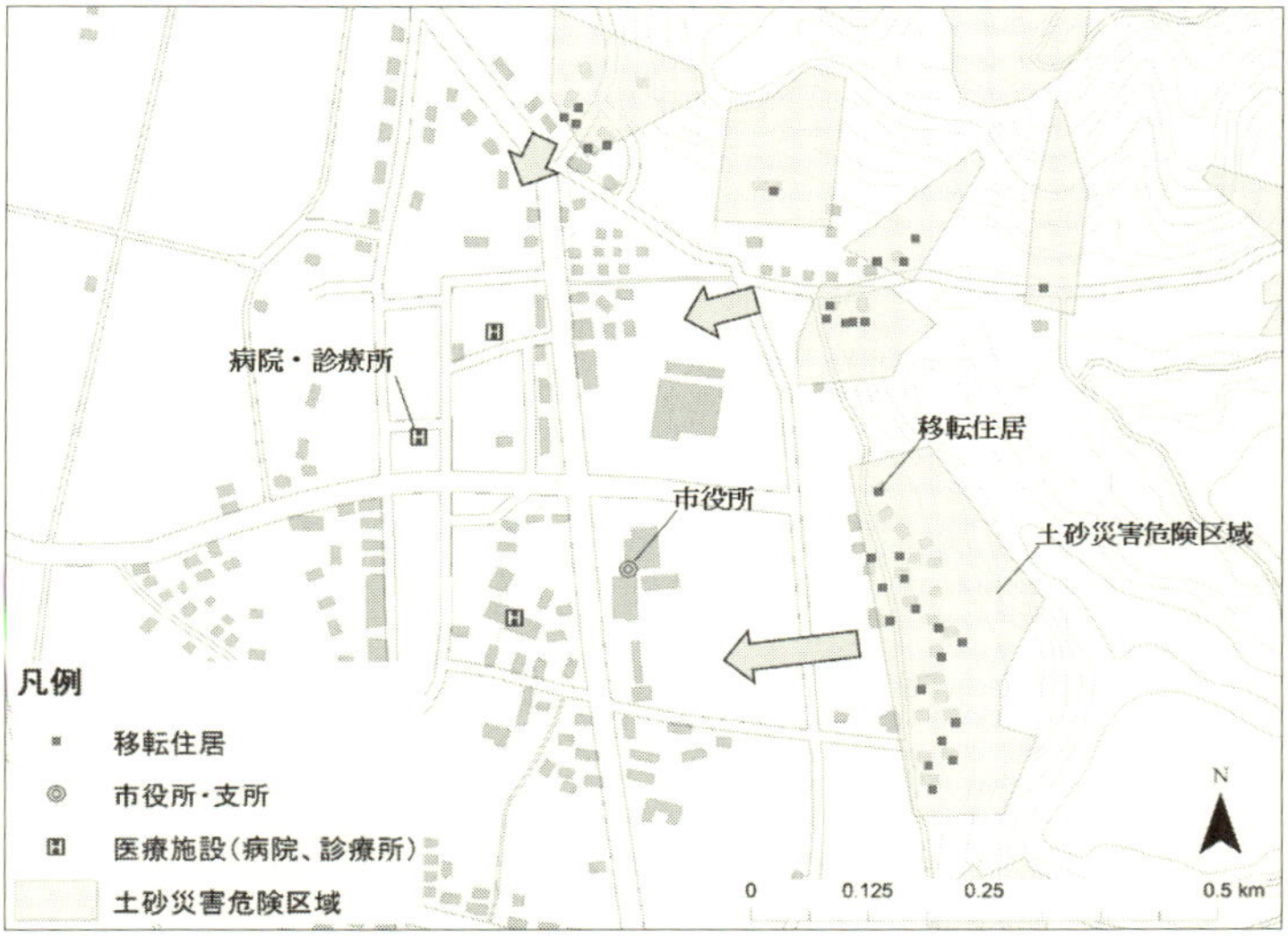

図６　近傍の母集落への移転

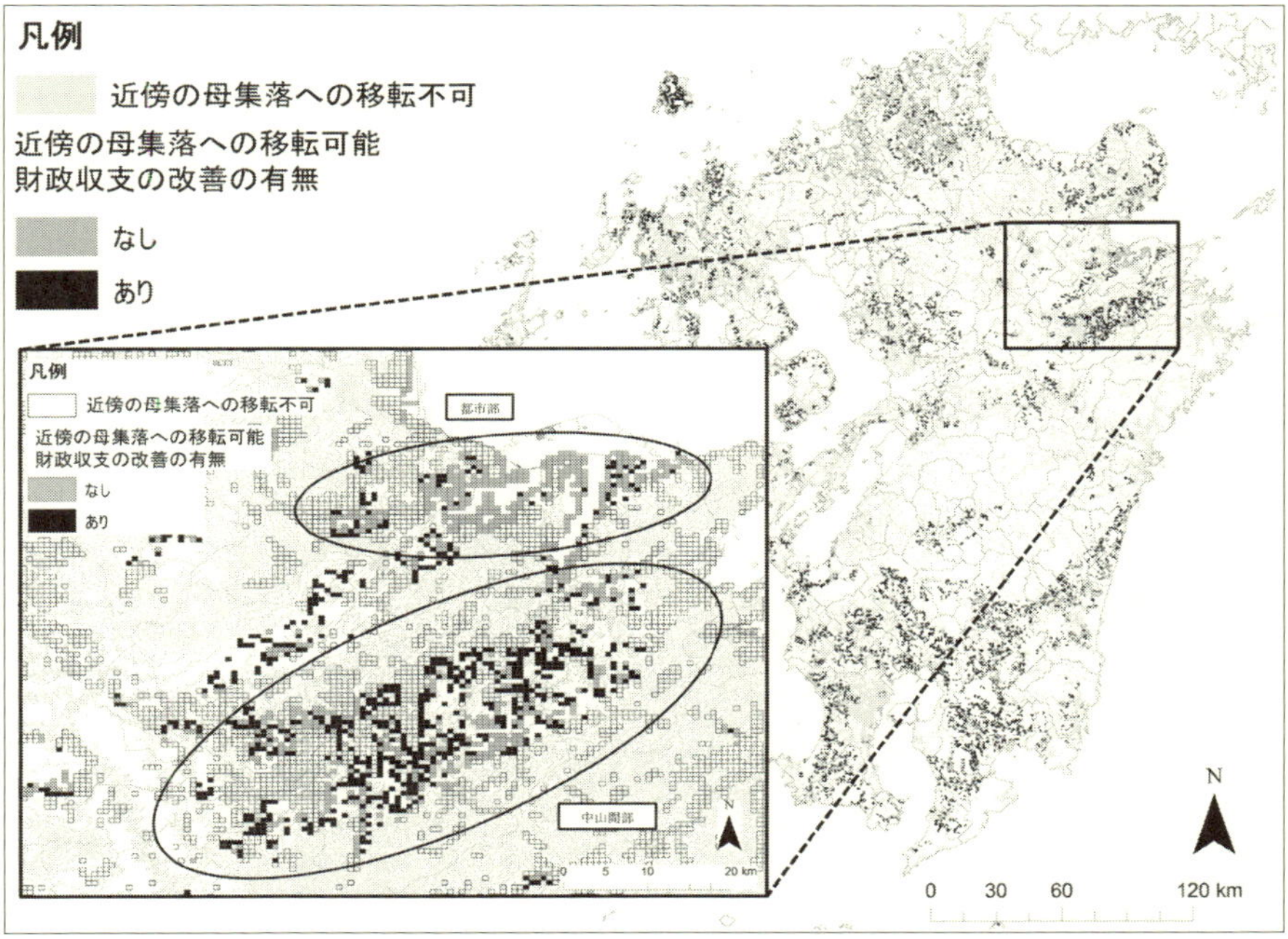

図７　近傍の母集落への移転により財政的収支が改善する地区の試算結果（個別地区ごと）

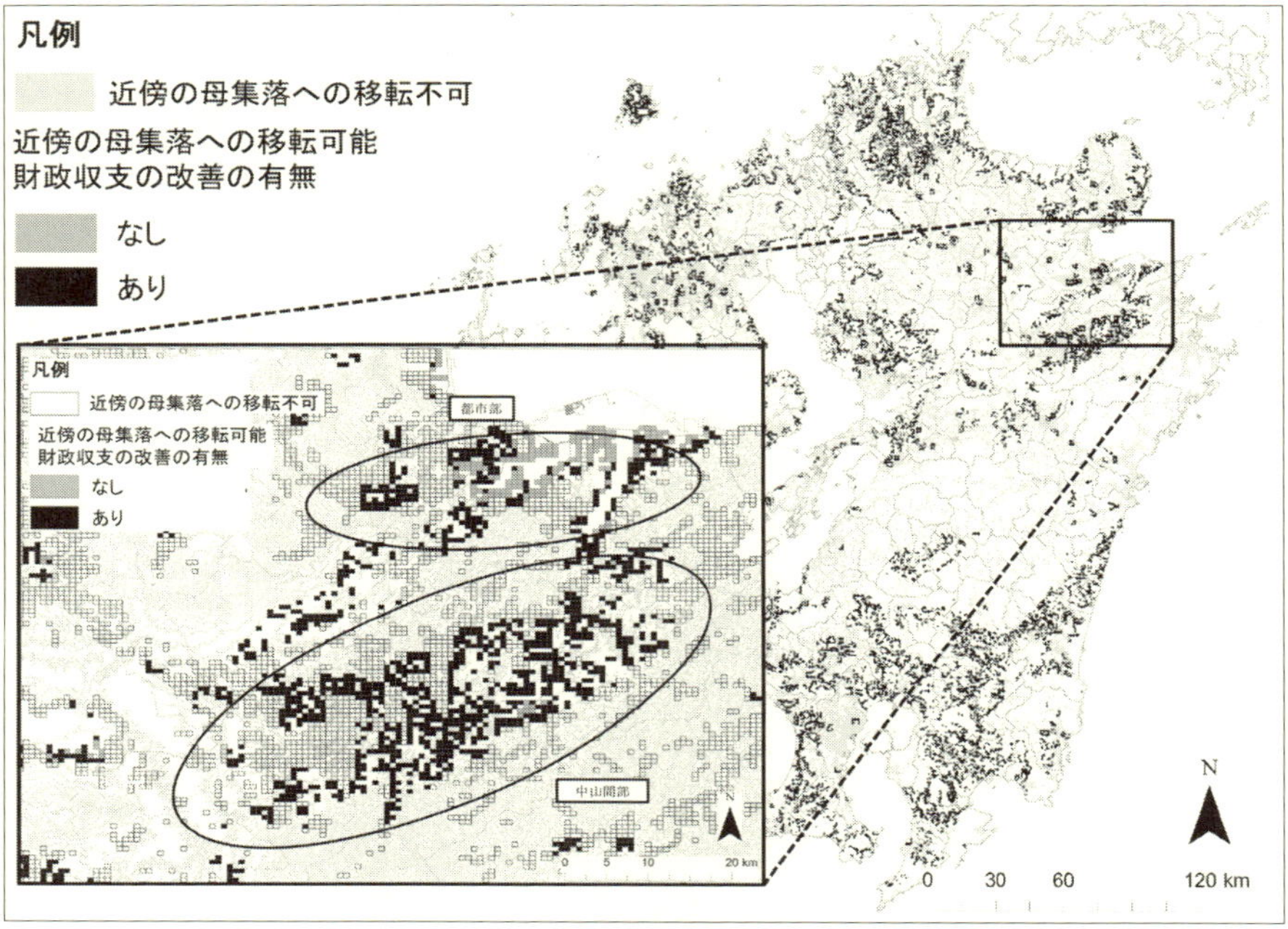

図８　近傍の母集落への移転により財政収支が改善する地区の試算結果（個別地区の収支改善分で改善しない地区を補填した場合）

居住地域縁辺部の災害危険地域からの移転を助成する制度により、スマート・シュリンクが促進することが期待される。このような状況の中、２０１４年８月１日に施行された「都市再生特別措置法の改正[12]」では、スマート・シュリンクを具体化する手法として、立地適正化計画の策定、都市機能誘導区域・居住誘導区域が設定できるようになった。これは、医療・福祉・商業等の都市機能を誘導する区域、人口減少下でも一定のエリアで人口密度を維持するために居住を誘導する区域を自治体が定め、そのための施策を講ずることができるものである。このような制度と先に述べた災害復旧制度の改良などを組み合わせ、安全な国土・地域の実現という観点からスマート・シュリンクを進めていくことが必要である。

［塚原健一・加知範康］

参考文献

（1）林良嗣（２０１４）「「ミゼラブル・シュリンク」or「スマート・シュリンク」都市生き残り唯一の戦略（講演録 岐阜市の将来のためのまちづくりを考える～「生活の豊かさ」を築くために～）」岐阜商工月報、pp.2-6、２０１４年７月

（2）国土交通省「土砂災害防止法に関する政策レビュー委員会」：土砂災害防止法に基づく施策の主な取り組み状況（資料１）、２０１２年１月 http://www.mlit.go.jp/river/sabo/dosyahou_review/03/120130_shiryo1.pdf（最終閲覧２０１４年11月８日）

（3）国土交通省都市・地域整備局：集約型都市構造の実現に向けて～都市交通施策と市街地整備施策の戦略的展開～、２００７年８月 https://www.mlit.go.jp/common/000128510.pdf（最終閲覧２０１４年11月８日）

（4）国土交通省都市・地域整備局：まち再生事例データベース http://www.mlit.go.jp/crd/city/mint/htm_doc/（最終閲覧２０１４年11月８日）

（5）青森市：平成25年度除排雪事業実施計画、２０１３年 https://www.city.aomori.aomori.jp/view.rbz?nd=2113&ik=1&pnp=116&pnp=436&pnp=555&pnp=2113&cd=1639（最終閲覧２０１４年11月８日）

（6）国土交通省：低炭素まちづくり計画作成事例（２０１４年11月１日時点）http://www.mlit.go.jp/toshi/city_plan/eco-machi-case.html（最終閲覧２０１４年11月８日）

（7）国土交通省：都市構造の評価に関するハンドブックの策定について（平成26年８月）http://www.mlit.go.jp/toshi/tosiko/toshi_tosiko_tk_000004.html（最終閲覧２０１５年１月31日）

（8）国土交通省：災害復旧事業（補助）の概要 http://www.mlit.go.jp/river/hourei_tsutatsu/bousai/saigai/hukkyuu/ppt.pdf（最終閲覧２０１４年11月15日）

（9）佐藤主光・宮崎毅（２０１２）「政府間リスク分担と東日本大震災の復興財政」財務省財務総合政策研究所『フィナンシャル・レビュー』２０１２年第１号（通巻第１０８号）、pp.30-53

（10）財務省福岡財務支局：平成25年の災害復旧事業の状況について、２０１４年５月 http://fukuoka.mof.go.jp/content/000065699.pdf（最終閲覧２０１４年11月８日）

（11）梶本涼輔、加知範康、塚原健一、秋山祐樹（２０１４）「災害危険区域における集落内規模の居住地適正化の財政的実現可能性の検討」土木計画学研究・講演集、Vol.49、CD-ROM（65）、２０１４年６月

（12）国土交通省：「都市再生特別措置法」に基づく立地適正化計画概要パンフレット、２０１４年８月 http://www.mlit.go.jp/common/001050341.pdf（最終閲覧２０１４年11月17日）

あとがき

レジリエンスは、古くからある概念でありながら、これまで国土や社会を対象としては必ずしもよく理解されていなかった。２０１１年の東日本大震災は著しくレジリエンスを損なった事例であるが、ふり振り返ってみると、日本は２００４年に起こったインド洋の巨大地震津波を調査研究はしたが、明日は我が身であるとは認識してはいなかった。また、統計情報による既往最大値にとらわれ、地域の伝統知は分析対象外となって、そこに残されていた重要な教訓を生かせなかったと言えよう。

このことから本書は、この反省にも立ち、第1部では自然災害に限らず多様な喪失事例を取り上げて、その拠って立つ地域の自然現象および社会事象のメカニズムをレジリエンスの視点から統一的に理解し、レジリエンスを意識することを補助する知識ベースとしてアーカイブするプロセスを示そうとしたものである。ここでは、伝統知とビッグデータをフルに活用し、従来の数値統計だけの情報とは一線を画している。

その内容は、国内の災害だけでなく、フィリピンのスーパー台風ハイヤン、海と川の両方から常に洪水のリスクに曝されているオランダのそれへの対処、タイのバンコクが経験した道路網の超渋滞現象とそこからの脱出、モンゴルの都市化とそれに伴うコミュニティの脆弱化など、海外の著しくレジリエンスを損なった自然現象、社会事象をも含み、レジリエンスを多角的に理解いただけたのではないだろうか。

では、社会のレジリエンスを如何にして取り戻すのか？　第二部では、従来にない全く新しい方法として、ＱＯＬ評価に基づいてスマート・シュリンクさせていく国土デザインの方法を提示した。この分析では、ビッグデータを用いて、東日本大震災を地震と津波のマッピング、オンサイト情報アーカイブ、失われた建物ストックの発生、人々のＱＯＬ低下、医療施設や交通システムの被災による被害の拡大の推計をした。また、マイクロジオデータを用いて、地震時の火災延焼シミュレーション結果を提示し、災害リスクに関わる政策分析への応用を示した。

レジリエンスは地域社会の精神的な体幹筋とも言うべきものであり、それを保証できるか否かは、しなやかな国土デザインにかかっている。今日議論されている地域の創生おいても、レジリエンスは地域経済の活性化などのすべての政策の基礎に据えられるべき理念である。そのために、地域社会のレジリエンスを維持向上させるための災害アセスメントとスマート・シュリンクを実現するための制度提案も行なった。

これら本書で展開した内容により、地域社会のレジリエンスを回復改善するための国土デザインに対して、伝統知とビッグデータを用いた分析とその知識ベースとしてのアーカイブが如何に有効であるかを理解が進み、我が国および途上国の地域創生の実現の具体的手段として活用されるようになれば、誠に幸いである。

本書の刊行においては明石書店にその機会をいただき、森富士夫氏には編集に多大なご尽力をいただいた。筆者を代表して厚く御礼申し上げる。

林　良嗣

ま行

や行

ら行

わ行

た行

な行

は行

さ行

索　引

杉本　賢二（すぎもと　けんじ）　〔第２章、第４章３節〕
名古屋大学大学院環境学研究科特任講師。2010年東京大学大学院新領域創成科学研究科博士後期課程修了、博士（環境学）。専門はGISと衛星画像を用いた都市解析、土地利用と食料需給モデリング。

田島　芳満（たじま　よしみつ）　〔第２章、第３章４節、第４章２節〕
東京大学大学院工学系研究科社会基盤学専攻教授。2004年マサチューセッツ工科大学大学院土木環境工学科博士課程修了、PhD。専門は海岸工学。

谷川　寛樹（たにかわ　ひろき）　〔第２章、第４章３節〕
名古屋大学大学院環境学研究科教授。1998年九州大学大学院工学研究科博士課程退学、博士（工学）。専門は物質循環分析・評価、GISを用いた環境解析・モデリング、人間活動の物質・エネルギー代謝を計測するマテリアルストック・フロー分析。

塚原　健一（つかはら　けんいち）　〔第２章、第６章１・４節〕
九州大学大学院工学研究院附属アジア防災研究センター長、教授。九州大学土木工学科卒、建設省入省後ペンシルバニア大学地域科学科博士課程修了、Ph.D。在インドネシア日本国大使館一等書記官、アジア開発銀行政策企画官、国際協力機構シニアアドバイザー等を経て2011年より九州大学教授。日本学術会議連携会員、世界工学団体連盟水災害リスク管理委員会委員長、九州圏広域地方計画学識者懇談会委員。

松多　信尚（まつた　のぶひさ）　〔第４章１節〕
岡山大学大学院教育学研究科准教授。
2002年東京大学大学院理学系研究科地球惑星科学専攻博士課程修了、博士（理学）。自然地理学・変動地形学・災害研究。著書に『防災・減災につなげるハザードマップの活かし方』（岩波書店）。

三室　碧人（みむろ　あおと）　〔第６章３節〕
2012年日本学術振興会特別研究員、2014年名古屋大学大学院環境学研究科博士後期課程修了。博士（工学）。アジアを対象に低炭素交通研究に従事。土木学会学会誌学生編集委員、同中部支部調査研究会委員長などを歴任。本書は博士課程在籍時に執筆。現在、株式会社日立製作所勤務。

吉武　舞（よしたけ　まい）　〔第２章、第３章２節〕
東京大学 生産技術研究所 川添研究室 特任研究員
東京工業大学大学院理工学研究科修了後、2011年より川添研究室に所属。「佐世保の実験住宅」を担当。

加藤　孝明（かとう　たかあき）　〔第２章、第３章１節、第５章２節〕
東京大学生産技術研究所都市基盤安全工学国際研究センター准教授。1992 年東京大学大学院工学系研究科都市工学専攻修士課程修了、博士（工学）。専門分野は、都市計画、地域安全システム学。都市の防災性評価理論、防災まちづくり支援技術の研究のほか、計画策定の現場で実践的に活動する。日本建築学会奨励賞（2001 年）、地域安全学会論文賞（2007 年）、都市計画家協会楠本賞優秀賞（2009 年）。

加藤　博和（かとう　ひろかず）　〔第２章、第４章４節、第６章２節〕
名古屋大学大学院環境学研究科都市環境学専攻准教授。1997 年名古屋大学大学院工学研究科地圏環境工学専攻博士後期課程修了、博士（工学）。専門は低炭素交通・都市計画、ライフサイクルアセスメント、地域公共交通戦略。国土交通省交通政策審議会委員、日本 LCA 学会理事などを務める。

川添　善行（かわぞえ　よしゆき）　〔第２章、第３章２節〕
建築家 / 東京大学准教授。東京大学 川添研究室 主宰。川添善行・都市・建築設計研究所 代表。工学博士。代表作は、「佐世保の実験住宅」、「弥生の研究教育棟」など。著作に『世界の SSD100 都市持続再生のツボ』（彰国社）、『このまちに生きる』（彰国社）、『空間にこめられた意思をたどる』（幻冬舎）など。

佐藤　愼司（さとう　しんじ）　〔第２章、第４章２節〕
東京大学大学院工学系研究科教授。1983 年東京大学大学院土木工学専門課程修士課程修了、1987 年工学博士。海洋政策参与、土木学会フェロー。著書に、「地域環境システム」、「Post-Tsunami Hazard」、「水理公式集」（いずれも分担執筆）など。

柴崎　亮介（しばさき　りょうすけ）　〔第２章、第５章１節〕
東京大学空間情報科学研究センター教授（工学博士）。東京大学大学院工学系研究科社会基盤学専攻修了後、建設省（当時）、東京大学大学院工学院研究科、生産技術研究所を経て、現職。人や地域に関するミクロなビッグデータを利用した社会的な課題解決支援に関する研究開発を行っている。GIS 学会長（日本、アジア）等を歴任。

下園　武範（しもぞの　たけのり）　〔第２章、第３章４節、第４章２節〕
東京大学大学院工学系研究科社会基盤学専攻講師。2005 年東京大学大学院工学系研究科社会基盤学専攻修士課程修了、博士（工学）。東京海洋大学海洋科学部助教を経て現職。専門は海岸工学。

杉戸　信彦（すぎと　のぶひこ）　〔第４章１節〕
法政大学人間環境学部専任講師。2006 年京都大学大学院理学研究科地球惑星科学専攻博士後期課程修了、博士（理学）。変動地形学・古地震学。「自然災害論」等を担当。自然地理学の立場から災害研究を行っている。著書に『災害フィールドワーク論』（編著、古今書院）。

編著者紹介

林　良嗣（はやし　よしつぐ）　〔第１章、第２章、第６章２・３節〕
名古屋大学持続的共発展教育研究センター長・教授。総長補佐、環境学研究科長等を歴任。1979年東京大学大学院博士課程修了、工博。現在、世界交通学会会長、日本環境共生学会会長、日本工学アカデミー理事、日本学術会議連携会員。著書に『地球環境と巨大都市』（編著、岩波書店）、『持続性学』（編著、明石書店）、『東日本大震災後の持続可能な社会—世界の識者が語る診断から治療まで』（編著、明石書店）、『ファクター５』日本語版（監修、明石書店）、「*Intercity Transport and Climate Change*」（編著、Springer）など。

鈴木　康弘（すずき　やすひろ）　〔第１章、第２章、第４章１節〕
名古屋大学減災連携研究センター教授・総長補佐（防災担当）。
1991年東京大学大学院理学系研究科地理学専攻博士課程単位取得退学、博士（理学）。
日本学術会議連携会員、日本活断層学会事務局長・理事、地震調査研究推進本部専門委員、原子力規制委員会外部有識者。著書に『防災・減災につなげるハザードマップの活かし方』（編著、岩波書店）、『原発と活断層—想定外は許されない』（岩波科学ライブラリー）、『活断層大地震に備える』（ちくま新書）、『草原の都市—変わりゆくモンゴル』（編著、風媒社）など。

分担執筆者紹介（五十音順）

秋山　祐樹（あきやま　ゆうき）　〔第２章、第５章１節〕
東京大学地球観測データ統融合連携研究機構特任助教、兼同空間情報科学研究センター客員研究員。北海道大学建築都市学科、東京大学大学院新領域創成科学研究科を経て、2010年修了（博士・環境学）。ミクロな時空間データ（マイクロジオデータ）の開発・普及と地域課題への応用を中心とした空間情報科学が専門。地理情報システム学会賞（2012年）、AARS Innovation Award（2013）、シンフォニカ統計GIS活動奨励賞（2015）など受賞。

石井　祥子（いしい　しょうこ）　〔第２章、第３章５節〕
名古屋大学大学院環境学研究科研究員。2009年名古屋大学大学院文学研究科博士後期課程修了。博士（文学）。モンゴルにおいて文化人類学調査研究に従事。著書に『草原と都市—変わりゆくモンゴル』（編著、風媒社）。

稲村　哲也（いなむら　てつや）　〔第２章、第３章６節〕
放送大学教授、名古屋大学客員教授、愛知県立大学名誉教授、日本学術会議連携会員。東京大学大学院社会学研究科博士課程単位取得退学。アンデス、ヒマラヤ、モンゴルなどで、主として牧畜文化に関する文化人類学調査研究に従事。著書に、『遊牧・移牧・定牧—モンゴル、チベット、ヒマラヤ、アンデスのフィールドから』（ナカニシヤ出版）、『ヒマラヤの環境誌—山岳地域の自然とシェルパの世界』（八坂書房）、『続・生老病死のエコロジーヒマラヤとアンデスに生きる身体・こころ・時間』（共編著、昭和堂）など。

加知　範康（かち　のりやす）　〔第３章３節、第６章４節〕
九州大学大学院工学研究院附属アジア防災研究センター助教。2007年名古屋大学大学院環境学研究科都市環境学専攻博士課程修了、博士（環境学）。公益財団法人豊田都市交通研究所主任研究員を経て現職、専門は都市計画、土地利用計画。

レジリエンスと地域創生

伝統知とビッグデータから探る国土デザイン

２０１５年３月15日　初版第１刷発行

編著者　林　良嗣
　　　　鈴木康弘
発行者　石井昭男
発行所　株式会社 明石書店
　　　　１０１-００２１東京都千代田区外神田６-９-５
　　　　電　話０３-５８１８-１１７１
　　　　ＦＡＸ０３-５８１８-１１７４
　　　　振　替００１００-７-２４５０５
　　　　http://www.akashi.co.jp

装丁　明石書店デザイン室
印刷　株式会社文化カラー印刷
製本　本間製本株式会社

ISBN978-4-7503-4150-7
（定価はカバーに表示してあります）